创客训练营

U0159402

STM32 单片机
应用技能实训

阳香仁 李 渊 肖盛斌 刘振鹏 刘书勋 肖明耀 编著

中国电力出版社
CHINA ELECTRIC POWER PRESS

内 容 提 要

本书涵盖了基于 ARM 的 STM32 单片机系统的基本概念、基本原理、应用技术等。全书共分十二个项目，主要包括认识 STM32 单片机，学习 C 语言基础知识，STM32 单片机的输入／输出控制，突发事件的处理 – 中断，定时器、计数器及其应用，STM32 单片机的通信，LCD 模块应用，应用串行总线接口，模拟量处理，MPU6050 陀螺仪模块应用，超声波测距模块应用，数字温湿度传感器应用。

本书可作为高等院校计算机、电子、通信、机电、自动化及相关专业学生的教材，也可作为从事检测、自动控制等领域工作的人员和从事嵌入式系统开发的工程技术人员的参考用书。

图书在版编目（CIP）数据

STM32 单片机应用技能实训／阳香仁等编著 . —北京：中国电力出版社，2022.3
（创客训练营）
ISBN 978-7-5198-6008-0

Ⅰ . ①S… Ⅱ . ①阳… Ⅲ . ①单片微型计算机 Ⅳ . ① TP368.1

中国版本图书馆 CIP 数据核字（2021）第 190755 号

出版发行：中国电力出版社
地　　址：北京市东城区北京站西街 19 号（邮政编码 100005）
网　　址：http://www.cepp.sgcc.com.cn
责任编辑：杨　扬（010-63412524）
责任校对：黄　蓓　李　楠
装帧设计：张俊霞
责任印制：杨晓东

印　　刷：北京雁林吉兆印刷有限公司
版　　次：2022 年 3 月第一版
印　　次：2022 年 3 月北京第一次印刷
开　　本：787 毫米 ×1092 毫米　16 开本
印　　张：14.25
字　　数：377 千字
定　　价：59.00 元

前 言

"创客训练营"丛书是为了支持大众创业、万众创新，为创客实现创新提供技术支持的应用技能训练丛书，本书是"创客训练营"丛书之一。

STM32 单片机属于微处理器，自带各种常用通信接口，可接入很多传感器，能控制诸多设备，适用于各种工业环境，因此在机电一体化、工业自动化及旧设备改造、新产品开发等方面的应用极其广泛。

本书遵循"以能力培养为核心，以技能训练为主线，以理论知识为支撑"的编写思想，采用以任务驱动为导向的项目训练模式，阐述了 STM32 单片机的基本概念、基本原理及应用技术等。

全书分为认识 STM32 单片机，学习 C 语言基础知识，STM32 单片机的输入/输出控制，突发事件的处理–中断，定时器、计数器及其应用，STM32 单片机的通信，LCD 模块应用，应用串行总线接口，模拟量处理，MPU6050 陀螺仪模块应用，超声波测距模块应用，数字温湿度传感器应用十二个项目，每个项目设有一个或两个训练任务，通过任务驱动技能训练，使读者快速掌握 STM32 单片机的基础知识、程序设计方法与技巧，全面提高读者对 STM32 单片机的综合应用能力。

本书在内容组织、框架设计和行文表达上具有以下鲜明特点：

（1）对 STM32 单片机的硬件原理的阐述以"够用、适用、易学"为原则，对软件设计的阐述则基于固件库，以降低读者入门和理解的难度，方便读者上手实践。

（2）从读者的角度组织各项目的内容体系，对 STM32 单片机的典型模块原理及应用程序设计均以若干个完整案例的形式呈现，同时还给出了一个完整的综合性工程案例，以方便读者学习和模仿实践。

本书可作为高等院校计算机、电子、通信、机电、自动化及相关专业学生的教材，也可作为从事检测、自动控制等领域工作的人员和从事嵌入式系统开发的工程技术人员的参考用书。

本书由阳香仁、李渊、肖盛斌、刘振鹏、刘书勋、肖明耀编写。

由于编写时间仓促，加上作者水平有限，书中难免存在错误和不妥之处，恳请广大读者批评指正，请将意见发至 yxr201314@163.com，不胜感谢。

编 者

请扫码下载
本书配套数字资源

目　录

项目一 认识STM32单片机

任务1 认识 STM32 系列单片机

一、STM32 系列单片机简介

STM32 单片机是由意法半导体（STMicroelectronics）公司开发的 32 位微控制器。

1. STM32 单片机的内部组件

图 1-1 为 STM32 单片机的内部组件框图。

2. STM32 单片机的内部资源

表 1-1 给出了 STM32 单片机的内部资源。

3. STM32F4xx 单片机的特点

（1）先进的 ARM Cortex™-M4 内核。包括浮点运算能力、增强的 DSP 处理指令。

（2）更多的存储空间。包括高达 1MB 的片上闪存（Flash）、高达 196KB 的内嵌 SRAM、FSMC；灵活的外部存储器接口（可扩展 NOR Flash、NAND Flash、SRAM、LCD 等）。

（3）极致的运行速度。168MHz 主频，可达到 210DMIPS 的处理能力。

（4）更高级的外设。新增功能包括照相机接口、加密处理器、USB 高速 OTG 接口等；增强功能包括更快的通信接口、更高的采样频率、先进先出（first input first output，FIFO）的 DMA 控制器等。

4. STM32F1 和 STM32F4 的区别

（1）F1 采用 Cortex™-M3 内核，F4 采用 Cortex™-M4 内核。

（2）F1 最高主频为 72MHz，F4 最高主频为 168MHz。

（3）F1 没有浮点运算单元，F4 具有单精度浮点运算单元。

（4）F4 具备增强的 DSP 指令集。F4 执行 16 位 DSP 指令的时间只有 F1 的 30%～70%；F4 执行 32 位 DSP 指令的时间只有 F1 的 25%～60%。

（5）F1 内部 SRAM 最大为 64KB，F4 内部 SRAM 有 192KB（112KB+64KB+16KB）。

（6）F1 没有备份域 SRAM，F4 有备份域 SRAM（通过 VBAT 供电保持数据）。

（7）F1 从内部 SRAM 和外部 FSMC 存储器执行程序的速度比 F4 慢得多。F1 的指令总线Ibus 只接到 Flash 上，从 SRAM 和 FSMC 取指令只能通过 Sbus，速度较慢；F4 的 Ibus 不但连接到 Flash 上，而且连接到 SRAM 和 FSMC 上，从而加快了从 SRAM 或 FSMC 取指令的速度。

（8）F1 最大封装为 144 脚，可提供 112 个 GPIO；F4 最大封装有 176 脚，可提供 140 个 GPIO。

（9）F1 的 GPIO 内部上下拉电阻配置仅针对输入模式有用，输出时无效；F4 的 GPIO 在设置为输出模式时，上下拉电阻的配置依然有效。即 F4 可以配置为开漏输出，内部上拉电阻使能，而 F1 不行。

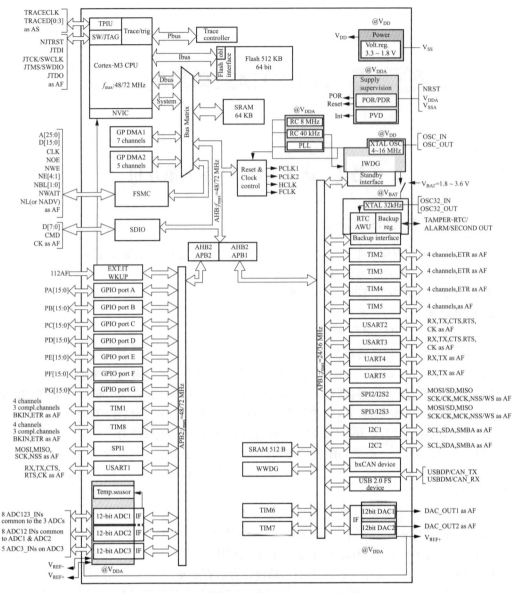

图 1-1　STM32 单片机的内部组件框图①

表 1-1 　　　　　　　　　　　　　　STM32 单片机的内部资源

参数名称	数据
STM32 型号/封装	STM32F407
内核	基于 ARM（Advanced RISC Machines）的 32 位带浮点运算单元（float point unit, FPU）的 Cortex™-M4 内核，具有自适应实时（adaptive real-time, ART）技术，允许 0 等待执行闪存（Flash）中的代码，最高频率至 168MHz，内存保护单元，210DMIPS/1.25DMIPS/MHz，数字信号处理（digital signal processing, DSP）指令等特性

① 为方便对照，本书中图 1-1、表 1-6 等直接引用自 STM32 官方的数据手册与应用手册，未做翻译。

续表

参数名称	数据
供电	VDD 和 VDDA 的电压必须相同，其范围为：1.8~3.6V； VBAT 的电压：1.65~3.60V
时钟	外部 4~26MHz 晶振； 内部 16MHz 电阻-电容电路（resistor-capacitance circuit，RC）（1% 精度），带校准； 外部 32kHz 晶振用于实时时钟（real-time clock，RTC），带校准； 内部 32kHz 的 RC 振荡器，带校准； 最大工作频率：内核频率 f_{HCLK} = 168MHz，内部外设总线 1 时钟频率 f_{PCLK1} = 42MHz，内部外设总线 2 时钟频率 f_{PCLK2} = 84MHz
复位	上电复位（power-on reset，POR）； 掉电复位（power-down reset，PDR）； 可编程器的电压监测器（programmable voltage detector，PVD）； 短暂供电复位（brownout reset，BOR），可设置复位电压门槛
内部 Flash 容量	1MB，1 万次擦写寿命，数据保持 30 年； 地址范围：0x0800 0000~0x080F FFFF
内部随机存取存储器（random access memory，RAM）容量	192KB+4KB 静态随机存取存储器（static random access memory，SRAM），含 64KB 内核耦合存储器（core coupled memory，CCM），其中 64KB CCM：0x1000 0000~0x1000 FFFF；128KB SRAM：0x2000 0000~0x2001 FFFF；4KB 备份（Backup，BKP）SRAM：可使用电池保持数据
通用输入/输出端口（general-purpose input/output，GPIO）	多达 140 个 I/O，均带中断能力； 136 个快速 I/O，最高 84MHz； 多达 138 个 5V 兼容的 I/O
并行总线可变静态存储控制器（flexible static memory controller，FSMC）	支持闪存卡（compact flash，CF）、SRAM、伪静态随机存取存储器（pseudo static random access memory，PSRAM）、非易失闪存（NOR Flash）和 NAND 闪存（NAND Flash）； 液晶显示器（liquid crystal display，LCD）并行接口，8080/6800 模式
模拟数字转换器（analog to digital converter，ADC）	3 个 12 位 ADC，采样频率 2.4MHz，最大 24 通道，最高采样频率 7.2MHz（3 个 ADC 交替采样）
数字模拟转换器（digital to analog converter，DAC）	2 个 12 位 DAC
定时器	多达 17 个定时器，其中 12 个 16 位、2 个 32 位 168MHz 定时器，每个定时器有 4 个输入捕获/输出捕获/脉冲宽度调制（pulse width modulation，PWM）输出或者脉冲计数器、正交编码器输入
异步串行接口	4 个通用同步/异步收发器（universal synchronous/asynchronous receiver/transmitter，USART）；2 个通用异步收发器（universal asynchronous receiver/transmitter，UART）[10.5Mbit/s，ISO 7816、局部互联网（local Internet，LIN）、红外线标准端口（IrDA-port）、调制解调器（Modem）]
串行外设接口/集成电路内置音频（serial peripheral interface/Inter-IC sound，SPI/I^2S）总线	3 个 SPI（37.5Mbits/s），2 个全双工 I^2S [内部音频锁相环（phase locked loop，PLL）或外部时钟]
内部集成电路（Inter-Integrated circuit，I^2C）总线	1 个，最高时钟速率 400kbit/s
控制器局域网络（controller area network，CAN）模块	2 个 CAN 接口（2.0B）
安全数字输入/输出（secure digital input and output，SDIO）总线	1 个

续表

参数名称	数据
通用串行总线（universal serial bus，USB）接口	USB 2.0 全速 Device/Host/OTG 控制器，内置端口物理层（physical layer，PHY）；USB 2.0 高速/全速 Device/Host/OTG 控制器，带直接内存存取控制器（direct memory access，DMA），片内置全速 PHY 和低引脚数接口（UTMI+low pin interface，ULPI）
以太网	10/100Mbit/s 以太网介质访问控制（media access control Address，MAC），带 DMA；支持 IEEE 1588v2、媒体独立接口（media independent interface，MII）或简化媒体独立接口（reduced media independent interface，RMII）
摄像头	8～14 位并行摄像头接口，最高 54MB/s
硬件随机数	真随机数发生器
循环冗余校验（cyclic redundancy check，CRC）	CRC 计算单元
RTC	亚秒级精度，硬件日历
看门狗（watchdog，WDG）	独立看门狗（independent watchdog，IWDG）和窗口看门狗（window watchdog，WWDG）

（10）F1 的 GPIO 最大翻转速度只有 18MHz，F4 的 GPIO 最高翻转速度为 84MHz。

（11）F1 最多可提供 5 个 UART 串行接口，F4 最多可提供 6 个 UART 串行接口。

（12）F1 可提供 2 个 I^2C 接口，F4 可以提供 3 个 I^2C 接口。

（13）F1 和 F4 都具有 3 个 12 位的独立 ADC，但 F1 可提供 21 个输入通道，F4 可以提供 24 个输入通道。

（14）F1 的 ADC 最大采样频率为 1MHz，2 路交替采样可达到 2MHz（F1 不支持 3 路交替采样）；F4 的 ADC 最大采样频率为 2.4MHz，3 路交替采样可达到 7.2MHz。

（15）F1 只有 12 个 DMA 通道，F4 有 16 个 DMA 通道。F4 的每个 DMA 通道有 4×32 位 FIFO，F1 没有 FIFO。

（16）F1 的 SPI 时钟最高频率为 18MHz，F4 可以达到 37.5MHz。

（17）F1 没有独立的 32 位定时器（32 位需要级联实现），F4 的通用定时器（TIM2 和 TIM5）具有 32 位上下计数功能。

（18）F1 和 F4 都有 2 个 I^2S 接口，但 F1 的 I^2S 只支持半双工（同一时刻要么放音，要么录音），而 F4 的 I^2S 支持全双工（放音和录音可以同时进行）。

二、STM32 系列单片机的应用

STM32 属于微控制器，它自带了各种常用的通信接口，如 USART、I^2C、SPI 等，可连接非常多的传感器，可以控制很多的设备。现实生活中，人们接触到的很多电器产品都有 STM32 的身影，如智能手环、微型四轴飞行器、平衡车、移动 POS 机、智能电饭锅、3D 打印机等。

图 1-2 所示为近年来很火爆的产品——微型四轴飞行器。高端的无人机用 STM32 是无法实现的，但是小、微型的四轴飞行器应用 STM32 来实现还是绰绰有余的。

图 1-2 所示为成品，如果想 DIY（do it yourself，自己动手制作），可以在入门 STM32 之后，

图 1-2　微型四轴飞行器

买一套飞行器器材，边做边学。

三、STM32 系列单片机的选型

1. STM32 分类

STM32 有很多系列，可以满足市场的各种需求。STM32 从内核上分有 Cortex™–M0、M3、M4 和 M7 几类，每个内核又大概分为主流、高性能和低功耗几种。STM32 的分类见表1-2。

表1-2　　　　　　　　　　　　　　　　　STM32 分类

CPU 位数	内核	系列	描述
32	Cortex™–M0	STM32-F0	入门级
		STM32-L0	低功耗
	Cortex™–M3	STM32-F1	基础型，主频 72MHz
		STM32-F2	高性能
		STM32-L1	低功耗
	Cortex™–M4	STM32-F3	混合信号
		STM32-F4	高性能，主频 180MHz
		STM32-L4	低功耗
	Cortex™–M7	STM32-F7	高性能

单纯从学习的角度出发，可以选择 F1 和 F4，因为 F1 代表了基础型，基于 Cortex™–M3 内核，主频为 72MHz；F4 代表了高性能，基于 Cortex™–M4 内核，主频 180MHz。

而对于 F1 和 F4（429 系列以上），除了内核不同和 F4 的主频有所提升外，F4 的明显特色就是带了 LCD 控制器和摄像头接口，支持同步动态随机存储器（synchronous dynamic random access memory，SDRAM），这个区别在项目选型上会被优先考虑。

2. STM32 命名方法

这里以 STM32F429IGT6 为例来讲解 STM32 的命名方法，见表1-3。

表1-3　　　　　　　　　　　　STM32F429IGT6 命名解释

	STM32	F	429	I	G	T	6
家族	STM32 表示 32bit 的微控制单元（microcontroller unit，MCU）						
产品类型	F 表示基础型						
具体特性	429 表示高性能且带 DSP 和 FPU						
引脚数目	I 表示 176Pin（其他常用的有：C 表示 48Pin，R 表示 64Pin，V 表示 100Pin，Z 表示 144Pin，B 表示 208Pin，N 表示 216Pin）						
Flash 大小	G 表示 1024KB（其他常用的有：C 表示 256KB，E 表示 512KB，I 表示 2048KB）						
封装	T 表示四面扁平封装（plastic quad flat package，QFP），这个是最常用的封装						
温度	6 表示温度等级为 A：–40～85℃						

有关 STM32 更详细的命名方法如图1-3所示。

3. 选择合适的 MCU

了解了 STM32 的分类和命名方法之后，就可以根据项目的具体需求选择相应内核的 MCU。对于普通应用，且不需要接大屏幕的，一般选择基于 Cortex™–M3 内核的 F1 系列；如果追求高性

能，需要大量的数据运算，且需要外接 RGB 大屏幕的，则选择基于 Cortex™–M4 内核的 F429 系列。

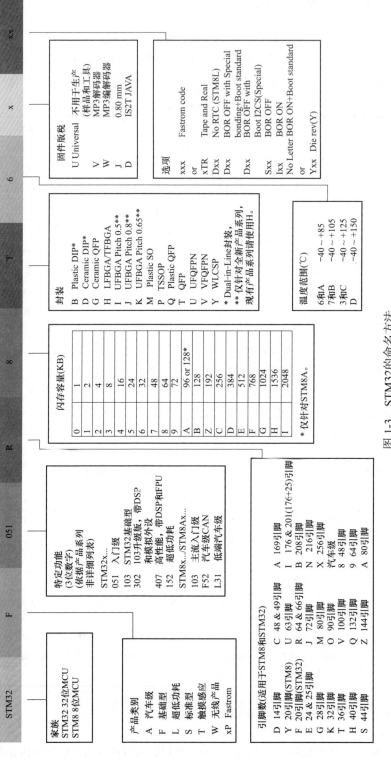

图 1-3　STM32 的命名方法

明确了大方向之后，接下来就是细分选型。首先确定引脚，引脚数目多的功能就多，价格也高，具体应根据实际项目中会用到的功能来选择，够用就好。确定好引脚数目之后，再选择Flash 的大小，相同引脚数的 MCU 会有不同的 Flash 大小可供选择，这个也应根据实际需要选择，程序大的就选择大一点的 Flash。对于量产产品而言，这样可以节省大量成本。有些月出货量以百万数量级计的产品，不仅对于 MCU，连电阻、电容都能少用就少用，更有甚者连印制电路板（printed circuit board，PCB）的过孔多少都有讲究。

（1）如何分配原理图中的 I/O。在画原理图之前，一般是先做好引脚分类，然后才开始画原理图。引脚分类具体见表 1–4。

表 1–4　　　　　　　　　　　画原理图时的引脚分类

引脚分类	引脚说明
电源	VBAT、（VDD，VSS）、（VDDA，VSSA）、（VREF+，VREF–）等
晶振 I/O	主晶振 I/O，RTC 晶振 I/O
下载 I/O	用于从联合测试行为组织（joint test action group，JATG）下载的 I/O：JTMS、JTCK、JTDI、JTDO、NJTRST
BOOT I/O	BOOT0、BOOT1，用于设置系统的启动方式
复位 I/O	NRST，用于外部复位
上面 5 部分 I/O 组成的系统，叫作最小系统	
GPIO	专用器件接到专用的总线，如 I^{2}C、SPI、SDIO、FSMC、DCMI 等线路的器件需要接到专用的 I/O
	变通的元器件接到 GPIO，如蜂鸣器、发光二极管（light-emitting diode，LED）、按键等元器件使用普通的 GPIO 即可
	如果还有剩余的 I/O，可根据项目需要引出或不引出

（2）如何寻找 I/O 的功能说明。要想根据功能来分配 I/O，就得先知道每个 I/O 的功能说明，这个可以从官方的数据手册里面找到。在学习 STM32 时，有两个官方资料会经常被用到：一个是参考手册（Reference manual）；另一个是数据手册（Data manual）。参考手册见表 1–5。

表 1–5　　　　　　　　　　　参考手册

手册	主要内容	说明
参考手册	片上外设的功能说明和寄存器描述	对片上第一个外设的功能和使用做了详细的说明，包含对寄存器的详细描述。编程的时候需要反复查询该手册
	功能概览	主要讲述该芯片有哪些功能，属于概括性的介绍。芯片选型时需首先查看该部分
	引脚说明	详细描述每一个引脚的功能，设计原理图和写程序时需要参考该部分
	内存映射	讲解该芯片的内存映射，列举每个总线的地址和包含哪些外设
	封装特性	讲解该芯片的封装，包含每个引脚的长度、宽度等。画 PCB 封装时需要参考该部分的参数

数据手册与参考手册的主要区别：数据手册主要用于芯片选型和设计原理图时参考，参考手册主要用于编程时查阅。

在数据手册中，有关引脚定义的部分在 Pinouts and pin description 这个小节中，具体定义见表 1-6，对引脚定义的解读见表 1-7。

表 1-6 数据手册中对引脚定义

①Pin number								②Pin name (function after reset)	③Pin type	④I/O structure	⑤Notes	⑥Alternate functions	⑦Addtitional functions
LQFP 100	LQFP 144	UFBGA 169	UFBGA 176	LQFP 176	WLCSP 143	LQFP 208	TFBGA 216						
1	1	B2	A2	1	D8	1	A3	PE2	I/O	FT			TRACECLK, SPI4_SCK, SAI1_MCLK_A, ETH_MII_TXD3, FMC_A23, EVENTOUT

表 1-7 对表 1-6 中引脚定义的解读

名称	缩写	说明
①引脚序号		阿拉伯数字表示 LQFP 封装，英文字母开头表示球栅阵列封装（ball grid array package, BGA）。这里列出了 8 种封装型号，具体使用哪一种要根据实际情况来选择
②引脚名称		指复位状态下的引脚名称
③引脚类型	S	电源引脚
	I	输入引脚
	I/O	输入/输出引脚
④I/O 结构	FT	兼容 5V
	TTa	只支持 3.3V，且直连到 ADC
	B	BOOT 引脚
	RST	复位引脚，内部带弱上拉
⑤注意事项		对某些 I/O 注意事项的特别说明
⑥复用功能		I/O 的复用功能，通过 GPIOx_AFR 寄存器来配置选择。一个 I/O 接口可能复用为多个功能，即一脚多用，这个在设计原理图和编程时灵活选择
⑦额外功能		I/O 的额外功能，通过直连的外设寄存器来选择，与复用功能差不多

（3）开始分配原理图 I/O。例如，F429 使用的 MCU 型号是 STM32F429IGT6，封装为 LQFP176，可以在数据手册中找到这个封装的引脚定义，然后根据引脚序号，一个一个地复制出来，整理成 Excel 表。具体按照表 1-4 整理即可，分配好之后就可开始画原理图。

任务2　学习 STM32 单片机的开发工具

一、安装 KEIL5

1. 温馨提示

（1）安装路径不能带中文，必须是英文路径。

（2）安装目录不能跟 51 单片机的 KEIL 或者 KEIL4 冲突，注意目录必须分开。

（3）KEIL5 的安装比 KEIL4 的安装多了一个步骤，即 KEIL5 的安装必须添加 MCU 库，否则不能使用。

（4）如果使用时出现不知名的错误，应先尝试查找解决方法，莫乱阵脚。

2. 获取 KEIL5 安装包

要想获得 KEIL5 的安装包，可以到 KEIL 的官网下载，如图 1-4 所示。这里使用的 KEIL5 版本是 MDK5.15，当然若有新版本也可以下载使用新版本。

图 1-4　KEIL 官网下载

3. 开始安装 KEIL5

（1）双击 KEIL5 安装包，开始安装，点击 Next，如图 1-5 所示。

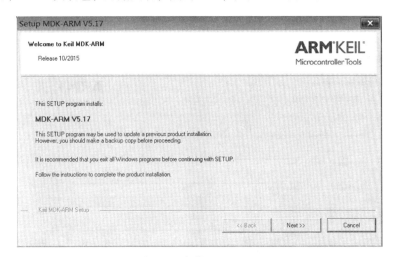

图 1-5　安装 MDK-ARM

（2）选择 I agree to all the terms of the preceding License Agreement，点击 Next，如图 1-6 所示。

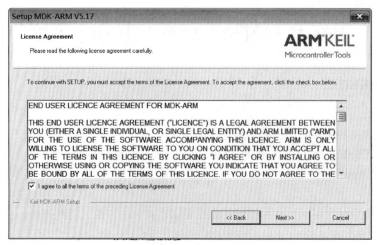

图 1-6　同意条款

（3）选择安装路径，路径不能带中文，点击 Next，如图 1-7 所示。

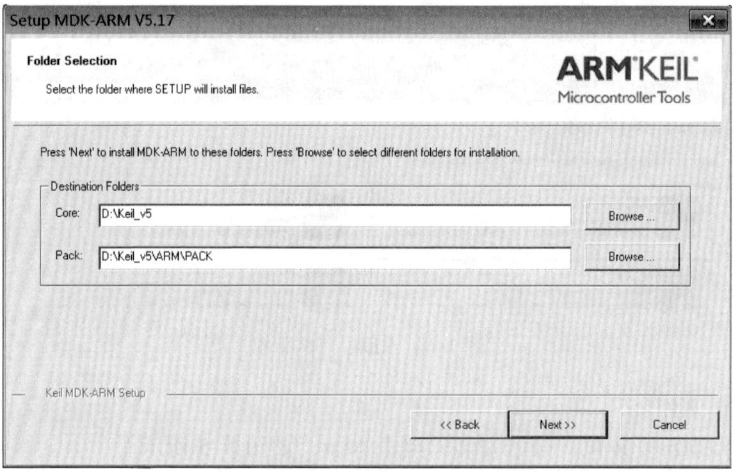

图 1-7　选择安装路径

（4）填写用户信息，点击 Next，如图 1-8 所示。

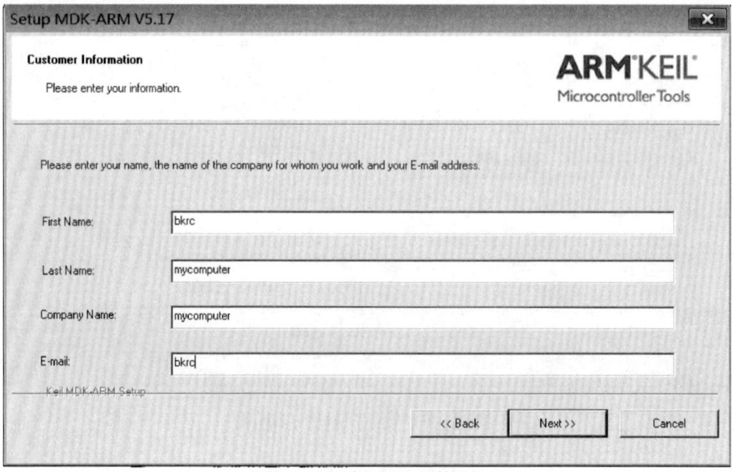

图 1-8　填写用户信息

（5）点击 Finish，安装完成，如图 1-9 所示。

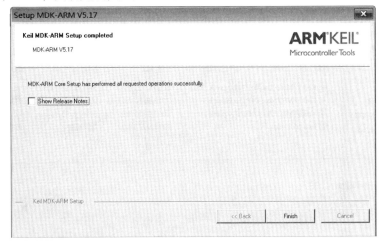

图 1-9　安装完成

4. 安装 STM32 芯片包

（1）KEIL5 不像 KEIL4 那样自带很多厂商的 MCU 型号，KEIL5 需要自己安装。关闭弹出的界面（见图 1-10），直接去 KEIL 官网（http://www.keil.com/dd2/pack/）下载 STM32 芯片包。

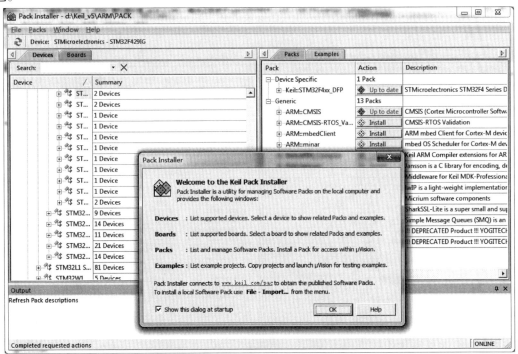

图 1-10　关闭弹出的 Pack Installer 窗口

（2）从官网中下载 STM32F1、STM32F4、STM32F7 这 3 个系列的安装包，F1 代表 M3，F4代表 M4，F7 代表 M7，已经下载的安装包如图 1-11 所示。

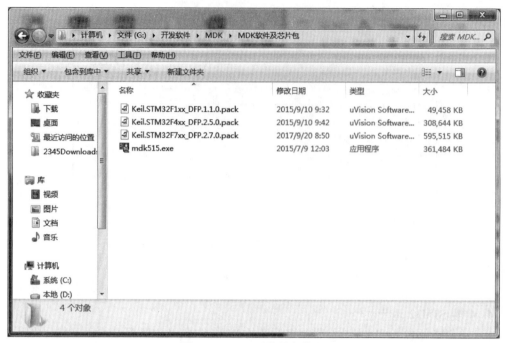

图 1-11　已经下载的安装包

（3）把下载好的安装包双击安装即可，安装时选择跟 KEIL5 一样的路径。安装成功之后，在 KEIL5 的 Pack Installer 中就可以看到已安装的包，以后新建工程时就会有单片机的型号可选，如图 1-12 所示。

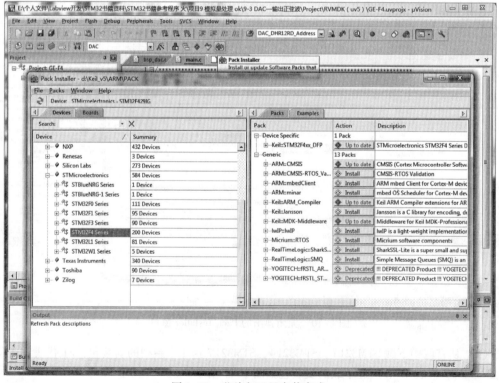

图 1-12　芯片包已经安装完成

二、KEIL 工程创建与程序下载

（1）建立一个新的文件。打开 KEIL 软件，点击 Project 中的 New uVision Project，创建一个新的项目，并选择保存位置，如图 1-13 所示。

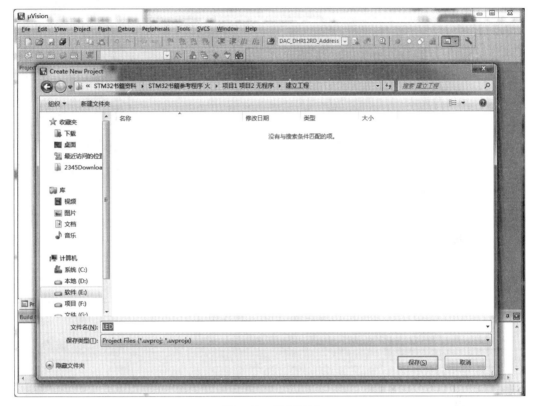

图 1-13 保存目录

（2）选择要使用的芯片型号，点击 OK，如图 1-14 所示。

（3）进行设置，点击 OK，完成工程创建，如图 1-15 所示。

（4）新建文件，点击 File 下的 New 键或使用快捷键 Ctrl+N 完成文件创建，如图 1-16 所示。

（5）点击菜单栏的保存按钮，选择保存路径，并将文件命名为 mian.c，如图 1-17 所示。

（6）在 mian.c 文件中添加代码，如图 1-18 所示。

（7）编译代码，点击 Build 或按 F7，应无错误、无警告；若编译有错，双击错误，查看错误原因并处理，如图 1-19 所示。

（8）连接硬件后选择下载器，点击 Options for Target 按钮，弹出 Options for Target'LED'窗口。点击 Debug 项，选择对应的下载器，如图 1-20 所示。

（9）开发板上电，下载程序，点击 Download 或 F8，如图 1-21 所示。

（10）下载程序后，观察 BuildOutput 窗口信息，显示 OK，如图 1-22 所示。

至此，程序编译下载成功。

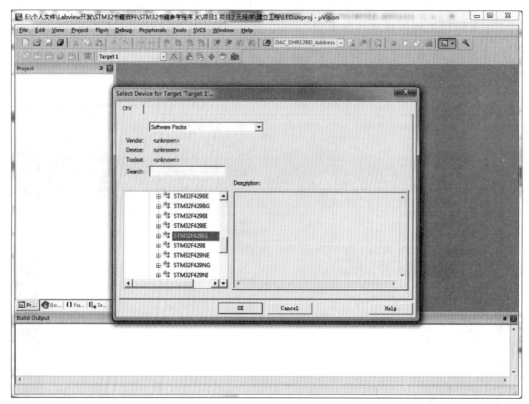

图 1-14　选择芯片型号

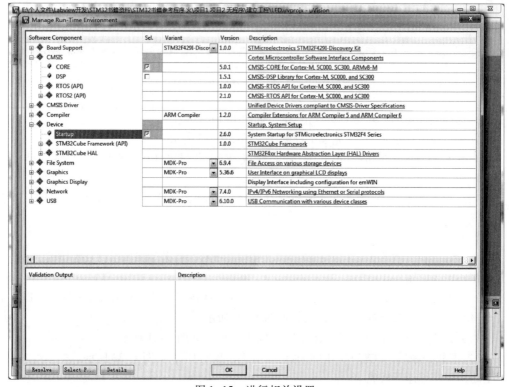

图 1-15　进行相关设置

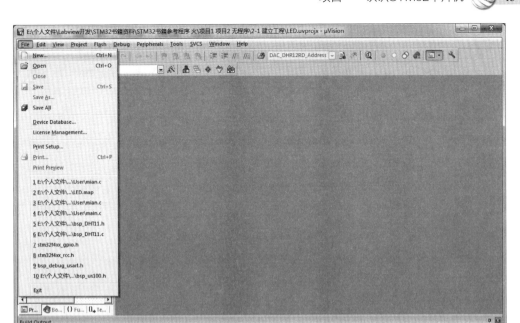

图 1-16 新建文件

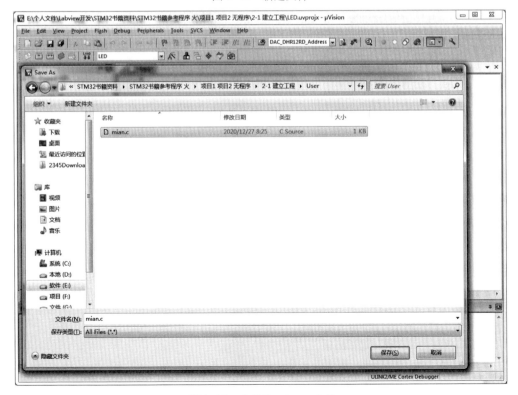

图 1-17 命名为 mian. c 文件

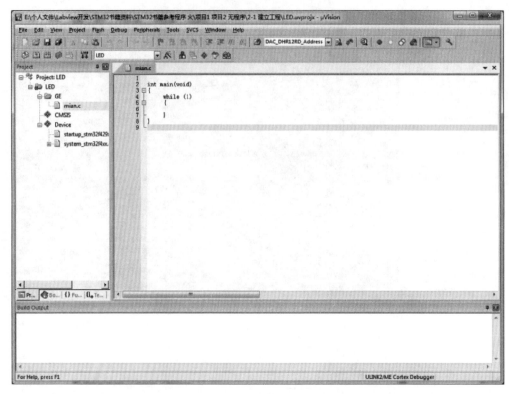

图 1-18　添加代码

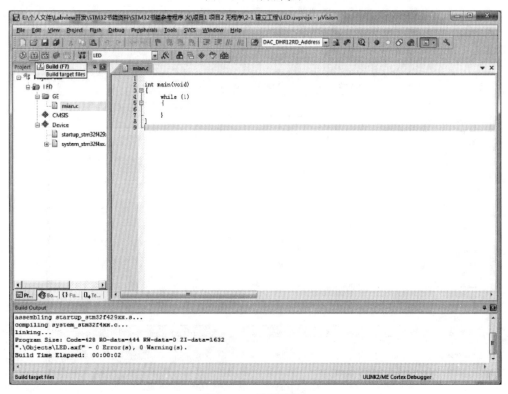

图 1-19　编译代码

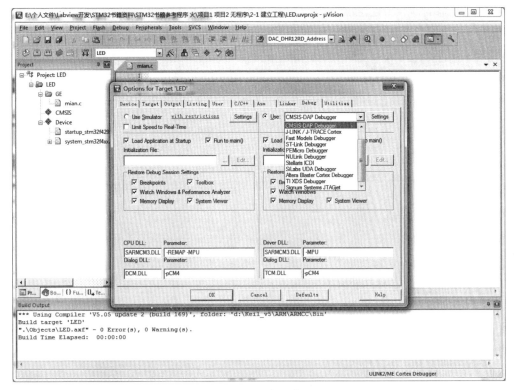

图1-20　选择下载器

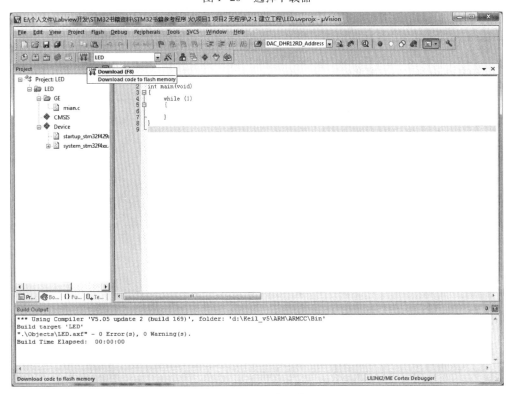

图1-21　下载程序

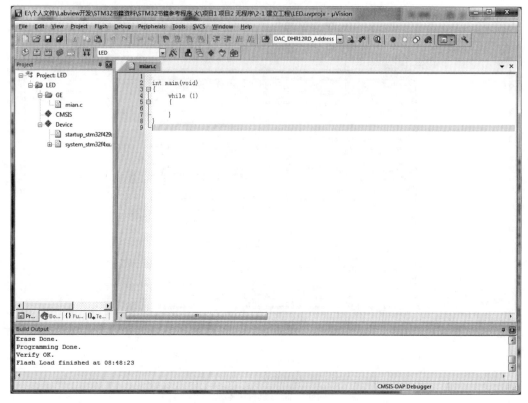

图 1-22　观察 BuildOutput 窗口信息

 习题1

1. STM32 内部资源有哪些?
2. STM32F1 系列与 STM32F4 系列有何区别?
3. 如何根据项目需求选择 STM32 系列单片机?
4. 如何分配使用 STM32 的 I/O?
5. STM32 单片机的开发工具有哪些?
6. 如何安装 KEIL 软件?
7. 如何创建 KEIL 项目工程?
8. 如何进行程序下载?
9. 如何调试程序?

项目二 学习C语言基础知识

任务3 C语言编程与STM32库函数

一、C语言编程

要想学习 STM32，C 语言基础知识是必备的。除了最基本的 C 语言语法，如循环、判断、数组、结构体、函数、指针这些软件编程常用的知识外，还包括位操作、条件编译、结构体指针、typedef 声明类型、extern 变量声明、static 关键字等常用内容。这里仅结合实际代码分析一下这些知识点，如果想完整系统地了解 C 语言知识，请大家翻阅相关 C 语言教材。

1. 位操作

位操作简单来说就是对基本类型变量可以进行位级别的操作。下面先看几种位操作符：

        & 按位与；   ~ 取反；

        | 按位或；   << 左移；

        ^ 按位异或；   >> 右移。

掌握了以上六种操作符的用法，就基本掌握了 C 语言的位操作。这六种操作符的解释如下：

（1）&（按位与）。如果两个相应的二进制位都为 1，则该位的结果值为 1，否则为 0。例如，1 & 1 = 1；1 & 0 = 0；0 & 1 = 0；0 & 0 = 0。

（2）|（按位或）。两个相应的二进制位中只要有一个为 1，则该位的结果值为 1。例如，1 | 1 = 1；0 | 1 = 1；1 | 0 = 1；0 | 0 = 0。

（3）^（按位异或）。若参加运算的两个二进制位的值相同，则结果为 0，否则为 1。例如，1 ^ 1 = 0；0 ^ 1 = 1；1 ^ 0 = 1；0 ^ 0 = 0。

（4）!（取反）。对一个二进制数按位取反，即将 0 变 1，将 1 变 0。例如，1 ! = 0；0 ! =1。

（5）<<（左移）。用来将一个数的各二进制位全部左移 n 位，右补 0。例如，00001100 << 2 = 00110000。

（6）>>（右移）。将一个数的各二进制位右移 n 位，移到右端的低位被舍弃，对于无符号数，高位补 0。例如，00001100 >> 2 = 00000011。

2. 操作技巧

下面介绍一些基于寄存器开发 STM32 时实用的位操作技巧。

（1）在不改变其他位值的状况下，对某几个位进行设值的操作技巧。这个场景在单片机开发中会经常遇到，解决方法就是先对需要设置的位使用 & 操作符进行清零操作，然后用 | 操作符进行设值。例如，若要改变 GPIOA 的状态，可以先对寄存器的值进行 & 清零操作，然后再对需要设置的值进行 |（或运算）操作。

```
GPIOA->CRL&=0xFFFFFF0F;    //将第 4～7 位清 0
GPIOA->CRL|=0x00000040;
```

//设置相应位的值,不改变其他位的值(将 CRL 寄存器第 7 位设置为 1)

(2) 取反操作技巧。SR 寄存器的每一位都代表一个状态,某个时刻若希望设置某一位的值为 0,同时其他位都保留为 1,简单的做法是直接给寄存器设置一个值:

```
TIMx->SR=0xFFF7;
```

即设置第 3 位为 0,但是这种做法的可读性很差。看看库函数代码中是如何使用的:

```
TIMx->SR = (uint16_t) ~ TIM_FLAG;
```

而 **TIM_FLAG** 是通过宏定义设置的值:

```
#define TIM_FLAG_Update ((uint16_t)0x0001)
#define TIM_FLAG_CC1 ((uint16_t)0x0002)
```

通过以上语句应该很容易明白,可以直接从宏定义中看出 TIM_FLAG_Update 就是设置的第 0 位,可读性非常强。

注意:在 STM32 的开发中,更多时候可能会直接使用官方的库函数,库函数实际上是将复杂的寄存器封装了。使用库函数可以避免复杂的位操作,使代码更具有可读性;但同样的项目,使用库函数写出来的工程的代码量可能会比直接通过操作寄存器写出来的工程的代码量稍微大一点,执行效率可能会稍微低一点,当然这只是一点点。

学习 STM32 要从寄存器的角度去理解原理和实现过程,但是如果真的需要做一个嵌入式项目,可能用库函数开发会更方便,效率也更高。

二、条件编译

在单片机程序开发过程中,经常会遇到一种情况,即当满足某种条件时对一组语句进行编译,而当条件不满足时则编译另一组语句。条件编译命令最常见的形式为:

```
#ifdef 标识符
    程序段 1
#else
    程序段 2
#endif
```

它的作用是:当标识符已经被定义过 (一般是用#define 命令定义),则对程序段 1 进行编译,否则编译程序段 2。其中#else 部分也可以没有,即:

```
#ifdef
    程序段 1
#endif
```

这个条件编译在 MDK 中用得很多,在 stm32f10x. h 这个头文件中经常会看到这样的语句:

```
#ifdef STM32F10X_HD
    大容量芯片需要的一些变量定义
#end
```

而 STM32F10X_HD 则是通过#define 来定义的。

条件编译理解起来不是很困难,可以类比 C 语言中的 if-else 语句。条件编译在 STM32 的开发中比较常用。自己写代码时,在写. h 文件的开头会用到。此外,要能看懂库函数中的条件编译。

三、结构体和结构体指针

结构体是 C 语言中的一种重要数据类型,是 C 语言的基础知识之一。结构体和结构体指针在 STM32 开发中非常重要，尤其在使用库函数的时候。库函数中很多函数的入口参数中都有结构体指针，所以如果要调用这种函数，就要先在主调函数中声明一个结构体变量，然后对这个结构体变量的各个成员赋值，最后再调用相关函数。调用函数时要看清楚函数原型，入口参数是结构体类型还是结构体指针，不要搞错了。这里结构体的每个成员可以赋的值，往往都是通过枚举或者宏定义确定好的，不能自己乱写，而应该去查找宏定义部分的代码，选定需要的那个枚举字面值作为结构体相关成员的值。

关于结构体和结构体指针的例子可以看 GPIO 的初始化，这里不予赘述。

四、typedef 声明类型

如果学过数据结构，相信对 typedef 也不陌生。使用 typedef 可以增强代码的可读性，而且使得写代码也更加方便。typedef 在代码中用得最多的地方就是定义结构体的类型别名和枚举类型。

```
struct_GPIO
{
    __IO uint32_t CRL;
    __IO uint32_t CRH;
    …
};
```

定义了一个结构体 GPIO，如此定义变量的方式为：

```
struct_GPIO GPIOA;        //定义结构体变量 GPIOA
```

但是这样会很烦琐，MDK 中有很多这样的结构体变量需要定义。在这里可以为结构体定义一个别名 GPIO_TypeDef，如此就可以在其他地方通过别名 GPIO_TypeDef 来定义结构体变量。方法如下：

```
typedef struct
{
    __IO uint32_t CRL;
    __IO uint32_t CRH;
    …
} GPIO_TypeDef;
```

Typedef 为结构体定义了一个别名 GPIO_TypeDef，这样就可以通过别名 GPIO_TypeDef 来定义结构体变量：

```
GPIO_TypeDef GPIOA,GPIOB;
```

这里的 GPIO_ TypeDef 与 struct_GPIO 的作用是等同的。

除了用在结构体上，typedef 类型别名也大量用在 int、short 等这类变量上，所以写 STM32 代码时几乎不会出现类似定义 int 型变量这样的语句，而是全用 u8、u16 这样的量来代替，如 u16 代表的就是一个无符号的 16 位整型数据。

五、extern 关键字

在 C 语言中，extern 可以置于变量或者函数之前，用来表示变量或者函数的定义在别的文件中，提示编译器遇到此变量和函数时应在其他模块中寻找其定义。这里要注意，对于 extern，申明变量可以多次，但定义只有一次。在代码中会看到这样的语句：

```
extern u16 USART_RX_STA;
```

这个语句是申明 USART_RX_STA 变量在其他文件中已经定义过了，在这里要使用，所以可以在某个地方找到变量定义的语句：

```
u16 USART_RX_STA;
```

六、STM32 固态函数库

STM32 固态函数库按照以下规范编写。

1. 缩写定义

缩写定义见表 2-1。

表 2-1 　　　　　　　　　　　　　　　　缩写定义

缩写	外设/单元
ADC	模数转换器
BKP	备份寄存器
CAN	控制器局域网模块
DMA	直接内存存取控制器
EXTI	外部中断事件控制器
Flash	闪存
GPIO	通用输入/输出端口
I^2C	内部集成电路
IWDG	独立看门狗
NVIC	嵌套中断向量列表控制器
PWR	电源/功耗控制
RCC	复位与时钟控制器
RTC	实时时钟
SPI	串行外设接口
SysTick	系统嘀嗒定时器
TIM	通用定时器
TIM1	高级控制定时器
USART	通用同步/异步收发器
WWDG	窗口看门狗

2. 命名规则

STM32 固态函数库遵从以下命名规则：

（1）PPP 表示任一外设的缩写，如 ADC。

（2）系统、源程序文件和头文件命名都以"stm32f10x_"作为开头，如 stm32f10x_conf.h。

（3）常量仅被应用于一个文件的，定义于该文件中；被应用于多个文件的，在对应头文件中定义。所有常量都由英文大写字母书写。

（4）寄存器作为常量处理。它们的命名都由英文大写字母书写。

（5）外设函数的命名以该外设的缩写加下划线开头。每个单词的第一个字母都由英文大写字母书写，如 SPI_SendData。在函数名中，只允许存在一个下划线，用以分隔外设缩写和函数名的其他部分。

（6）名为 PPP_Init 的函数，其功能是根据 PPP_InitTypeDef 中指定的参数，初始化外设

PPP，如 TIM_Init。名为 PPP_DeInit 的函数，其功能为复位外设 PPP 的所有寄存器至缺省值，如 TIM_DeInit。

（7）名为 PPP_StructInit 的函数，其功能为通过设置 PPP_InitTypeDef 结构中的各种参数来定义外设的功能，如 USART_StructInit。

（8）名为 PPP_Cmd 的函数，其功能为使能或者失能外设 PPP，如 SPI_Cmd。

（9）名为 PPP_ITConfig 的函数，其功能为使能或者失能来自外设 PPP 的某中断源，如 RCC_ITConfig。

（10）名为 PPP_DMAConfig 的函数，其功能为使能或者失能外设 PPP 的 DMA 接口，如 TIM1_DMAConfig。

（11）用以配置外设功能的函数，总是以字符串"Config"结尾，如 GPIO_PinRemapConfig。

（12）名为 PPP_GetFlagStatus 的函数，其功能为检查外设 PPP 的某标志位被设置与否，如 I2C_GetFlagStatus。

（13）名为 PPP_ClearFlag 的函数，其功能为清除外设 PPP 的标志位，如 I2C_ClearFlag。

（14）名为 PPP_GetITStatus 的函数，其功能为判断来自外设 PPP 的中断发生与否，如 I2C_GetITStatus。

（15）名为 PPP_ClearITPendingBit 的函数，其功能为清除外设 PPP 的中断待处理标志位，如 I2C_ClearITPendingBit。

3. 编码规则

下面介绍 STM32 固态函数库的编码规则。

（1）变量。STM32 固态函数库定义了 24 个变量类型，它们的类型和大小是固定的。在文件 stm32f10x_type. h 中定义了这些变量：

```
typedef signed long s32;
typedef signed short s16;
typedef signed char s8;
typedef signed long const sc32;                    /*  Read Only * /
typedef signed short const sc16;                   /*  Read Only * /
typedef signed char const sc8;                     /*  Read Only * /
typedef volatile signed long vs32;
typedef volatile signed short vs16;
typedef volatile signed char vs8;
typedef volatile signed long const vsc32;          /*  Read Only * /
typedef volatile signed short const vsc16;         /*  Read Only * /
typedef volatile signed char const vsc8;           /*  Read Only * /
typedef unsigned long u32;
typedef unsigned short u16;
typedef unsigned char u8;
typedef unsigned long const uc32;                  /*  Read Only * /
typedef unsigned short const uc16;                 /*  Read Only * /
typedef unsigned char const uc8;                   /*  Read Only * /
typedef volatile unsigned long vu32;
typedef volatile unsigned short vu16;
typedef volatile unsigned char vu8;
typedef volatile unsigned long const vuc32;        /*  Read Only * /
```

```
typedef volatile unsigned short const vuc16;      /* Read Only * /
typedef volatile unsigned char const vuc8;        /* Read Only * /
```

（2）布尔型。在文件 stm32f10x_type. h 中，布尔型变量被定义如下：

```
typedef enum
{
    FALSE=0,
    TRUE=! FALSE
} bool;
```

（3）标志位状态类型。在文件 stm32f10x_type. h 中，定义的标志位状态类型（FlagStatus type）的 2 个可能值为"设置"与"重置"（SET or RESET）。

```
typedef enum
{
    RESET=0,
    SET=! RESET
} FlagStatus;
```

（4）功能状态类型。在文件 stm32f10x_type. h 中，定义的功能状态类型（FunctionalState type）的 2 个可能值为"使能"与"失能"（ENABLE or DISABLE）。

```
typedef enum
{
    DISABLE=0,
    ENABLE=! DISABLE
} FunctionalState;
```

（5）错误状态类型。在文件 stm32f10x_type. h 中，定义的错误状态类型（ErrorStatus type）的 2 个可能值为"成功"与"出错"（SUCCESS or ERROR）。

```
typedef enum
{
    ERROR=0,
    SUCCESS=! ERROR
} ErrorStatus;
```

（6）外设。用户可以通过指向各个外设的指针访问各外设的控制寄存器。这些指针所指向的数据结构与各个外设的控制寄存器布局一一对应。

1）外设控制寄存器结构。文件 stm32f10x_map. h 中包含了所有外设控制寄存器的结构，以下为 SPI 寄存器结构的声明：

```
/* ------------------Serial Peripheral Interface---------------* /
typedef struct
{
    vu16 CR1;
    u16 RESERVED0;
    vu16 CR2;
    u16 RESERVED1;
    vu16 SR;
    u16 RESERVED2;
    vu16 DR;
```

```
    u16 RESERVED3;
    vu16 CRCPR;
    u16 RESERVED4;
    vu16 RXCRCR;
    u16 RESERVED5;
    vu16 TXCRCR;
    u16 RESERVED6;
} SPI_TypeDef ;
```

寄存器命名遵循寄存器缩写命名规则。RESERVEDi（i 为一个整数索引值）表示被保留区域。

2）外设声明。文件 stm32f10x_map. h 中包含了所有外设的声明，以下为 SPI 外设的声明：

```
#ifndef EXT
#Define EXT extern
#endif
...
#define PERIPH_BASE ((u32)0x40000000)
#define APB1PERIPH_BASE PERIPH_BASE
#define APB2PERIPH_BASE (PERIPH_BASE + 0x10000)
...
/* SPI2 Base Address definition* /
#define SPI2_BASE (APB1PERIPH_BASE + 0x3800)
...
/* SPI2 peripheral declaration* /
#ifndef DEBUG
...
#ifdef _SPI2
#define SPI2 ((SPI_TypeDef * ) SPI2_BASE)
#endif /* _SPI2 * /
...
#else /* DEBUG * /
...
#ifdef _SPI2
EXT SPI_TypeDef * SPI2;
#endif /* _SPI2 * /
...
#endif /* DEBUG * /
```

如果用户希望使用外设 SPI，那么必须在文件 stm32f10x_conf. h 中定义_SPI 标签。通过定义标签_SPIn，用户可以访问外设 SPIn 的寄存器。例如，用户必须在文件 stm32f10x_conf. h 中定义标签_SPI2，否则是不能访问 SPI2 的寄存器的。在文件 stm32f10x_conf. h 中，用户可以按照以下方式定义标签_SPI 和_SPIn：

```
#define_SPI
#define_SPI1
#define_SPI2
```

每个外设都有若干寄存器专门分配给标志位，可按照相应的结构定义这些寄存器。标志位的命名，同样遵循外设的缩写规范，以"PPP_FLAG_"开始。对于不同的外设，标志位都被定义在相应的文件 stm32f10x_ppp. h 中。

3）除错模式。用户想要进入除错（DEBUG）模式，就必须在文件 stm32f10x_conf. h 中定义标签 DEBUG，这样就会在 SRAM 的外设结构部分创建一个指针。因此，可以简化除错过程，并且通过转储外设来获得所有寄存器的状态。在所有情况下，SPI2 都是一个指向外设 SPI2 首地址的指针。

变量 DEBUG 可以按照以下方式定义：

```
#define DEBUG 1
```

可以在文件 stm32f10x_lib. c 中按以下方式初始化 DEBUG 模式：

```
#ifdef DEBUG
void debug(void)
{
    ...
    #ifdef _SPI2
    SPI2 = (SPI_TypeDef* )SPI2_BASE;
    #endif/* _SPI2* /
    ...
}
#endif/* DEBUG* /
```

当用户选择 DEBUG 模式时，宏 assert_param 被扩展，同时运行时间检查功能也在固态函数库代码中被激活。

进入 DEBUG 模式会增大代码的体量，降低代码的运行效率。因此，应仅在除错时使用相应代码，而在最终的应用程序中删除它们。

习题 2

1. C 语言程序的基本单位是什么？
2. 一个 C 语言程序是由什么组成的？
3. C 编译程序是什么？
4. C 语言赋值表达式如何编写？
5. putchar 函数可以向终端输出什么值？
6. C 语言的符号集包括什么？
7. 结构化设计中的三种基本结构是什么？
8. C 语言源程序文件的后缀是什么？
9. 经过编译后生成文件的后缀是什么？
10. C 语言的关键字都用大写还是小写？
11. 一个函数由哪两部分组成？
12. 函数体一般包括什么？
13. C 语言是通过什么来进行输入和输出的？

项目三 **STM32单片机的输入/输出控制**

任务4　LED灯输出控制

一、STM32F4 的 GPIO 介绍

首先，需阅读 STM32F4 的参考手册，这是使用 GPIO 的关键。下面仅就其中关键部分做一下介绍，其余部分请自行参阅参考手册。

1. GPIO 介绍

每个 GPIO 端口有四个 32 位配置寄存器（GPIOx_MODER、GPIOx_OTYPER、GPIOx_OS-PEEDR 和 GPIOx_PUPDR），两个 32 位数据寄存器（GPIOx_IDR 和 GPIOx_ODR），一个 32 位置位/复位寄存器（GPIOx_BSRR），一个 32 位 GPIO 锁寄存器（GPIOx_LCKR），两个 32 位复用功能寄存器（GPIOx_AFRH 和 GPIOx_AFRL）。

2. GPIO 主要特性

（1）每个端口支持 16 个 I/O 引脚控制。

（2）推挽输出或者开漏输出+上拉电阻或者下拉电阻。

（3）从数据输出寄存器（GPIOx_ODR）或者外设（复用功能输出）输出数据。

（4）每个 I/O 引脚支持速度选择。

（5）输入状态：浮空输入、上拉/下拉输入、模拟输入。

（6）输入数据到输入数据寄存器（GPIOx_IDR）或者外设（复用功能输入）。

（7）置位和复位寄存器（GPIOx_BSRR）。

（8）GPIO 锁机制，用于冻结 I/O 配置。

（9）复用功能输入/输出选择寄存器。

（10）每两个时钟周期快速切换 I/O。

（11）高度灵活的复用功能使得 I/O 引脚可以作为通用 I/O 或者外设使用。

3. GPIO 功能描述

根据数据手册中列出的每个 I/O 端口的特定硬件特征，GPIO 端口的每个位可以由软件分别配置成多种模式：浮空输入、上拉/下拉输入、模拟输入、具有上拉/下拉功能的开漏输出、具有上拉/下拉功能的推挽输出、具有上拉/下拉功能的推挽复用、具有上拉/下拉功能的开漏复用。

每个 I/O 端口位可以自由编程，然而 I/O 端口寄存器必须按 32 位字被访问（不允许半字或字节访问）。GPIOx_BSRR 和 GPIOx_BRR 寄存器允许对任何 GPIO 寄存器的读/更改独立访问，这样在读和更改访问期间产生 IRQ 时不会发生危险，如图 3-1 所示。

这里要注意，"5V 兼容"表示耐压 5V，若想知道哪些引脚耐压 5V，可以参考 STM32F4 相关的数据手册，其中对每个引脚都有说明，如图 3-2 所示。

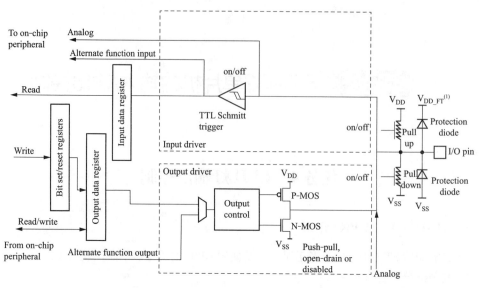

图 3-1　5V 兼容 I/O 端口位的基本结构

Pin number						Pin name (function after reset)[1]	Pin type	I/O structure	Notes	Alternate functions	Additional functions
LQFP64	WLCSP90	LQFP100	LQFP144	UFBGA176	LQFP176						
23	J8	32	43	R3	53	PA7	I/O	FT	(4)	SPI1_MOSI/TIM8_CH1N/ TIM14_CH1/TIM3_CH2/ ETH_MII_RX_DV/ TIM1_CH1N/ RMII_CRS_DV/ EVENTOUT	ADC12_IN7
24	—	33	44	N5	54	PC4	I/O	FT	(4)	ETH_RMII_RX_D0/ ETH_MII_RX_D0/ EVENTOUT	ADC12_IN14

图 3-2　引脚定义

　　表 3-1 是端口位配置表，该表比较重要，配置 I/O 引脚时，需要配置什么状态查看该表就清楚了。

表 3-1　　　　　　　　　　　　　端 口 位 配 置 表

MODER(i) [1:0]	OTYPER(i)	OSPEEDR(i) [B:A]	PUPDR(i) [1:0]		I/O configuration	
01	0	SPEED [B:A]	0	0	GP output	PP
	0		0	1	GP output	PP+PU
	0		1	0	GP output	PP+PD
	0		1	1	Reserved	
	1		0	0	GP output	OD
	1		0	1	GP output	OD+PU
	1		1	0	GP output	OD+PU
	1		1	1	Reserved (GP output OD)	

续表

MODER(i) [1:0]	OTYPER(i)	OSPEEDR(i) [B: A]		PUPDR(i) [1:0]		I/O configuration	
10	0	SPEED [B: A]		0	0	AF	PP
	0			0	1	AF	PP+PU
	0			1	0	AF	PP+PD
	0			1	1	Reserved	
	1			0	0	AF	OD
	1			0	1	AF	OD+PU
	1			1	0	AF	OD+PD
	1			1	1	Reserved	
00	x	x	x	0	0	Input	Floating
	x	x	x	0	1	Input	PU
	x	x	x	1	0	Input	PD
	x	x	x	1	1	Reserved(input floating)	
11	x	x	x	0	0	Input/output	Analog
	x	x	x	0	1	Reserved	
	x	x	x	1	0		
	x	x	x	1	1		

复位期间和刚复位后，复用功能未开启，I/O端口被配置成浮空输入模式；复位后，JTAG引脚被置于上拉或下拉输入模式。

PA15：JTDI被置于上拉模式；PA14：JTCK/SWCLK被置于下拉模式；PA13：JTMS/SW-DAT被置于上拉模式；PB4：JNTRST被置于上拉模式；PB3：JTDO被浮空状态。

当配置为输出时，写到输出数据寄存器上（GPIOx_ODR）的值输出到相应的I/O引脚。可以用推挽模式或开漏模式（当输出0时，只有N-MOS被打开）使用输出驱动器。输入数据寄存器（GPIOx_IDR）在每个AHB1时钟周期捕捉I/O引脚上的数据。所有GPIO引脚都有一个内部弱上拉和弱下拉电阻，当配置为输入时，它们可以被激活，也可以被断开。

4. 输出配置

输出配置如图3-3所示。

当I/O端口被配置为输出时：

（1）使能输出缓存器。

（2）开漏模式：输出寄存器上的0激活N-MOS，而输出寄存器上的1将端口置于高阻状态（P-MOS从不被激活）。

（3）推挽模式：输出寄存器上的0激活N-MOS，而输出寄存器上的1将激活P-MOS。

（4）施密特触发输入被激活。

（5）弱上拉和弱下拉电阻被激活或者不依赖于寄存器GPIOx_PUPDR的数值。

（6）出现在I/O引脚上的数据在每个AHB1时钟周期被采样到输入数据寄存器。

（7）对输入数据寄存器的读访问可得到I/O状态。

（8）对输出数据寄存器的读访问可得到最后一次写的值。

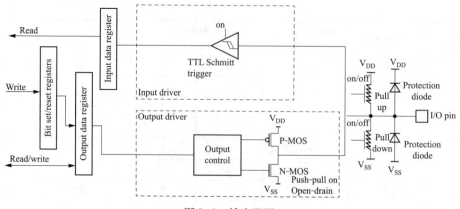

图 3-3　输出配置

二、GPIO 输出实验

1. 硬件设计

本实验板连接了一个 RGB 彩灯及一个普通 LED 灯，RGB 彩灯实际上由三盏分别为红色、绿色、蓝色的 LED 灯组成，通过控制 RGB 颜色强度的组合，可以混合出各种色彩。图 3-4 为 LED 硬件原理图。

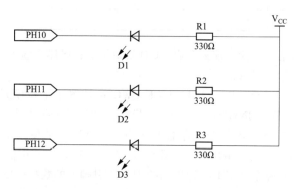

图 3-4　LED 硬件原理图

这些 LED 灯的阴极都连接到 STM32 的 GPIO 引脚，只要控制 GPIO 引脚的电平输出状态，即可控制 LED 灯的亮、灭。

若使用的实验板 LED 灯的连接方式或引脚与这里所用的不一样，只需根据工程图修改引脚即可，程序的控制原理相同。

2. 软件设计

这里只讲解核心部分的代码，有些变量的设置、头文件的包含等可能不会涉及。

为了使工程更加有条理，应把 LED 灯控制相关的代码独立分开存储，方便以后移植。在"工程模板"之上新建"bsp_led.c"及"bsp_led.h"文件，其中"bsp"是 BoardSupport Packet 的缩写（板级支持包）。这些文件也可根据自己的喜好命名，因为它们不属于 STM32 标准库，而是自己根据应用需要编写的。

3. 编程要点

（1）使能 GPIO 端口时钟。

（2）初始化 GPIO 目标引脚为推挽输出模式。

（3）编写简单测试程序，控制 GPIO 引脚输出高、低电平。

4. 代码分析

（1）LED 灯引脚宏定义。在编写应用程序的过程中，要考虑更改硬件环境的情况。例如，若 LED 灯的控制引脚与当前的不一样，则希望程序只需要做最小的修改即可在新的环境中正常运行。这时一般把硬件相关的部分用宏来封装，若更改了硬件环境，只修改这些硬件相关的宏即可。这些定义一般存储在头文件中，即本例中的 "bsp_led.h" 文件中，见代码清单 3-1。

代码清单 3-1　LED 控制引脚相关的宏

```
//引脚定义
/**********************************************************/
#define LED1_PIN                GPIO_Pin_10
#define LED1_GPIO_PORT          GPIOH
#define LED1_GPIO_CLK           RCC_AHB1Periph_GPIOH

#define LED2_PIN                GPIO_Pin_11
#define LED2_GPIO_PORT          GPIOH
#define LED2_GPIO_CLK           RCC_AHB1Periph_GPIOH

#define LED3_PIN                GPIO_Pin_12
#define LED3_GPIO_PORT          GPIOH
#define LED3_GPIO_CLK           RCC_AHB1Periph_GPIOH
/**********************************************************/
```

以上代码分别把控制四盏 LED 灯的 GPIO 端口、GPIO 引脚号及 GPIO 端口时钟封装起来了。这样在实际的控制过程中就可以直接使用这些宏，以达到应用代码与硬件无关的效果。

其中，GPIO 时钟宏 "RCC_AHB1Periph_GPIOH" 和 "RCC_AHB1Periph_GPIOD" 是 STM32 标准库定义的 GPIO 端口时钟相关的宏，它的作用与 "GPIO_Pin_x" 这类宏类似，用于指示寄存器位，方便库函数的使用。它们分别指示 GPIOH、GPIOD 的时钟，下面初始化 GPIO 时钟时可以看到它的用法。

（2）控制 LED 灯亮、灭状态的宏定义。为了方便控制 LED 灯，可以把 LED 灯常用的亮、灭及状态反转的控制也直接定义成宏，见代码清单 3-2。

代码清单 3-2　控制 LED 灯亮、灭的宏

```
/* 用直接操作寄存器的方法控制 I/O* /
#define digitalHi(p,i)          {p->BSRRL=i;}        //设置为高电平
#define digitalLo(p,i)          {p->BSRRH=i;}        //输出低电平
#define digitalToggle(p,i)      {p->ODR^=i;}         //输出反转状态

/* 定义控制 I/O 的宏* /
#define LED1_TOGGLE             digitalToggle(LED1_GPIO_PORT,LED1_PIN)
#define LED1_OFF                digitalHi(LED1_GPIO_PORT,LED1_PIN)
#define LED1_ON                 digitalLo(LED1_GPIO_PORT,LED1_PIN)

#define LED2_TOGGLE             digitalToggle(LED2_GPIO_PORT,LED2_PIN)
#define LED2_OFF                digitalHi(LED2_GPIO_PORT,LED2_PIN)
```

```
#define LED2_ON                  digitalLo(LED2_GPIO_PORT,LED2_PIN)

#define LED3_TOGGLE              digitalToggle(LED3_GPIO_PORT,LED3_PIN)
#define LED3_OFF                 digitalHi(LED3_GPIO_PORT,LED3_PIN)
#define LED3_ON                  digitalLo(LED3_GPIO_PORT,LED3_PIN)
```

这部分宏控制 LED 灯亮、灭的操作是通过直接向 BSRR 寄存器写入控制指令来实现的,对 BSRRL 写 1 输出高电平,对 BSRRH 写 1 输出低电平,对 ODR 寄存器某位进行异或操作可反转位的状态。

RGB 彩灯可以实现混色,如最后一段代码,控制红灯和绿灯亮而蓝灯灭,就可混出黄色效果。

"\"是 C 语言中的续行符语法,表示续行符的下一行与续行符所在的代码是同一行。代码中因为宏定义关键字"#define"只对当前行有效,所以使用续行符来将两行代码连接起来,以下的代码是等效的:

```
#define LED_BLUE               LED1_OFF;LED2_OFF;LED3_ON
```

应用续行符的时候要注意,在"\"后面不能有任何字符(包括注释、空格),只能直接回车。

(3)LED GPIO 初始化函数。利用上面的宏,编写 LED 灯的初始化函数,见代码清单 3-3。

代码清单 3-3　LED GPIO 初始化函数

```
/************************************************************
* 功　　能:初始化 LED
* 参　　数:无
* 返回值:无
************************************************************/
void LED_GPIO_Config(void)
{
    /* 定义一个 GPIO_InitTypeDef 类型的结构体* /
    GPIO_InitTypeDef GPIO_InitStructure;

    /* 开启 LED 灯相关的 GPIO 外设时钟* /
    RCC_AHB1PeriphClockCmd( LED1_GPIO_CLK |
                            LED2_GPIO_CLK |
                            LED3_GPIO_CLK,ENABLE);

    /* 选择要控制的 GPIO 引脚* /
    GPIO_InitStructure.GPIO_Pin=LED1_PIN;

    /* 设置引脚模式为输出模式* /
    GPIO_InitStructure.GPIO_Mode=GPIO_Mode_OUT;

    /* 设置引脚的输出类型为推挽输出* /
    GPIO_InitStructure.GPIO_OType=GPIO_OType_PP;

    /* 设置引脚为上拉模式* /
```

```
GPIO_InitStructure.GPIO_PuPd=GPIO_PuPd_UP;

/* 设置引脚速率为 2MHz* /
GPIO_InitStructure.GPIO_Speed=GPIO_Speed_2MHz;

/* 调用库函数,使用上面配置的 GPIO_InitStructure 初始化 GPIO* /
GPIO_Init(LED1_GPIO_PORT,&GPIO_InitStructure);

/* 选择要控制的 GPIO 引脚* /
GPIO_InitStructure.GPIO_Pin=LED2_PIN;
GPIO_Init(LED2_GPIO_PORT,&GPIO_InitStructure);

/* 选择要控制的 GPIO 引脚* /
GPIO_InitStructure.GPIO_Pin=LED3_PIN;
GPIO_Init(LED3_GPIO_PORT,&GPIO_InitStructure);

/* 关闭 RGB 灯* /
LED_RGBOFF;
}
```

整个函数中,与硬件相关的部分都用宏来代替,初始化 GPIO 端口时钟时也采用了 STM32 库函数,函数执行流程如下:

1）使用 GPIO_InitTypeDef 定义 GPIO 初始化结构体变量,以便后面用来存储 GPIO 配置。

2）调用库函数 RCC_AHB1PeriphClockCmd 来使能 LED 灯的 GPIO 端口时钟。也可以直接向 RCC 寄存器赋值来使能时钟,但不如调用库函数直观。该函数有两个输入参数:第一个参数用于指示要配置的时钟,如本例中的“RCC_AHB1Periph_GPIOH”和“RCC_AHB1Periph_GPI-OD”,应用时可使用“｜”操作同时配置四个 LED 灯的时钟;第二个参数用于设置状态,可输入“Disable”关闭或“Enable”使能时钟。

3）向 GPIO 初始化结构体赋值,把引脚初始化成推挽输出模式,其中的 GPIO_Pin 使用宏 “LEDx_PIN”来赋值,使函数的实现方便移植。

4）使用以上初始化结构体的配置,调用 GPIO_Init 函数向寄存器写入参数,完成 GPIO 的初始化。这里的 GPIO 端口使用“LEDx_GPIO_PORT”宏来赋值,也是为了程序移植方便。

5）使用同样的初始化结构体,只修改控制的引脚和端口,初始化其他 LED 灯使用的 GPIO 的引脚。

6）使用宏控制,RGB 灯默认关闭,LED4 指示灯默认开启。

（4）main 函数。编写完 LED 灯的控制函数后,就可以在 main 函数中测试了,见代码清单 3-4。

代码清单 3-4　控制 LED 灯,main 文件

```
#include "stm32f4xx.h"
#include "./led/bsp_led.h"
/*******************************
* 功  能:简单的延时函数
* 参  数:x
* 返回值:无
```

```
***************************************/
void Delay(uint32_t x)
{
    uint32_t a,b;
    for(a = x; a > 0; a--)
        for(b = 10000; b > 0;b--);
}


/*******************************************
*  功    能:main 函数
*  参    数:无
*  返回值:无
*******************************************/
int main(void)
{
    /*  LED 端口初始化 * /
    LED_GPIO_Config();

    /*  控制 LED 灯 * /
    while (1)
    {
        LED1( ON );
        Delay(1000);
        LED1( OFF );
        LED2( ON );
        Delay(1000);
        LED2( OFF );
        LED3( ON );
        Delay(1000);
        LED3( OFF );
    }
}
```

在 main 函数中，调用前面定义的 LED_GPIO_Config 初始化 LED 的控制引脚，然后直接调用各种控制 LED 灯亮、灭的宏来实现 LED 灯的控制。

任务 5　按键输入控制

一、输入配置

输入配置如图 3-5 所示。

当 I/O 端口被配置为输入时：

（1）禁止输出缓存。

（2）激活施密特触发输入。

（3）根据需要配置寄存器 GPIOx_PUPDR 寄存器的上拉和下拉电阻。

（4）每个 AHB1 时钟周期，I/O 引脚上的数据被采集进相应的数据寄存器。

（5）通过读取数据寄存器获得 I/O 状态。

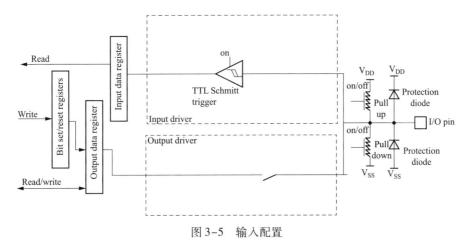

图 3-5　输入配置

二、GPIO 输入实验

1. 硬件设计

按键机械触点断开、闭合时，由于触点的弹性作用，按键开关不会马上稳定接通或瞬间就断开，因此使用按键时会产生如图 3-6 所示的带波纹信号，此时需要用软件消抖处理滤波，不方便输入检测。本实验板连接的按键带硬件消抖功能，如图 3-7 所示。它利用电容充放电的延时，消除了波纹，从而简化了软件的处理，软件只需要直接检测引脚的电平即可。

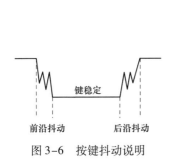

图 3-6　按键抖动说明　　　　　　　图 3-7　按键原理图

从按键原理图可知，这些按键在没有被按下时，GPIO 引脚的输入状态为低电平（按键所在的电路不通，引脚接地）；当按键按下时，GPIO 引脚的输入状态为高电平（按键所在的电路导通，引脚接到电源）。只要检测引脚的输入电平，即可判断按键是否被按下。

若使用的实验板按键的连接方式或引脚与这里使用的不一样，只需根据工程图修改引脚即可，程序的控制原理相同。

2. 软件设计

为了使工程更加有条理，应把按键相关的代码独立分开存储，方便以后移植。在"工程模板"之上新建"bsp_key.c"及"bsp_key.h"文件，这些文件也可根据自己的喜好命名，因为它们不属于 STM32 标准库，而是自己根据应用需要编写的。

3. 编程要点

（1）使能 GPIO 端口时钟。

（2）初始化 GPIO 目标引脚为输入模式（引脚默认电平受按键电路影响，浮空/上拉/下拉均没有区别）。

（3）编写简单测试程序，检测按键的状态，实现按键控制 LED 灯。

4. 代码分析

（1）按键引脚宏定义。在编写按键驱动程序时，也要考虑更改硬件环境的情况。这里把按键检测引脚相关的宏定义到"bsp_key.h"文件中，见代码清单 3-5。

代码清单 3-5　按键检测引脚相关的宏

```
//引脚定义
/*********************************************************/
#define KEY1_PIN              GPIO_Pin_0
#define KEY1_GPIO_PORT        GPIOA
#define KEY1_GPIO_CLK         RCC_AHB1Periph_GPIOA
#define KEY2_PIN              GPIO_Pin_13
#define KEY2_GPIO_PORT        GPIOC
#define KEY2_GPIO_CLK         RCC_AHB1Periph_GPIOC
/*********************************************************/
```

以上代码根据按键的硬件连接，把检测按键输入的 GPIO 端口、GPIO 引脚号及 GPIO 端口时钟封装起来了。

（2）按键 GPIO 初始化函数。利用上面的宏，编写按键的初始化函数，见代码清单 3-6。

代码清单 3-6　按键 GPIO 初始化函数

```
/*************************************************************************
* 功    能:初始化按键
* 参    数:无
* 返回值:无
*************************************************************************/
void Key_GPIO_Config(void)
{
    GPIO_InitTypeDef GPIO_InitStructure;
    /* 开启按键 GPIO 的时钟* /
    RCC_AHB1PeriphClockCmd(KEY1_GPIO_CLK|KEY2_GPIO_CLK,ENABLE);
    /* 选择按键的引脚* /
    GPIO_InitStructure.GPIO_Pin = KEY1_PIN;
    /* 设置引脚为输入模式* /
    GPIO_InitStructure.GPIO_Mode = GPIO_Mode_IN;
    /* 设置引脚不上拉也不下拉* /
    GPIO_InitStructure.GPIO_PuPd = GPIO_PuPd_NOPULL;
    /* 使用上面的结构体初始化按键* /
    GPIO_Init(KEY1_GPIO_PORT,&GPIO_InitStructure);
    /* 选择按键的引脚* /
    GPIO_InitStructure.GPIO_Pin = KEY2_PIN;
    /* 使用上面的结构体初始化按键* /
```

```
    GPIO_Init(KEY2_GPIO_PORT,&GPIO_InitStructure);
}
```

同为 GPIO 的初始化函数，初始化的流程与"LED GPIO 初始化函数"中的类似，主要区别在于引脚的模式。函数执行流程如下：

1）使用 GPIO_InitTypeDef 定义 GPIO 初始化结构体变量，以便后面用来存储 GPIO 配置。

2）调用库函数 RCC_AHB1PeriphClockCmd 来使能按键的 GPIO 端口时钟，调用时可使用"|"操作同时配置两个按键的时钟。

3）向 GPIO 初始化结构体赋值，把引脚初始化为浮空输入模式，其中的 GPIO_Pin 使用宏"KEYx_PIN"来赋值，使函数的实现方便移植。由于引脚的默认电平受按键电路影响，所以设置成"浮空/上拉/下拉"模式没有区别。

4）使用以上初始化结构体的配置，调用 GPIO_Init 函数向寄存器写入参数，完成 GPIO 的初始化。这里的 GPIO 端口使用"KEYx_GPIO_PORT"宏来赋值，也是为了程序移植方便。

5）使用同样的初始化结构体，只修改控制的引脚和端口，即可初始化其他按键检测时使用的 GPIO 引脚。

（3）检测按键的状态。

初始化按键后，就可以通过检测对应引脚的电平来判断按键状态了，见代码清单 3-7。

代码清单 3-7　检测按键的状态

```
/*******************************************************************
*  功    能:检测是否有按键按下
*  参    数:GPIOx,即具体的端口,x可以是 A~K
           GPIO_PIN,即具体的端口位,可以是 GPIO_PIN_x(x可以是 0~15)
*  返回值:按键的状态
*******************************************************************/
uint8_t Key_Scan(GPIO_TypeDef* GPIOx,uint16_t GPIO_Pin)
{
    /* 检测是否有按键按下 */
    if(GPIO_ReadInputDataBit(GPIOx,GPIO_Pin) == KEY_ON)
    {
        /* 等待按键释放 */
        while(GPIO_ReadInputDataBit(GPIOx,GPIO_Pin) == KEY_ON);
        return KEY_ON;
    }
    else
        return KEY_OFF;
}
```

这里定义了一个 Key_Scan 函数用于扫描按键状态。GPIO 引脚的输入电平可通过读取 IDR 寄存器对应的数据位来感知，而 STM32 标准库提供了库函数 GPIO_ReadInputDataBit 来获取位状态，该函数输入 GPIO 端口及引脚号，返回该引脚的电平状态，高电平返回 1，低电平返回 0。Key_Scan 函数中用 GPIO_ReadInputDataBit 的返回值与自定义的宏"KEY_ON"做对比，若检测到按键按下，则使用 while 循环持续检测按键状态，直到按键释放，按键释放后 Key_Scan 函数返回一个"KEY_ON"值；若没有检测到按键按下，则函数直接返回"KEY_OFF"。若按键的硬件没有做消抖处理，需要在 Key_Scan 函数中做软件滤波，以防波纹抖动引起误触发。

（4）main 函数。接下来使用 main 函数来编写按键检测流程，见代码清单 3-8。

代码清单 3-8 按键检测 main 函数

```
/*****************************************************************
*  功   能:main 函数
*  参   数:无
*  返回值:无
*****************************************************************/
int main(void)
{
    /* LED 端口初始化* /
    LED_GPIO_Config();
    /* 初始化按键* /
    Key_GPIO_Config();
    /* 轮询按键状态,若按键按下则反转 LED * /
    while(1)
    {
        if( Key_Scan(KEY1_GPIO_PORT,KEY1_PIN) = = KEY_ON)
        {
            /* LED1 反转* /
            LED1_TOGGLE;
        }
        if( Key_Scan(KEY2_GPIO_PORT,KEY2_PIN) = = KEY_ON)
        {
            /* LED2 反转* /
            LED2_TOGGLE;
        }
    }
}
```

代码中初始化 LED 灯及按键后，在 while 函数中不断调用 Key_Scan 函数，并判断其返回值，若返回值表示按键按下，则反转 LED 灯的状态。

 习题3

1. GPIO 端口有几个 32 位配置寄存器，分别是什么？
2. GPIO 端口有几个 32 位数据寄存器，分别是什么？
3. GPIO 端口有几个 32 位置位/复位寄存器，分别是什么？
4. GPIO 端口有几个 32 位 GPIO 锁寄存器，分别是什么？
5. GPIO 端口有几个 32 位复用功能寄存器，分别是什么？
6. GPIO 端口的每个位可以由软件分别配置成多种模式，分别是什么？
7. JTAG 调试引脚分别占用了哪些 I/O，设计电路时需要注意什么？
8. GPIO 端口输出模式可分为几种，分别是什么？

项目四 突发事件的处理-中断

任务6 外部中断控制

一、STM32F4 的 EXTI 介绍

首先，需要认真阅读 STM32F4 的参考手册，这是使用 EXTI 的关键。主要内容介绍如下。

1. EXTI 主要特性

（1）每个中断/事件都有独立的触发和屏蔽。

（2）每个中断线都有专用的状态位。

（3）支持多达 23 个软件的中断/事件请求。

（4）检测脉冲宽度低于 APB2 时钟宽度的外部信号（参见 STM32F4xx 数据手册中电气特性部分的相关参数）。

2. 外部中断/事件控制器内部组织框图

外部中断/事件控制器内部组织框图如图 4-1 所示。

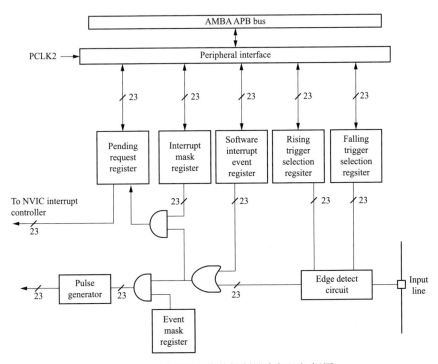

图 4-1 外部中断/事件控制器内部组织框图

3. 唤醒事件管理

STM32F4xx 可以通过处理外部或内部事件来唤醒内核（WFE）。唤醒事件可以通过下述配置产生：

（1）在外设的控制寄存器使能一个中断，但不能在 NVIC 中使能，同时在 Cortex™－M4 的 FPU 系统控制寄存器中使能 SEVONPEND 位。当 CPU 从 WFE 恢复后，需要清除相应外设的中断挂起位和外设 NVIC 的中断通道挂起位（在 NVIC 中断清除挂起寄存器中）。

（2）配置一个外部或内部 EXTI 线为事件模式，当 CPU 从 WFE 恢复后，因为对应事件线的挂起位没有被置位，不必清除相应外设的中断挂起位或 NVIC 的中断通道挂起位。

4. 功能说明

如果需要产生中断，必须先配置好并使能中断线。根据需要的边沿检测设置 2 个触发寄存器，同时在中断屏蔽寄存器的相应位写 1 允许中断请求。当外部中断线上发生了期待的边沿时，将产生一个中断请求，对应的挂起位也随之被置 1。在挂起寄存器的对应位写 1，将清除该中断请求。

如果需要产生事件，必须先配置好并使能事件线。根据需要的边沿检测设置 2 个触发寄存器，同时在事件屏蔽寄存器的相应位写 1 允许事件请求。当事件线上发生了需要的边沿时，将产生一个事件请求脉冲，对应的挂起位不被置 1。

也可以通过在软件中断/事件寄存器写 1 产生中断/事件请求。

（1）硬件中断选择。通过下面的过程，可以配置 23 个线路作为中断源：

1）配置 23 个中断线的屏蔽位（EXTI_IMR）。

2）配置所选中断线的触发选择位（EXTI_RTSR 和 EXTI_FTSR）。

3）配置对应到外部中断控制器（EXTI）的 NVIC 中断通道的使能和屏蔽位，使得 23 个中断线中的请求可以被正确地响应。

（2）硬件事件选择。通过下面的过程，可以配置 23 个线路作为事件源：

1）配置 23 个事件线的屏蔽位（EXTI_EMR）。

2）配置事件线的触发选择位（EXTI_RTSR 和 EXTI_FTSR）。

（3）软件中断/事件的选择。23 个线路可以被配置为软件中断/事件线。下面是产生软件中断/事件的过程：

1）配置 23 个中断/事件线屏蔽位（EXTI_IMR、EXTI_EMR）。

2）设置软件中断寄存器的请求位（EXTI_SWIER）。

5. 外部中断/事件线路映像

STM32F405xx/07xx 和 STM32F415xx/17xx 中有 140 个 GPIOs，STM32F42xx 和 STM32F43xx 中有 168 个 168GPIOs，它们以如图 4-2 所示的方式连接到 16 个外部中断/事件线上。

另外 7 根 EXTI 线的连接方式如下：

（1）EXTI 线 16 连接到 PVD 输出。

（2）EXTI 线 17 连接到 RTC 闹钟事件。

（3）EXTI 线 18 连接到 USB OTG FS Wakeup 事件。

（4）EXTI 线 19 连接到 Ethernet Wakeup 事件。

（5）EXTI 线 20 连接到 USB OTG HS（configured in FS）Wakeup 事件。

（6）EXTI 线 21 连接到 RTC Tamper and TimeStamp 事件。

（7）EXTI 线 22 连接到 RTC Wakeup 事件。

二、STM32F4 的 EXTI 库

1. 库前的注释翻译

下面主要介绍 stm32f4xx_exti.h 和 stm32f4xx_exti.c 如何使用 EXTI 这个驱动。

（1）通过函数 GPIO_Init()配置相应的 I/O 为输入模式。

（2）通过函数 SYSCFG_EXTILineConfig()将 I/O 复用到中断线。

（3）通过函数 EXTI_Init()选择中断模式（interrupt、event）和触发方式（Rising、falling 或 both）。

（4）通过函数 NVIC_Init()将中断线映射到相应的 NVIC 中断通道。

2. 中断和标志管理函数

FlagStatus EXTI_GetFlagStatus(uint32_t EXTI_Line)

ITStatus EXTI_GetITStatus(uint32_t EXTI_Line)

这两个函数的内部程序是一样的，只是名字不一样，它们用于查询是否有外部中断标志，也就是查询是否发生中断。

void EXTI_ClearFlag(uint32_t EXTI_Line)

void EXTI_ClearITPendingBit(uint32_t EXTI_Line)

这两个函数和上面的两个函数是配套的，用于清除中断标志。切记一定要做清除，否则会一直进入中断。

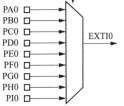

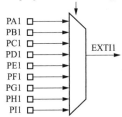

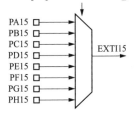

图 4-2　外部中断通用 I/O 映像

三、中断和事件

EXTI 有 23 根中断/事件线，每个 GPIO 都可以被设置为输入线，占用 EXTI0 至 EXTI15；另外 7 根用于特定的外设事件，见表 4-1。

7 根特定外设中断/事件线由外设触发，具体用法请参考 STM32F4xx 中文参考手册中关于外设的具体说明。

表 4-1　　　　　　　　　　　　　**EXTI 中断/事件线**

中断/事件线	输入源
EXTI0	PX0（X 可为 A、B、C、D、E、F、G、H、I）
EXTI1	PX1（X 可为 A、B、C、D、E、F、G、H、I）
EXTI2	PX2（X 可为 A、B、C、D、E、F、G、H、I）
EXTI3	PX3（X 可为 A、B、C、D、E、F、G、H、I）
EXTI4	PX4（X 可为 A、B、C、D、E、F、G、H、I）
EXTI5	PX5（X 可为 A、B、C、D、E、F、G、H、I）
EXTI6	PX6（X 可为 A、B、C、D、E、F、G、H、I）
EXTI7	PX7（X 可为 A、B、C、D、E、F、G、H、I）

续表

中断/事件线	输入源
EXTI8	PX8（X可为A、B、C、D、E、F、G、H、I）
EXTI9	PX9（X可为A、B、C、D、E、F、G、H、I）
EXTI10	PX10（X可为A、B、C、D、E、F、G、H、I）
EXTI11	PX11（X可为A、B、C、D、E、F、G、H、I）
EXTI12	PX12（X可为A、B、C、D、E、F、G、H、I）
EXTI13	PX13（X可为A、B、C、D、E、F、G、H、I）
EXTI14	PX14（X可为A、B、C、D、E、F、G、H、I）
EXTI15	PX15（X可为A、B、C、D、E、F、G、H、I）
EXTI16	可编程电压检测器（PVD）输出
EXTI17	RTC闹钟事件
EXTI18	USB OTG FS唤醒事件
EXTI19	以太网唤醒事件
EXTI20	USB OTG HS（在FS中配置）唤醒事件
EXTI21	RTC入侵和时间戳事件
EXTI22	RTC唤醒事件

EXTI0至EXTI15用于GPIO，通过编程控制可以实现任意一个GPIO作为EXTI的输入源。由表4-1可知，EXTI0可以通过SYSCFG外部中断配置寄存器1（SYSCFG_EXTI-CR1）的EXTI0 [3:0] 位选择配置PA0、PB0、PC0、PD0、PE0、PF0、PG0、PH0或者PI0，如图4-3所示。其他EX-TI线（EXTI中断/事件线）使用的配置都是类似的。

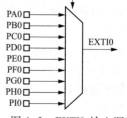

图4-3　EXTI0输入源选择

四、EXTI初始化结构体

标准库函数对每个外设都建立了一个初始化结构体，如EXTI_InitTypeDef。结构体成员用于设置外设工作参数，并由外设初始化配置函数如EXTI_Init()调用。这些设定参数将会设置外设相应的寄存器，以达到配置外设工作环境的目的。

初始化结构体和初始化库函数配合使用是标准库的精髓所在，理解了初始化结构体每个成员的意义基本上就可以对该外设运用自如了。EXTI初始化结构体的定义在stm32f4xx_exti.h文件中，初始化库函数的定义在stm32f4xx_exti.c文件中，编程时可以结合这两个文件内的注释使用。

EXIT初始化结构体见代码清单4-1。

代码清单4-1　EXTI初始化结构体

```
typedef struct
{
uint32_t EXTI_Line;                      //中断/事件线
EXTIMode_TypeDef EXTI_Mode;              //EXTI模式
EXTITrigger_TypeDef EXTI_Trigger;       //触发事件
FunctionalState EXTI_LineCmd;           //EXTI控制
} EXTI_InitTypeDef;
```

（1）EXTI_Line：EXTI中断/事件线选择，可选EXTI0至EXTI22，可参考表4-1选择。

（2）EXTI_Mode：EXTI 模式选择，可选产生中断（EXTI_Mode_Interrupt）或者产生事件（EXTI_Mode_Event）。

（3）EXTI_Trigger：EXTI 边沿触发事件，可选上升沿触发（EXTI_Trigger_Rising）、下降沿触发（EXTI_Trigger_Falling）或者上升沿和下降沿都触发（EXTI_Trigger_Rising_Falling）。

（4）EXTI_LineCmd：控制是否使能 EXTI 线，可选使能 EXTI 线（ENABLE）或禁用（DISABLE）。

五、外部中断实验

中断在嵌入式应用中占有非常重要的地位，几乎每个控制器都有中断功能。中断对保证紧急事件在第一时间得到处理是非常重要的。这里使用外接的按键作为触发源，使得控制器产生中断，并在中断服务函数中实现控制 LED 灯的任务。

1. 硬件设计

轻触按键在按下时会使得引脚接通，通过电路设计可以使得按下时产生电平变化，如图 4-4 所示。

2. 软件设计

这里只讲解核心的部分代码，有些变量的设置、头文件的包含等并没有涉及。这里创建了两个文件：bsp_exti.c 和 bsp_exti.h，用来存放 EXTI 驱动程序及相关宏定义；中断服务函数放在 stm32f4xx_it.h 文件中。

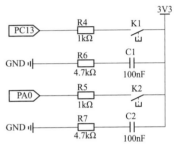

图 4-4 按键电路设计

3. 编程要点

（1）初始化 LED 彩灯的 GPIO。

（2）开启按键 GPIO 时钟和 SYSCFG 时钟。

（3）配置 NVIC。

（4）配置按键 GPIO 为输入模式。

（5）将按键 GPIO 连接到 EXTI 源输入。

（6）配置按键 EXTI 中断/事件线。

（7）编写 EXTI 中断服务函数。

4. 代码分析

（1）按键和 EXTI 宏定义，见代码清单 4-2。

代码清单 4-2 按键和 EXTI 宏定义

```
//引脚定义
/******************************************************/
#define KEY1_INT_GPIO_PORT          GPIOA
#define KEY1_INT_GPIO_CLK           RCC_AHB1Periph_GPIOA
#define KEY1_INT_GPIO_PIN           GPIO_Pin_0
#define KEY1_INT_EXTI_PORTSOURCE    EXTI_PortSourceGPIOA
#define KEY1_INT_EXTI_PINSOURCE     EXTI_PinSource0
#define KEY1_INT_EXTI_LINE          EXTI_Line0
#define KEY1_INT_EXTI_IRQ           EXTI0_IRQn
#define KEY1_IRQHandler             EXTI0_IRQHandler
#define KEY2_INT_GPIO_PORT          GPIOC
#define KEY2_INT_GPIO_CLK           RCC_AHB1Periph_GPIOC
#define KEY2_INT_GPIO_PIN           GPIO_Pin_13
```

```
#define KEY2_INT_EXTI_PORTSOURCE        EXTI_PortSourceGPIOC
#define KEY2_INT_EXTI_PINSOURCE         EXTI_PinSource13
#define KEY2_INT_EXTI_LINE              EXTI_Line13
#define KEY2_INT_EXTI_IRQ               EXTI15_10_IRQn
#define KEY2_IRQHandler                 EXTI15_10_IRQHandler
```

使用宏定义的方法指定与电路设计相关的配置,这对于程序移植或升级是非常有用的。

(2) 嵌套向量中断控制器 NVIC 配置,见代码清单4-3。

代码清单4-3　NVIC 配置

```
/***********************************************************************
*  功　能:配置 NVIC_Configuration
*  参　数:无
*  返回值:无
***********************************************************************/
static void NVIC_Configuration(void)
{
    NVIC_InitTypeDef NVIC_InitStructure;

    /*  配置 NVIC 为优先级组1 */
    NVIC_PriorityGroupConfig(NVIC_PriorityGroup_1);

    /*  配置中断源:按键1 */
    NVIC_InitStructure.NVIC_IRQChannel = KEY1_INT_EXTI_IRQ;
    /*  配置抢占优先级:1 */
    NVIC_InitStructure.NVIC_IRQChannelPreemptionPriority = 1;
    /*  配置子优先级:1 */
    NVIC_InitStructure.NVIC_IRQChannelSubPriority = 1;
    /*  使能中断通道 */
    NVIC_InitStructure.NVIC_IRQChannelCmd = ENABLE;
    NVIC_Init(&NVIC_InitStructure);

    /*  配置中断源:按键2,其他使用上面相关配置 */
    NVIC_InitStructure.NVIC_IRQChannel = KEY2_INT_EXTI_IRQ;
    NVIC_Init(&NVIC_InitStructure);
}
```

有关 NVIC 配置的问题可参考前述内容,这里不做过多解释。

(3) EXTI 中断配置,见代码清单4-4。

代码清单4-4　EXTI 中断配置

```
/***********************************************************************
*  功　能:配置 PA0 为线中断端口,并设置中断优先级
*  参　数:无
*  返回值:无
***********************************************************************/
void EXTI_Key_Config(void)
{
```

```
GPIO_InitTypeDef GPIO_InitStructure;
EXTI_InitTypeDef EXTI_InitStructure;

/* 开启按键 GPIO 端口的时钟 */
RCC_AHB1PeriphClockCmd(KEY1_INT_GPIO_CLK|KEY2_INT_GPIO_CLK,ENABLE);

/* 使能 SYSCFG 时钟,使用 GPIO 外部中断时必须使能 SYSCFG 时钟 */
RCC_APB2PeriphClockCmd(RCC_APB2Periph_SYSCFG,ENABLE);

/* 配置 NVIC */
NVIC_Configuration();

/* 选择按键 1 的引脚 */
GPIO_InitStructure.GPIO_Pin = KEY1_INT_GPIO_PIN;
/* 设置引脚为输入模式 */
GPIO_InitStructure.GPIO_Mode = GPIO_Mode_IN;
/* 设置引脚不上拉也不下拉 */
GPIO_InitStructure.GPIO_PuPd = GPIO_PuPd_NOPULL;
/* 使用上面的结构体初始化按键 */
GPIO_Init(KEY1_INT_GPIO_PORT,&GPIO_InitStructure);

/* 连接 EXTI 中断源到 key1 引脚 */
SYSCFG_EXTILineConfig(KEY1_INT_EXTI_PORTSOURCE,KEY1_INT_EXTI_PINSOURCE);

/* 选择 EXTI 中断源 */
EXTI_InitStructure.EXTI_Line = KEY1_INT_EXTI_LINE;
/* 中断模式 */
EXTI_InitStructure.EXTI_Mode = EXTI_Mode_Interrupt;
/* 下降沿触发 */
EXTI_InitStructure.EXTI_Trigger = EXTI_Trigger_Rising;
/* 使能中断/事件线 */
EXTI_InitStructure.EXTI_LineCmd = ENABLE;
EXTI_Init(&EXTI_InitStructure);

/* 选择按键 2 的引脚 */
GPIO_InitStructure.GPIO_Pin = KEY2_INT_GPIO_PIN;
/* 其他配置与上面相同 */
GPIO_Init(KEY2_INT_GPIO_PORT,&GPIO_InitStructure);

/* 连接 EXTI 中断源到 key2 引脚 */
SYSCFG_EXTILineConfig(KEY2_INT_EXTI_PORTSOURCE,KEY2_INT_EXTI_PINSOURCE);

/* 选择 EXTI 中断源 */
EXTI_InitStructure.EXTI_Line = KEY2_INT_EXTI_LINE;
```

```
    EXTI_InitStructure.EXTI_Mode = EXTI_Mode_Interrupt;
    /* 上升沿触发 * /
    EXTI_InitStructure.EXTI_Trigger = EXTI_Trigger_Falling;
    EXTI_InitStructure.EXTI_LineCmd = ENABLE;
    EXTI_Init(&EXTI_InitStructure);
}
```

1）首先使用 GPIO_InitTypeDef 和 EXTI_InitTypeDef 结构体定义两个用于 GPIO 和 EXTI 初始化配置的变量。

2）使用 GPIO 之前必须开启 GPIO 端口的时钟，用到 EXTI 时必须开启 SYSCFG 时钟。

3）调用 NVIC_Configuration 函数完成对按键 1、按键 2 的优先级配置并使能中断通道。

4）作为中断/时间输入线，把 GPIO 配置为输入模式，这里不使用上拉或下拉电阻，而是由外部电路完全决定引脚的状态。

5）SYSCFG_EXTILineConfig 函数用于指定中断/事件线的输入源，实际上是用来设定 SYSCFG 外部中断配置寄存器的值。该函数接收两个参数：第一个参数用于指定 GPIO 端口源，第二个参数为选择的对应 GPIO 引脚源的编号。

6）配置 EXTI 的目的是产生中断，执行中断服务函数，因此 EXTI 选择中断模式，按键 1 使用下降沿触发方式，并使能 EXTI 线。

7）按键 2 基本上采用与按键 1 相同的参数配置，只是改为上升沿触发方式。

（4）EXTI 中断服务函数，见代码清单 4-5。

代码清单 4-5　EXTI 中断服务函数

```
void KEY1_IRQHandler(void)
{
    //确保是否产生了 EXTI Line 中断
    if(EXTI_GetITStatus(KEY1_INT_EXTI_LINE) ! = RESET)
    {
        // LED1 取反
        LED1_TOGGLE;
        //清除中断标志位
        EXTI_ClearITPendingBit(KEY1_INT_EXTI_LINE);
    }
}


void KEY2_IRQHandler(void)
{
    //确保是否产生了 EXTI Line 中断
    if(EXTI_GetITStatus(KEY2_INT_EXTI_LINE) ! = RESET)
    {
        // LED2 取反
        LED2_TOGGLE;
        //清除中断标志位
        EXTI_ClearITPendingBit(KEY2_INT_EXTI_LINE);
    }
}
```

当中断发生时，对应的中断服务函数就会被执行，可以在中断服务函数中实现一些控制：

1）一般为确保中断确实发生，会在中断服务函数中调用中断标志位状态读取函数，读取外设中断标志位并判断标志位状态。

2）EXTI_GetITStatus 函数用来获取 EXTI 的中断标志位状态，如果 EXTI 线有中断发生，该函数返回"SET"，否则返回"RESET"。实际上，EXTI_GetITStatus 函数是通过读取 EXTI_PR 寄存器的值来判断 EXTI 线状态的。

3）对于按键 1 的中断服务函数，让 LED1 翻转其状态；对于按键 2 的中断服务函数，让 LED2 翻转其状态。

4）执行任务后需要调用 EXTI_ClearITPendingBit 函数清除 EXTI 线的中断标志位。

（5）main 函数，见代码清单 4-6。

代码清单 4-6　main 函数

```
/********************************************************************
*  功　能:main 函数
*  参　数:无
*  返回值:无
********************************************************************/
int main(void)
{
    /* LED 端口初始化 */
    LED_GPIO_Config();

    /* 初始化 EXTI 中断,按下按键会触发中断,触发中断会进入
    *  stm32f4xx_it.c 文件中的函数 KEY1_IRQHandler 和 KEY2_IRQHandler,
    *  处理中断,反转 LED 灯
    */
    EXTI_Key_Config();

    /* 等待中断,由于使用中断方式,CPU 不用轮询按键 */
    while(1)
    {
    }
}
```

main 函数非常简单，只有两个任务函数：LED_GPIO_Config 函数定义在 bsp_led.c 文件内，完成 RGB 彩灯的 GPIO 初始化配置；EXTI_Key_Config 函数完成两个按键的 GPIO 和 EXTI 配置。

任务 7　独立看门狗（IWDG）

一、IWDG 介绍

STM32 有两个嵌入式看门狗外设，它们具有安全性高、定时准确及使用灵活等优点。两个看门狗（独立和窗口）外设均可用于检测并解决由软件错误导致的故障。当计数器达到给定的超时值时，会触发一个中断（仅适用于窗口看门狗）或产生系统复位。

独立看门狗（IWDG）由其专用低速时钟（LSI）驱动，因此即便在主时钟发生故障时仍

能保持工作状态。窗口看门狗（WWDG）时钟由 APB1 时钟经预分频后提供，它通过可配置的时间窗口来检测应用程序非正常的过迟或过早操作。

IWDG 适用于那些需要看门狗作为一个在主程序之外能够完全独立工作的程序，并且对时间精度要求较低的场合。WWDG 适用于那些要求看门狗在精确计时窗口起作用的应用程序。

二、IWDG 主要特性

（1）自由运行递减计数器。

（2）时钟由独立的 RC 振荡器提供（可在待机和停止模式下运行）。

（3）当递减计数器值达到 0x000 时产生复位（如果看门狗已激活）。

三、IWDG 功能说明

图 4-5 给出了 IWDG 模块的功能框图。

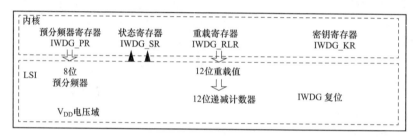

图 4-5　IWDG 模块的功能框图

注意：看门狗功能由 V_{DD} 电压域供电，在停止模式和待机模式下仍能工作。

当通过对关键字寄存器（IWDG_KR）写入值 0xCCCC 启动 IWDG 时，计数器开始从复位值 0xFFF 递减计数。当计数器计数到终值（0x000）时会产生一个复位信号（IWDG 复位）。任何时候将关键字 0xAAAA 写到 IWDG_KR 寄存器中，IWDG_RLR 的值都会被重载到计数器，从而避免产生看门狗复位。

1. 硬件看门狗

如果通过器件选项位使能"硬件看门狗"功能，上电时将自动使能看门狗；在计数器计数结束前，若软件没有向关键字寄存器写入相应的值，则系统会产生复位。

2. 寄存器访问保护

IWDG_PR 和 IWDG_RLR 寄存器具有写访问保护功能。若要修改寄存器，必须首先对 IWDG_KR 寄存器写入代码 0x5555。写入其他值则会破坏该序列，从而使寄存器写访问保护功能再次生效。这意味着重载操作（即写入 0xAAAA）也会启动写访问保护功能。状态寄存器指示预分频值和递减计数器是否正在被更新。

3. 调试模式

当微控制器进入调试模式时（Cortex™-M4 内核停止），IWDG 计数器会根据 DBG 模块中的 DBG_IWDG_STOP 配置位选择继续正常工作或者停止工作，见表 4-2。

四、IWDG 寄存器

外设寄存器可支持半字（16 位）或字（32 位）访问。

1. 关键字寄存器（IWDG_KR）

关键字寄存器（IWDG_KR）见表 4-3。

表 4-2　　　　　32 kHz（LSI）频率条件下 IWDG 超时周期的最小值/最大值

预分频器	PR［2：0］位	最短超时（ms）RL［11：0］=0x000	最长超时（ms）RL［11：0］=0xFFF
/4	0	0.125	512
/8	1	0.25	1024
/16	2	0.5	2048
/32	3	1	4096
/64	4	2	8192
/128	5	4	16384
/256	6	8	32768

注　这些时间均针对32kHz时钟给出。实际上，MCU内部的RC频率会在30～60kHz内变化。此外，即使RC振荡器的频率是精确的，确切的时序仍然依赖于APB接口时钟与RC振荡器时钟之间的相位差，因此总会有一个完整的RC周期是不确定的。

偏移地址：0x00。

复位值：0x0000 0000（通过待机模式复位）。

表 4-3　　　　　　　　　　　关键字寄存器（IWDG_KR）

31	30	29	28	27	26	25	24	23	22	21	20	19	18	17	16	15	14	13	12	11	10	9	8	7	6	5	4	3	2	1	0
							Reserved														KEY［15：0］										
																W	W	W	W	W	W	W	W	W	W	W	W	W	W	W	W

（1）位 31：16。保留，必须保持复位值。

（2）位 15：0。KEY［15：0］：键值（Key value）（只写位，读为 0000h）。

必须每隔一段时间便通过软件对这些位写入键值 AAAAh，否则当计数器计数到 0 时，看门狗会产生复位。

写入键值 5555h 可使能对 IWDG_PR 和 IWDG_RLR 寄存器的访问。

写入键值 CCCCh 可启动看门狗（选中硬件看门狗选项的情况除外）。

2. 预分频器寄存器（IWDG_PR）

预分频器寄存器（IWDG_PR）见表 4-4。

偏移地址：0x04。

复位值：0x0000 0000。

表 4-4　　　　　　　　　预分频器寄存器（IWDG_PR）

31	30	29	28	27	26	25	24	23	22	21	20	19	18	17	16	15	14	13	12	11	10	9	8	7	6	5	4	3	2	1	0
											Reserved																		PR［2：0］		
																													RW	RW	RW

（1）位 31：3。保留，必须保持复位值。

（2）位 2：0。PR［2：0］：预分频器（Prescaler divider）。

这些位受写访问保护。通过软件设置这些位来选择计数器时钟的预分频因子。若要更改预分频器的分频系数，IWDG_SR 的 PVU 位必须为 0。

000：4 分频；　　　　　100：64 分频；

001：8 分频；　　　　　101：128 分频；

010：16 分频；　　　　　110：256 分频；

011：32 分频；　　　　　111：256 分频。

注意：读取该寄存器会返回 V_{DD} 电压域的预分频器值。如果正在对该寄存器执行写操作，则读取的值可能不是最新的/有效的。因此，只有在 IWDG_SR 寄存器中的 PVU 位为 0 时，从寄存器中读取的值才有效。

3. 重载寄存器（IWDG_RLR）

重载寄存器（IWDG_RLR）见表 4-5。

偏移地址：0x08。

复位值：0x0000 0FFF（待机模式时复位）。

表 4-5　　　　　　　　　　　重载寄存器（IWDG_RLR）

31	30	29	28	27	26	25	24	23	22	21	20	19	18	17	16	15	14	13	12	11	10	9	8	7	6	5	4	3	2	1	0
												Reserved												PL [11：0]							
																				RW	RW	RW	RW	RW	RW	RW	RW	RW	RW	RW	RW

（1）位 31：12。保留，必须保持复位值。

（2）位 11：0。RL［11：0］：看门狗计数器重载值（Watchdog counter reload value）。

这些位受写访问保护。这个值由软件设置，每次对 IWDR_KR 寄存器写入值 AAAAh 时，这个值就会重载到看门狗计数器中。之后，看门狗计数器便从该重载的值开始递减计数。超时周期由该值和时钟预分频器共同决定。

若要更改重载值，IWDG_SR 中的 RVU 位必须为 0。

注意：读取该寄存器会返回 V_{DD} 电压域的重载值。如果正在对该寄存器执行写操作，则读取的值可能不是最新的/有效的。因此，只有在 IWDG_SR 寄存器中的 RVU 位为 0 时，从寄存器中读取的值才有效。

4. 状态寄存器（IWDG_SR）

状态寄存器（IWDG_SR）见表 4-6。

偏移地址：0x0C。

复位值：0x0000 0000（待机模式时不复位）。

表 4-6　　　　　　　　　　　状态寄存器（IWDG_SR）

31	30	29	28	27	26	25	24	23	22	21	20	19	18	17	16	15	14	13	12	11	10	9	8	7	6	5	4	3	2	1	0
													Reserved																	RVU	PVU
																														R	R

（1）位 31：2。保留，必须保持复位值。

（2）位 1。RVU：看门狗计数器重载值更新（Watchdog counter reload value update）。

可通过硬件将该位置 1 以指示重载值正在更新。当在 V_{DD} 电压域下完成重载值更新操作后（需要多达 5 个 RC 40kHz 周期），会通过硬件将该位复位。

重载值只有在 RVU 位为 0 时才可更新。

（3）位 0。PVU：看门狗预分频器值更新（Watchdog prescaler value update）。

可通过硬件将该位置 1 以指示预分频器值正在更新。当在 V_{DD} 电压域下完成预分频器值更新操作后（需要多达 5 个 RC 40kHz 周期），会通过硬件将该位复位。

预分频器值只有在 PVU 位为 0 时才可更新。

注意：如果应用程序使用多个重载值或预分频器值，则必须等到 RVU 位被清零后才能更改重载值，而且必须等到 PVU 位被清零后才能更改预分频器值。但是，在更新预分频值和/或重载值之后，则无须等到 RVU 或 PVU 复位后再继续执行代码（即便进入低功耗模式，也会继续执行写操作至完成）。

5. IWDG 寄存器映射

表 4-7 提供了 IWDG 寄存器映射和复位值。

表 4-7   IWDG 寄存器映射和复位值

偏移	寄存器	31	30	29	28	27	26	25	24	23	22	21	20	19	18	17	16	15	14	13	12	11	10	9	8	7	6	5	4	3	2	1	0
0x00	IWDG_KR	Reserved																KEY[15:0]															
	Reset value																	0	0	0	0	0	0	0	0	0	0	0	0	0	0	0	0
0x04	IWDG_PR	Reserved																													PR[2:0]		
	Reset value																														0	0	0
0x08	IWDG_RLR	Reserved																				RL[11:0]											
	Reset value																					1	1	1	1	1	1	1	1	1	1	1	1
0x0C	IWDG_SR	Reserved																														RVU	PVU
	Reset value																														0	0

五、IWDG 超时实验

1. 硬件设计

（1）所需器件：IWDG 一个、按键一个、LED 一个。

（2）IWDG 属于单片机内部资源，不需要外部电路，只需要一个外部的按键和 LED，通过按键来喂狗，喂狗成功则 LED 亮；喂狗失败，则程序重启，LED 灭一次。

2. 软件设计

编写两个 IWDG 驱动文件：bsp_iwdg.h 和 bsp_iwdg.c，用来存放 IWDG 的初始化配置函数。

3. 代码分析

这里只讲解部分核心代码，有些变量的设置、头文件的包含等并没有涉及。

（1）IWDG 配置函数，见代码清单 4-7。

代码清单 4-7   IWDG 配置函数

```
void IWDG_Config(uint8_t prv,uint16_t rlv)
{
    //使能预分频寄存器 PR 和重载寄存器 RLR 可写
    IWDG_WriteAccessCmd(IWDG_WriteAccess_Enable);

    //设置预分频器值
    IWDG_SetPrescaler(prv);
```

```
//设置重载寄存器值
IWDG_SetReload(rlv);

//把重载寄存器的值放到计数器中
IWDG_ReloadCounter();

//使能 IWDG
IWDG_Enable();
}
```

IWDG 配置函数有两个形参，其中 prv 用来设置预分频的值，其取值见代码清单 4-8。

代码清单 4-8　形参 prv 取值

```
/*
*    IWDG_Prescaler_4:IWDG prescaler set to 4
*    IWDG_Prescaler_8:IWDG prescaler set to 8
*    IWDG_Prescaler_16:IWDG prescaler set to 16
*    IWDG_Prescaler_32:IWDG prescaler set to 32
*    IWDG_Prescaler_64:IWDG prescaler set to 64
*    IWDG_Prescaler_128:IWDG prescaler set to 128
*    IWDG_Prescaler_256:IWDG prescaler set to 256
*/
```

这些宏在 stm32f10x_iwdg.h 文件中定义，宏展开是 8 位的 16 进制数，其具体作用是配置预分频器寄存器 IWDG_PR，获得各种分频系数。形参 rlv 用来设置重载寄存器 IWDG_RLR 的值，取值范围为 0 ~ 0xFFF。溢出时间 T_{out} =（prv/40）×rlv（s），prv 可以是[4,8,16,32,64,128,256]。如果需要设置 1s 的超时溢出，prv 可以取 IWDG_Prescaler_64，rlv 取 625，即调用 IWDG_Config（IWDG_Prescaler_64，625），可得：

$$T_{out} =（64/40）×625=1（s）$$

（2）喂狗函数，见代码清单 4-9。

代码清单 4-9　喂狗函数

```
void IWDG_Feed(void)
{
        //把重载寄存器的值放到计数器中,喂狗,防止 IWDG 复位
        //当计数器的值减到 0 时会产生系统复位
        IWDG_ReloadCounter();
}
```

（3）main 函数，见代码清单 4-10。

代码清单 4-10　main 函数

```
int main(void)
{
        /* LED 端口初始化 */
        LED_GPIO_Config();

        Delay(0x8FFFFF);

        /* 检查是否为 IWDG 复位 */
```

```
if (RCC_GetFlagStatus(RCC_FLAG_IWDGRST) ! = RESET)
{
    /*  IWDG 复位 * /
    /*  亮红灯 * /
    LED_RED;

    /*  清除标志 * /
    RCC_ClearFlag();

    /*  如果一直不喂狗,会一直复位,加上前面的延时,会看到红灯闪烁;
    在 1s 的时间内喂狗的话,则会看到持续亮绿灯* /
}
else
{
    /*  不是 IWDG 复位(可能为上电复位或者手动按键复位之类的) * /
    /*  亮蓝灯 * /
    LED_BLUE;
}

/* 初始化按键* /
Key_GPIO_Config();

// IWDG 1s 超时溢出
IWDG_Config(IWDG_Prescaler_64,625);

/* while 部分的代码在项目中是需要具体编写的,这部分的程序可以用 IWDG 来监控。如
果知道这部分代码的执行时间,如 500ms,那么就可以设置 IWDG 的溢出时间是 600ms,比
500ms 多一点。如果要被监控的程序没有跑飞的话,那么执行完毕后就会执行喂狗程序;如
果程序跑飞了,那程序就会超时,到达不了喂狗程序,此时就会产生系统复位。但是也不排除
程序跑飞又跑回来,刚好可以喂狗,歪打正着。所以要想更精确地监控程序,可以使用 WWDG,
WWDG 规定必须在规定的窗口时间内喂狗。* /
while(1)
{
    if( Key_Scan(KEY1_GPIO_PORT,KEY1_PIN) == KEY_ON  )
    {
        //喂狗,如果不喂狗,系统会复位,复位后亮红灯;
        // 如果在 1s 内准时喂狗的话,则会亮绿灯
        IWDG_Feed();
        //喂狗后亮绿灯
        LED_GREEN;
    }
}
}
```

在 main 函数中，初始化好 LED 和按键相关的配置、设置 IWDG 为 1s 超时溢出之后，进入

while 死循环，通过按键来喂狗。如果喂狗成功，则亮绿灯；如果喂狗失败，则系统重启，程序重新执行，当执行到 RCC_GetFlagStatus 函数时，会检测到是 IWDG 复位，然后让红灯亮。如果喂狗一直失败的话，则会一直产生系统复位，加上前面延时的效果，会看到红灯一直闪烁。

习题 4

1. EXTI 控制器的主要特性是什么？
2. 7 根 EXTI 线的连接方式是什么？
3. IWDG 的主要特性是什么？
4. IWDG 外设寄存器可支持多少位的访问？
5. IWDG 关键字寄存器是什么？
6. IWDG 预分频器寄存器是什么？
7. IWDG 重载寄存器是什么？
8. IWDG 状态寄存器是什么？

项目五 定时器、计数器及其应用

任务8 单片机的定时控制

一、TIM 介绍

（1）高级控制定时器（TIM1 和 TIM8）包含一个 16 位的自动重载计数器，该计数器由可编程预分频器驱动。

此类定时器可用于各种用途，包括测量输入信号的脉冲宽度（输入捕获），或者生成输出波形（输出比较、PWM 和带死区插入的互补 PWM）。

使用定时器预分频器和 RCC 时钟控制器预分频器，可将脉冲宽度和波形周期从几微秒调制到几毫秒。

（2）通用定时器（TIM2 到 TIM5）包含一个 16 位或 32 位的自动重载计数器，该计数器由可编程预分频器驱动。

此类定时器可用于多种用途，包括测量输入信号的脉冲宽度（输入捕获）或生成输出波形（输出比较和 PWM）。

使用定时器预分频器和 RCC 时钟控制器预分频器，可将脉冲宽度和波形周期从几微秒调制到几毫秒。

（3）基本定时器（TIM6 和 TIM7）包含一个 16 位的自动重载计数器，该计数器由可编程预分频器驱动。

此类定时器不仅可用作通用定时器以生成时基，还可以专门用于驱动数模转换器（DAC）。实际上，此类定时器内部连接到 DAC 并能够通过其触发输出驱动 DAC。

STM32F42xx 系列控制器有 2 个高级控制定时器、10 个通用定时器和 2 个基本定时器，还有 2 个看门狗定时器。看门狗定时器不在本章讨论范围。控制器上的所有定时器都是彼此独立的，不共享任何资源。各定时器特性可参考表 5-1。

表 5-1　　　　　　　　　　　　各定时器特性

定时器类型	Timer	计数器分辨率	计数器类型	预分频系数	DMA 请求生成	捕获/比较通道	互补输出	最大接口时钟（MHz）	最大定时器时钟（MHz）
高级控制	TIM1 和 TIM8	16 位	递增、递减、递增/递减	1~65536（整数）	有	4	有	90（APB2）	180

续表

定时器类型	Timer	计数器分辨率	计数器类型	预分频系数	DMA请求生成	捕获/比较通道	互补输出	最大接口时钟（MHz）	最大定时器时钟（MHz）
通用	TIM2 到 TIM5	32 位	递增、递减、递增/递减	1 ~ 65536（整数）	有	4	无	45（APB1）	90/180
	TIM3、TIM4	16 位	递增、递减、递增/递减	1 ~ 65536（整数）	有	4	无	45（APB1）	90/180
	TIM9	16 位	递增	1 ~ 65536（整数）	无	2	无	90（APB2）	180
	TIM10、TIM11	16 位	递增	1 ~ 65536（整数）	无	1	无	90（APB2）	180
	TIM12	16 位	递增	1 ~ 65536（整数）	无	2	无	45（APB1）	90/180
	TIM13、TIM14	16 位	递增	1 ~ 65536（整数）	无	1	无	45（APB1）	90/180
基本	TIM6 和 TIM7	16 位	递增	1 ~ 65536（整数）	有	0	无	45（APB1）	90/180

其中，最大定时器时钟可通过 RCC_DCKCFGR 寄存器配置为 90MHz 或者 180MHz。

定时器功能非常强大，这一点从 STM32F4xx 中文参考手册中长达 160 页的定时器内容介绍可见一斑。对于新手来说想完全掌握定时器的使用确实有些难度，特别是参考手册首先介绍高级控制定时器，然后介绍通用定时器，最后才介绍基本定时器。实际上，就功能上而言，通用定时器包含基本定时器的所有功能，而高级控制定时器包含通用定时器的所有功能。由于高级控制定时器功能繁多，且最难理解，因此本章选择从最简单的基本定时器开始讲解。

二、基本定时器

基本定时器比高级控制定时器和通用定时器的功能少，结构简单，理解起来更容易。基本定时器主要有两个功能：一是基本定时功能，即生成时基；二是专用驱动功能，即驱动数模转换器（DAC）。

控制器有两个基本定时器：TIM6 和 TIM7，它们的功能完全一样，但所用资源彼此完全独立，可以同时使用。在本章中，以 TIMx 统称基本定时器。

基本定时器 TIM6 和 TIM7 都是 16 位向上递增的定时器，当在自动重载寄存器（TIMx_ARR）中添加一个计数值并使能 TIMx 后，计数寄存器（TIMx_CNT）就会从 0 开始递增；当 TIMx_CNT 的数值与 TIMx_ARR 值相同时就会生成事件并把 TIMx_CNT 寄存器清 0，完成一次循环过程。如果没有停止，基本定时器就会循环执行上述过程。这只是大概的流程，希望大家有个感性认识，下面会细讲整个过程。

三、基本定时器功能框图

基本定时器的功能框图包含了基本定时器最核心的内容，如图 5-1 所示。掌握了功能框图，对基本定时器就会有一个整体的把握，在编程时思路就会非常清晰。

先看图 5-1 虚线框中的内容：首先是一个带有阴影的方框，方框内容一般是一个寄存器的名称，如图 5-1 中主体部分的自动重载寄存器（TIMx_ARR）或 PSC 预分频器（TIMx_PSC）。这里要特别突出阴影这个标志的作用，它表示这个寄存器还自带影子寄存器，在硬件结构上实际是有两个寄存器：对于源寄存器，可以进行读/写操作；而对于影子寄存器，完全无法操作，由内部硬件使用。影子寄存器在程序运行时能真正起到作用，而源寄存器只用于读/写用，只有在特定时候（特定事件发生时）才把源寄存器的值拷贝给它的影子寄存器。多个影子寄存器一起使用可以达到同步更新多个寄存器内容的目的。接下来是一个指向右下角的图标，它表示一个事件；再下面是一个指向右上角的图标，它表示中断和 DMA 输出。对此，将它们放在图 5-1 中主体部分会更容易理解。图 5-1 中的自动重载寄存器有影子寄存器，它左边有一个带有"U"字母的事件图标，表示在更新事件生成时就把自动重载寄存器的内容拷贝到影子寄存器内，这个与上面的分析是一致的。寄存器右边的事件图标、中断和 DMA 输出图标表示在自动重载寄存器值与计数器寄存器值相等时生成事件、中断和 DMA 输出。

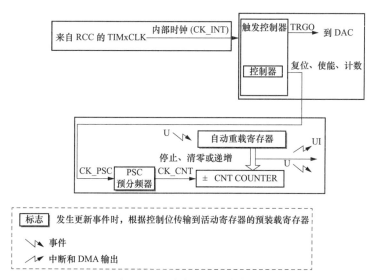

图 5-1　基本定时器功能框图

1. 时钟源

计数器时钟由内部时钟（CK_INT）源提供。

CEN（TIMx_CR1 寄存器中）和 UG 位（TIMx_EGR 寄存器中）为实际控制位，并且只能通过软件进行更改（保持自动清零的 UG 除外）。当对 CEN 位写入 1 时，预分频器的时钟就由内部时钟 CK_INT 提供。

图 5-2 展示了正常模式下控制电路与递增计数器的行为（没有预分频的情况下）。

2. 控制器

定时器的控制器用于控制实现定时器的功能，包括复位、使能、计数等基础功能，以及专门用于 DAC 转换触发的功能。

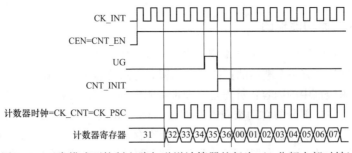

图 5-2　正常模式下控制电路与递增计算器的行为（1 分频内部时钟）

3. 计 数 器

基本定时器的计数过程主要涉及三个寄存器，分别是计数器寄存器（TIMx_CNT）、预分频器寄存器（TIMx_PSC）、自动重载寄存器（TIMx_ARR）。这三个寄存器都是 16 位的，即可设置值为 0 ~ 65535。

首先来看图 5-1 中的 PSC 预分频器，它有一个输入时钟 CK_PSC 和一个输出时钟 CK_CNT。输入时钟 CK_PSC 来源于控制器部分，基本定时器只有内部时钟源，所以 CK_PSC 实际上等于 CK_INT，即 90MHz。在不同的应用场所，经常需要不同的定时频率，通过设置 PSC 预分频器的值可以非常方便地得到不同的 CK_CNT，实际计算式为：$f_{CK\_CNT}=f_{CK\_PSC}/$（PSC[15:0]+1）。

将 PSC 预分频器的值从 1 改为 4 时计数器时钟变化的过程如图 5-3 所示。原来是 1 分频，CK_PSC 和 CK_CNT 频率相同。向 TIMx_PSC 寄存器写入新值时，并不会马上更新 CK_CNT 的输出频率，而是等到更新事件发生时，把 TIMx_PSC 寄存器的值更新到影子寄存器中，使其真正产生效果。更新为 4 分频时，在 CK_PSC 连续出现 4 个脉冲后，CK_CNT 才产生一个脉冲。

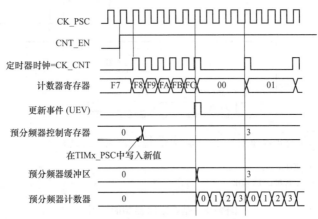

图 5-3　基本定时器时钟源分频

在定时器使能（CEN 置 1）时，计数器 COUNTER 根据 CK_CNT 的频率向上计数，即每来一个 CK_CNT 脉冲，TIMx_CNT 的值就加 1。当 TIMx_CNT 的值与 TIMx_ARR 的设定值相等时，就自动生成事件并且 TIMx_CNT 自动清零，然后自动重新开始计数，如此重复以上过程。由此可见，只要设置 CK_PSC 和 TIMx_ARR 这两个寄存器的值就可以控制事件生成的时间，而一般的应用程序就是在事件生成的回调函数中运行的。TIMx_CNT 的值递增至与 TIMx_ARR 的值相等，称作定时器上溢。

自动重载寄存器 TIMx_ARR 用来存放与计数器的值做比较的值，如果两个值相等就生成事件，将相关事件标志位置位，生成 DMA 和中断输出。TIMx_ARR 有影子寄存器，可以通过 TIMx_CR1 寄存器的 ARPE 位控制影子寄存器的功能，如果 ARPE 位置 1，影子寄存器有效，只有在事件更新时才把 TIMx_ARR 值赋给影子寄存器；如果 ARPE 位为 0，修改 TIMx_ARR 的值，影子寄存器马上有效。

4. 定时器周期计算

经过上面分析，可知定时事件生成时间主要由 TIMx_PSC 和 TIMx_ARR 两个寄存器的值决定，这个也就是定时器的周期。例如，若需要一个周期为 1s 的定时器，具体这两个寄存器的值该如何设置呢？假设先设置 TIMx_ARR 寄存器的值为 9999，即当 TIMx_CNT 从 0 开始计算，刚好等于 9999 时生成事件，总共计数 10000 次。那么如果此时时钟源周期为 $100\mu s$，即可得到刚好为 1s 的定时周期。

接下来的问题就是设置 TIMx_PSC 寄存器的值，使得 CK_CNT 输出为 $100\mu s$ 周期（10000Hz）的时钟。预分频器的输入时钟 CK_PSC 为 90MHz，所以设置预分频器的值为（9000-1）即可满足条件。

四、定时器初始化结构体

标准库函数对定时器外设建立了四个初始化结构体，基本定时器只用到其中一个，即 TIM_TimeBaseInitTypeDef。该结构体成员用于设置定时器的基本工作参数，并由定时器基本初始化配置函数 TIM_TimeBaseInit 调用，这些设定的参数将会设置定时器相应的寄存器，达到配置定时器工作环境的目的。本章只介绍 TIM_TimeBaseInitTypeDef 结构体，其他结构体将在相关章节介绍。

定时器初始化结构体定义在 stm32f4xx_tim.h 文件中，初始化库函数定义在 stm32f4xx_tim.c 文件中，编程时可以结合这两个文件的注释使用。

定时器基本初始化结构体见代码清单 5-1。

代码清单 5-1　定时器基本初始化结构体

```
typedef struct
{
    uint16_t TIM_Prescaler;              // 预分频器
    uint16_t TIM_CounterMode;            // 计数模式
    uint32_t TIM_Period;                 // 定时器周期
    uint16_t TIM_ClockDivision;          // 时钟分频
    uint8_t TIM_RepetitionCounter;       // 重复计算器
} TIM_TimeBaseInitTypeDef;
```

（1）TIM_Prescaler：定时器预分频器设置，时钟源经该预分频器才为定时器时钟，用于设定 TIMx_PSC 寄存器的值。可设置范围为 0~65535，实现 1~65536 分频。

（2）TIM_CounterMode：定时器计数方式，可设置为向上计数、向下计数及三种中央对齐模式。基本定时器只能向上计数，即 TIMx_CNT 只能从 0 开始递增，并且无须初始化。

（3）TIM_Period：定时器周期，实际上就是设定自动重载寄存器的值，在事件生成时更新到影子寄存器。可设置范围为 0~65535。

（4）TIM_ClockDivision：时钟分频，设置定时器时钟 CK_INT 频率与数字滤波器采样时钟频率分频比。基本定时器没有此功能，不用设置。

（5）TIM_RepetitionCounter：重复计数器，属于高级控制寄存器专用寄存器位，利用它可以非常容易地控制输出 PWM 的个数，此处不用设置。

虽然定时器基本初始化结构体有 5 个成员，但对于基本定时器而言只需设置其中两个即可，因此使用基本定时器非常简单。

五、基本定时器定时实验

在 DAC 转换中几乎都会用到基本定时器，这里仅利用基本定时器实现简单的定时功能。这里使用基本定时器循环定时 0.5s 并使能定时器中断，每到 0.5s 就在定时器中断服务函数内翻转 LED 灯，使得最终效果为 LED 灯暗 0.5s，亮 0.5s，如此循环。

1. 硬件设计

基本定时器没有相关 GPIO，这里只用定时器的定时功能，无须其他外部引脚。至于 LED 灯的硬件设计可参考 GPIO 章节。

2. 软件设计

这里只讲解部分核心代码，有些变量的设置、头文件的包含等并没有涉及。这里创建两个文件：bsp_basic_tim.c 和 bsp_basic_tim.h，用来存放基本定时器驱动程序及相关宏定义。中断服务函数放在 stm32f4xx_it.h 文件中。

3. 编程要点

（1）初始化 LED 灯的 GPIO。

（2）开启基本定时器时钟。

（3）设置定时器周期和预分频器。

（4）启动定时器更新中断，并开启定时器。

（5）利用定时器中断服务函数实现 LED 灯翻转。

4. 软件分析

（1）宏定义，见代码清单 5-2。

代码清单 5-2 宏定义

```
#define BASIC_                          TIMTIM6
#define BASIC_TIM_CLK                   RCC_APB1Periph_TIM6
#define BASIC_TIM_IRQn                  TIM6_DAC_IRQn
#define BASIC_TIM_IRQHandler            TIM6_DAC_IRQHandler
```

使用宏定义非常方便程序的升级、移植。

（2）NVIC 配置，见代码清单 5-3。

代码清单 5-3 NVIC（嵌套向量中断控制器）配置

```
static void TIMx_NVIC_Configuration(void)
{
    NVIC_InitTypeDef NVIC_InitStructure;
    // 设置中断组为 0
    NVIC_PriorityGroupConfig(NVIC_PriorityGroup_0);
    // 设置中断来源
    NVIC_InitStructure.NVIC_IRQChannel = BASIC_TIM_IRQn;
    // 设置抢占优先级
    NVIC_InitStructure.NVIC_IRQChannelPreemptionPriority = 0;
    // 设置子优先级
    NVIC_InitStructure.NVIC_IRQChannelSubPriority = 3;
    NVIC_InitStructure.NVIC_IRQChannelCmd = ENABLE;
    NVIC_Init(&NVIC_InitStructure);
}
```

实验用到的定时器更新中断需要配置 NVIC，实验只有一个中断，对 NVIC 的配置没什么具体要求。

（3）基本定时器模式配置，见代码清单 5-4。

代码清单 5-4 基本定时器模式配置

```
static void TIM_Mode_Config(void)
```

```
{
    TIM_TimeBaseInitTypeDef TIM_TimeBaseStructure;
    // 开启 TIMx_CLK,x[6,7]
    RCC_APB1PeriphClockCmd(BASIC_TIM_CLK,ENABLE);
    /* 累计 TIM_Period 个后产生一个更新或者中断* /
    //当定时器从 0 计数到 4999,即为 5000 次时,为一个定时周期
    TIM_TimeBaseStructure.TIM_Period = 5000-1;

    //定时器时钟源 TIMxCLK = 2 * PCLK1
    //              PCLK1 = HCLK / 4
    //              => TIMxCLK=HCLK/2=SystemCoreClock/2=90MHz
    // 设定定时器频率为=TIMxCLK/(TIM_Prescaler+1)=10000Hz
    TIM_TimeBaseStructure.TIM_Prescaler = 9000-1;
    // 初始化定时器 TIMx,x[2,3,4,5]
    TIM_TimeBaseInit(BASIC_TIM,&TIM_TimeBaseStructure);
    // 清除定时器更新中断标志位
    TIM_ClearFlag(BASIC_TIM,TIM_FLAG_Update);
    // 开启定时器更新中断
    TIM_ITConfig(BASIC_TIM,TIM_IT_Update,ENABLE);
    // 使能定时器
    TIM_Cmd(BASIC_TIM,ENABLE);
}
```

1) 使用定时器之前都必须开启定时器时钟,基本定时器属于 APB1 总线外设。

2) 设置定时器周期数为 4999,即计数 5000 次后生成事件。设置定时器预分频器为 (9000-1),基本定时器使能内部时钟,频率为 90MHz,经过预分频器后得到 10kHz 的频率。然后调用 TIM_TimeBaseInit 函数完成定时器配置。

3) TIM_ClearFlag 函数用来在配置中断前清除定时器更新中断标志位,实际上是清除 TIMx_SR 寄存器的 UIF 位。

4) 使用 TIM_ITConfig 函数配置使能定时器更新中断,即在发生上溢时产生中断。

5) 使用 TIM_Cmd 函数开启定时器。

(4) 定时器中断服务函数,见代码清单 5-5。

代码清单 5-5　定时器中断服务函数

```
void BASIC_TIM_IRQHandler (void)
{
    if ( TIM_GetITStatus ( BASIC_TIM,TIM_IT_Update) ! = RESET)
    {
        LED1_TOGGLE;
        TIM_ClearITPendingBit(BASIC_TIM,TIM_IT_Update);
    }
}
```

这里在 TIM_Mode_Config 函数中启动了定时器更新中断,发生中断时,中断服务函数就得到运行。在服务函数内,先调用定时器中断标志读取函数 TIM_GetITStatus 获取当前定时器的中断位状态,确定产生中断后才运行 LED 灯翻转动作,并使用定时器标志位清除函数 TIM_

ClearITPendingBit 清除中断标志位。

（5）main 函数，见代码清单5-6。

代码清单5-6　main 函数

```
int main(void)
{
    LED_GPIO_Config();

    /* 初始化基本定时器定时,0.5s 产生一次中断 */
    TIMx_Configuration();
    while(1)
    {
    }
}
```

实验用到的 LED 灯，需要对其进行初始化配置。LED_GPIO_Config 是定义在 bsp_led.c 文件中完成 LED 灯 GPIO 初始化配置的函数。

TIMx_Configuration 是定义在 bsp_basic_tim.c 文件中的一个函数，它只是简单地先后调用 TIMx_NVIC_Configuration 和 TIM_Mode_Config 两个函数来完成 NVIC 配置和基本定时器模式配置。

任务9　STM32 定时器 PWM 输出应用

一、通用定时器 PWM 介绍

1. STM32 通用定时器

STM32 通用定时器 PWM 的输出通道引脚见表5-2。

表5-2　　　　　　　　　　PWM 的输出通道引脚

复用功能	TIM3_REMAP[1:0]=00 （没有重映像）	TIM3_REMAP[1:0]=10 （部分重映像）	TIM3_REMAP[1:0]=11 （完成重映像）
TIM3_CH1	PA6	PB4	PC6
TIM3_CH2	PA7	PB5	PC7
TIM3_CH3	PB0	PB0	PC8
TIM3_CH4	PB1	PB1	PC9

这里以 TIM3 为例来讲解。STM32 的通用定时器有 TIM2、TIM3、TIM4、TIM5，而每个定时器都有 4 个独立的通道可以用作输入捕获、输出比较、PWM 输出、单脉冲模式输出等。

STM32 的定时器除了 TIM6 和 TIM7（基本定时器）之外，其他的定时器都可以产生 PWM 输出。其中，高级控制定时器 TIM1、TIM8 可以同时产生 7 路 PWM 输出，而通用定时器可以同时产生 4 路 PWM 输出。STM32 最多可以同时产生 30 路 PWM 输出。

从表5-2 可以看出，TIM3 的 4 个通道对应各个引脚及重映射情况下各个引脚的位置。

2. PWM 的工作原理

PWM 的工作原理如图5-4 所示。

在通用定时器功能框图中，主要涉及最顶上的一部分（计数时钟的选择）、中间部分（时基单元）和右下部分（PWM 输出）。这里主要讲解右下部分（PWM 输出），其他两个部分可以参阅 STM32F4xx 中文参考手册。

下面以向上计数为例，简单地讲述一下 PWM 的工作原理，如图 5-5 所示。

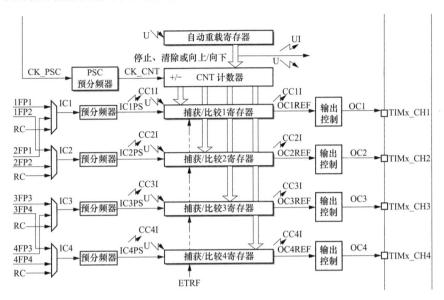

图 5-4　PWM 的工作原理

在 PWM 输出模式下，除了 CNT（计数器当前值）、ARR（自动重载值）之外，还多了一个值，即 CCRx（捕获/比较寄存器值）。

当 CNT<CCRx 时，TIMx_CHx 通道输出低电平；当 CNT≥CCRx 时，TIMx_CHx 通道输出高电平。

这时就可以对其进行准确定义：所谓脉冲宽度调制模式（PWM 模式），就是可以产生一个由 TIMx_ARR 寄存器确定频率、由 TIMx_CCRx 寄存器确定占空比的信号的输出模式。它

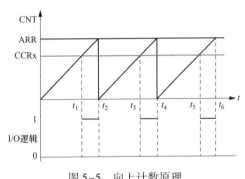

图 5-5　向上计数原理

是利用微处理器的数字输出来对模拟电路进行控制的一种非常有效的技术。

3. PWM 的通道简介

每一个捕获/比较通道都围绕着一个捕获/比较寄存器（包含影子寄存器），包括捕获的输入部分（数字滤波、多路复用和预分频器）和输出部分（比较器和输出控制）。

捕获/比较模块由一个预装载寄存器和一个影子寄存器组成。读/写过程仅操作预装载寄存器。

在捕获模式下，捕获发生在影子寄存器上，然后再复制到预装载寄存器中。

在比较模式下，预装载寄存器的内容被复制到影子寄存器中，然后将影子寄存器的内容和计数器的内容进行比较，如图 5-6 所示。

（1）CCR1 寄存器：捕获/比较值寄存器，用于设置比较值。

（2）CCMR1 寄存器：OC1M[2:0]位，在 PWM 方式下，用于设置 PWM 模式 1 或者 PWM 模式 2。

（3）CCER 寄存器：CC1P 位，输入/捕获 1 输出极性。0 表示高电平有效，1 表示低电平

有效。

（4）CCER 寄存器：CC1E 位，输入/捕获 1 输出使能。0 表示关闭，1 表示打开。

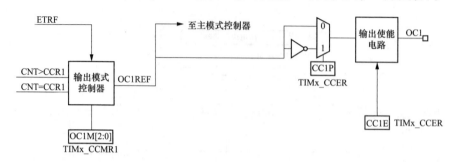

图 5-6　计数器比较

4. PWM 的输出模式

通过设置寄存器 TIMx_CCMR1 的 OC1M［2：0］位可以确定 PWM 的输出模式：

（1）PWM 模式 1。在向上计数时，一旦 TIMx_CNT<TIMx_CCR1，通道 1 为有效电平，否则为无效电平；在向下计数时，一旦 TIMx_CNT>TIMx_CCR1，通道 1 为无效电平（OC1REF＝0），否则为有效电平（OC1REF＝1）。

（2）PWM 模式 2。在向上计数时，一旦 TIMx_CNT<TIMx_CCR1，通道 1 为无效电平，否则为有效电平；在向下计数时，一旦 TIMx_CNT>TIMx_CCR1，通道 1 为有效电平，否则为无效电平。

注意：PWM 模式只是区别什么时候为有效电平，但并没有确定是高电平有效还是低电平有效。这需要结合 CCER 寄存器的 CCxP 位的值来确定。

例如，若在 PWM 模式 1，且 CCER 寄存器的 CCxP 位为 0，则当 TIMx_CNT<TIMx_CCR1 时，输出高电平；同样，若在 PWM 模式 1，且 CCER 寄存器的 CCxP 位为 2，则当 TIMx_CNT<TIMx_CCR1 时，输出低电平。

5. PWM 的计数模式

（1）向上计数模式。下面是一个 PWM 模式 1 的例子。当 TIMx_CNT<TIMx_CCRx 时，PWM 信号参考 OCxREF 为高，否则为低。如果 TIMx_CCRx 中的比较值大于自动重载值（TIMx_ARR），则 OCxREF 保持为 1。如果比较值为 0，则 OCxREF 保持为 0。向上计数模式如图 5-7 所示。

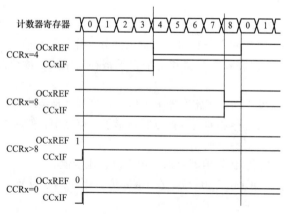

图 5-7　向上计数模式

（2）向下计数模式。在 PWM 模式 1，当 TIMx_CNT>TIMx_CCRx 时，参考信号 OCxREF 为低，否则为高。如果 TIMx_CCRx 中的比较值大于 TIMx_ARR 中的自动重载值，则 OCxREF 保持为 1。该模式下不能产生 0% 的 PWM 波形。

（3）中央对齐模式。当 TIMx_CR1 寄存器中的 CMS 位不为 00 时，为中央对齐模式（所有其他的配置对 OCxREF/OCx 信号都有相同的作用）。根据不同的 CMS 位设置，比较标志可以在计数器向上计数时被置 1、在计数器向下计数时被置 1，或在计数器向上和向下计数时被置 1。TIMx_CR1 寄存器中的计数方向位（DIR）由硬件更新，不要用软件修改它。

6. 自动加载的预加载寄存器

在 TIMx_CCMRx 寄存器的 OCxM 位写入 110（PWM 模式 1）或 111（PWM 模式 2），能够独立地设置每个 OCx 输出通道，产生一路 PWM。必须设置 TIMx_CCMRx 寄存器 OCxPE 位，以使能相应的预装载寄存器；还要设置 TIMx_CR1 寄存器的 ARPE 位，以（在向上计数或中央对齐模式中）使能自动重载的预装载寄存器。

在 TIMx_CRx 寄存器的 APRE 位，决定是否使能自动重载的预加载寄存器。

根据 TIMx_CR1 的 ARPE 位的设置，当 ARPE=0 时，预装载寄存器的内容就可以随时传送到影子寄存器，此时两者是互通的；当 ARPE=1 时，每当发生更新事件时，才将预装在寄存器中的内容传送至影子寄存器，如图 5-8、图 5-9 所示。

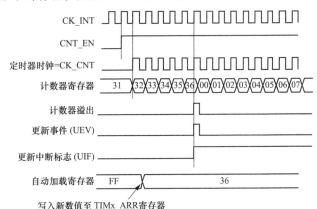

图 5-8　计数器时序图，当 ARPE=0 时的更新事件（没有预装入 TIMx_ARR）

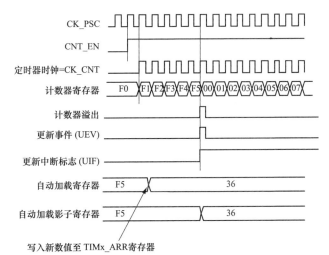

图 5-9　计数器时序图，当 ARPE=1 时的更新事件（预装入了 TIMx_ARR）

简单来说：当 ARPE＝1 时，ARR 立即生效；当 ARPE＝0 时，ARR 下个比较周期生效。

二、PWM 相关配置寄存器

1. TIMx 捕获/比较模式寄存器 1（TIMx_CCMR1）

TIMx_CCMR1 寄存器见表 5-3。

偏移地址：0x18。

复位值：0x0000。

这些通道可用于输入（捕获模式）或输出（比较模式）模式。通道方向通过配置相应的 CCxS 位进行定义。该寄存器的所有其他位在输入模式和输出模式下的功能均不同。对于任一给定位，OCxx 用于说明通道配置为输出时该位对应的功能，ICxx 则用于说明通道配置为输入时该位对应的功能。因此，必须注意同一个位在输入阶段和输出阶段具有不同的含义。

表 5-3　TIMx_CCMR1 寄存器

15	14	13	12	11	10	9	8	7	6	5	4	3	2	1	0
OC2CE	OC2M[2:0]			OC2PE	OC2FE	CC2S[1:0]		OC1CE	OC1M[2:0]			OC1PE	OC1FE	CC1S[1:0]	
IC2F[3:0]				IC2PSC[1:0]				IC1F[3:0]				IC1PSC[1:0]			
RW	RW	RW	RW	RW	RW	RW	RW	RW	RW	RW	RW	RW	RW	RW	RW

输出比较模式：

（1）位 15。OC2CE：输出比较 2 清零使能（output compare 2 clear enable）。

（2）位 14:12。OC2M［2:0］：输出比较 2 模式（output compare 2 mode）。

（3）位 11。OC2PE：输出比较 2 预装载使能（output compare 2 preload enable）。

（4）位 10。OC2FE：输出比较 2 快速使能（output compare 2 fast enable）。

（5）位 9:8。CC2S［1:0］：捕获/比较 2 选择（capture/compare 2 selection）。

此位域定义通道方向（输入/输出）及所使用的输入：

00：CC2 通道配置为输出。

01：CC2 通道配置为输入，IC2 映射到 TI2 上。

10：CC2 通道配置为输入，IC2 映射到 TI1 上。

11：CC2 通道配置为输入，IC2 映射到 TRC 上。此模式仅在通过 TS 位（TIMx_SMCR 寄存器）选择内部触发输入时有效。

注意：仅当通道关闭（TIMx_CCER 中的 CC2E＝0）时，才可向 CC2S 位写入数据。

（6）位 7。OC1CE：输出比较 1 清零使能（output compare 1 clear enable）。

0：OC1REF 不受 ETRF 输入影响。

1：ETRF 输入上检测到高电平时，OC1REF 立即清零。

（7）位 6:4。OC1M：输出比较 1 模式（output compare 1 mode）。

这些位定义提供 OC1 和 OC1N 的输出参考信号 OC1REF 的行为。OC1REF 为高电平有效，而 OC1 和 OC1N 的有效电平则取决于 CC1P 位和 CC1NP 位。

000：冻结。输出比较寄存器 TIMx_CCR1 与计数器 TIMx_CNT 间的比较不会对输出造成任何影响（该模式用于生成时基）。

001：将通道 1 设置为匹配时输出有效电平。当计数器 TIMx_CNT 与捕获/比较寄存器 1（TIMx_CCR1）匹配时，OC1REF 信号强制变为高电平。

010：将通道 1 设置为匹配时输出无效电平。当计数器 TIMx_CNT 与捕获/比较寄存器 1（TIMx_CCR1）匹配时，OC1REF 信号强制变为低电平。

011：翻转。当 TIMx_CNT = TIMx_CCR1 时，OC1REF 发生翻转。

100：强制变为无效电平——OC1REF 强制变为低电平。

101：强制变为有效电平——OC1REF 强制变为高电平。

110：PWM 模式 1。在递增计数模式下，只要 TIMx_CNT < TIMx_CCR1，通道 1 便为有效状态，否则为无效状态；在递减计数模式下，只要 TIMx_CNT > TIMx_CCR1，通道 1 便为无效状态（OC1REF = 0），否则为有效状态（OC1REF = 1）。

111：PWM 模式 2。在递增计数模式下，只要 TIMx_CNT < TIMx_CCR1，通道 1 便为无效状态，否则为有效状态；在递减计数模式下，只要 TIMx_CNT > TIMx_CCR1，通道 1 便为有效状态，否则为无效状态。

注意：在 PWM 模式 1 或 PWM 模式 2 下，仅当比较结果发生改变或输出比较模式由"冻结"模式切换到"PWM"模式时，OCREF 电平才会发生更改。

（8）位 3。OC1PE：输出比较 1 预装载使能（output compare 1 preload enable）。

0：禁止与 TIMx_CCR1 相关的预装载寄存器。可随时向 TIMx_CCR1 写入数据，写入后将立即使用新值。

1：使能与 TIMx_CCR1 相关的预装载寄存器。可读/写访问预装载寄存器。TIMx_CCR1 预装载值在每次生成更新事件时都会装载到活动寄存器中。

注意：①一旦 LOCK 级别设为 3（TIMx_BDTR 寄存器中的 LOCK 位）且 CC1S = 00（通道配置为输出），便无法修改这些位；②只有单脉冲模式下才可在未验证预装载寄存器的情况下使用 PWM 模式（TIMx_CR1 寄存器中的 OPM 位置 1），其他情况下则无法保证该行为。

（9）位 2。OC1FE：输出比较 1 快速使能（output compare 1 fast enable）。

此位用于加快触发输入事件对 CC 输出的影响。

0：即使触发开启，CC1 也将根据计数器和 CCR1 值正常工作。触发输入出现边沿时，激活 CC1 输出的最短延迟时间为 5 个时钟周期。

1：触发输入上出现有效边沿相当于 CC1 输出上的比较匹配。随后，无论比较结果如何，OC 都设置为比较电平。采样触发输入和激活 CC1 输出的延迟时间缩短为 3 个时钟周期。

仅当通道配置为 PWM 模式 1 或 PWM 模式 2 时，OCFE 才会起作用。

（10）位 1：0。CC1S：捕获/比较 1 选择（capture/compare 1 selection）。

此位域定义通道方向（输入/输出）及所使用的输入。

00：CC1 通道配置为输出。

01：CC1 通道配置为输入，IC1 映射到 TI1 上。

10：CC1 通道配置为输入，IC1 映射到 TI2 上。

11：CC1 通道配置为输入，IC1 映射到 TRC 上。此模式仅在通过 TS 位（TIMx_SMCR 寄存器）选择内部触发输入时有效。

注意：仅当通道关闭（TIMx_CCER 中的 CC1E = 0）时，才可向 CC1S 位写入数据。

2. TIMx 捕获/比较使能寄存器（TIMx_CCER）

TIMx_CCER 寄存器见表 5-4。

偏移地址：0x20。

复位值：0x0000。

表 5-4 　　　　　　　　　　　　　　　　TIMx_CCER 寄存器

15	14	13	12	11	10	9	8	7	6	5	4	3	2	1	0
CC4NP	Res	CC4P	CC4E	CC3NP	Res	CC3P	CC3E	CC2NP	Res	CC2P	CC2E	CC1NP	Res	CC1P	CC1E
RW		RW	RW	RW		RW	RW	RW		RW	RW	RW		RW	RW

（1）位 15。CC4NP：捕获/比较 4 输出极性（capture/compare 4 output polarity）。

（2）位 14。保留，必须保持复位值。

（3）位 13。CC4P：捕获/比较 4 输出极性（capture/compare 4 output polarity）。

（4）位 12。CC4E：捕获/比较 4 输出使能（capture/compare 4 output enable）。

（5）位 11。CC3NP：捕获/比较 3 输出极性（capture/compare 3 output polarity）。

（6）位 10。保留，必须保持复位值。

（7）位 9。CC3P：捕获/比较 3 输出极性（capture/compare 3 output polarity）。

（8）位 8。CC3E：捕获/比较 3 输出使能（capture/compare 3 output enable）。

（9）位 7。CC2NP：捕获/比较 2 输出极性（capture/compare 2 output polarity）。

（10）位 6。保留，必须保持复位值。

（11）位 5。CC2P：捕获/比较 2 输出极性（capture/compare 2 output polarity）。

（12）位 4。CC2E：捕获/比较 2 输出使能（capture/compare 2 output enable）。

（13）位 3。CC1NP：捕获/比较 1 输出极性（capture/compare 1 output polarity）。

CC1 通道配置为输出：在这种情况下，CC1NP 必须保持清零。

CC1 通道配置为输入：此位与 CC1P 配合使用，用以定义 TI1FP1/TI2FP1 的极性。请参见 CC1P 说明。

（14）位 2。保留，必须保持复位值。

（15）位 1。CC1P：捕获/比较 1 输出极性（capture/compare 1 output polarity）。

CC1 通道配置为输出：

0：OC1 高电平有效；1：OC1 低电平有效。

CC1 通道配置为输入：

CC1NP/CC1P 位可针对触发或捕获操作选择 TI1FP1 和 TI2FP1 的极性。

00：非反相/上升沿触发电路对 TIxFP1 上升沿敏感（在复位模式、外部时钟模式或触发模式下执行捕获或触发操作），TIxFP1 未反相（在门控模式或编码器模式下执行触发操作）。

01：反相/下降沿触发电路对 TIxFP1 下降沿敏感（在复位模式、外部时钟模式或触发模式下执行捕获或触发操作），TIxFP1 反相（在门控模式或编码器模式下执行触发操作）。

10：保留，不使用此配置。

11：非反相/上升沿和下降沿触发电路对 TIxFP1 上升沿和下降沿都敏感（在复位模式、外部时钟模式或触发模式下执行捕获或触发操作），TIxFP1 未反相（在门控模式下执行触发操作）。编码器模式下不得使用此配置。

（16）位 0。CC1E：捕获/比较 1 输出使能（capture/compare 1 output enable）。

CC1 通道配置为输出：

0：关闭——OC1 未激活；

1：开启——在相应输出引脚上输出 OC1 信号。

CC1 通道配置为输入：

此位决定了是否可以实际将计数器值捕获到输入捕获/比较寄存器 1（TIMx_CCR1）中。

0：禁止捕获；

1：使能捕获。

3. TIMx 捕获/比较寄存器 1（TIMx_CCR1）

TIMx_CCR1 寄存器见表 5-5。

偏移地址：0x34。

复位值：0x0000 0000。

表 5-5　　　　　　　　　　　　　　　　　**TIMx_CCR1 寄存器**

31	30	29	28	27	26	25	24	23	22	21	20	19	18	17	16
CCR1［31:16］（depending on timers）															
RW	RW	RW	RW	RW	RW	RW	RW	RW	RW	RW	RW	RW	RW	RW	RW
15	14	13	12	11	10	9	8	7	6	5	4	3	2	1	0
CCR1［15:0］															
RW	RW	RW	RW	RW	RW	RW	RW	RW	RW	RW	RW	RW	RW	RW	RW

（1）位 31:16。CCR1［31:16］：捕获/比较 1 的高 16 位（对于 TIM2 和 TIM5）。

（2）位 15:0。CCR1［15:0］：捕获/比较 1 的低 16 位（low capture/compare 1 value）。

如果通道 CC1 配置为输出：

CCR1 是捕获/比较寄存器 1 的预装载值。

如果没有通过 TIMx_CCMR 寄存器中的 OC1PE 位来使能预装载功能，写入的数值会被直接传输至当前寄存器中；否则只在发生更新事件时生效（拷贝到实际起作用的捕获/比较寄存器 1）。

实际捕获/比较寄存器中包含要与计数器 TIMx_CNT 进行比较并在 OC1 输出上发出信号的值。

如果通道 CC1 配置为输入：

CCR1 为上一个输入捕获 1 事件（IC1）发生时的计数器值。

三、定时器初始化结构体

标准库函数对定时器外设建立了四个初始化结构体，分别为时基初始化结构体（TIM_TimeBaseInitTypeDef）、输出比较初始化结构体（TIM_OCInitTypeDef）、输入捕获初始化结构体（TIM_ICInitTypeDef）及断路和死区初始化结构体（TIM_BDTRInitTypeDef）。高级控制定时器可以用到所有初始化结构体，通用定时器不能使用 TIM_BDTRInitTypeDef 结构体，基本定时器只能使用 TIM_TimeBaseInitTypeDef。初始化结构体成员用于设置定时器工作的环境参数，并由定时器相应初始化配置函数调用，最终这些参数会写入定时器相应的寄存器中。

定时器初始化结构体定义在 stm32f4xx_tim. h 文件中，初始化库函数定义在 stm32f4xx_tim. c 文件中，编程时可以结合这两个文件的注释使用。

1. TIM_TimeBaseInitTypeDef

TIM_TimeBaseInitTypeDef 用于定时器基础参数设置，与 TIM_TimeBaseInit 函数配合使用完成配置，见代码清单 5-7。

代码清单 5-7　定时器基本初始化结构体

```
typedef struct
{
```

```
    uint16_t TIM_Prescaler;              // 预分频器
    uint16_t TIM_CounterMode;            // 计数模式
    uint32_t TIM_Period;                 // 定时器周期
    uint16_t TIM_ClockDivision;          // 时钟分频
    uint8_t TIM_RepetitionCounter;       // 重复计算器
} TIM_TimeBaseInitTypeDef;
```

（1）TIM_Prescaler：定时器预分频器设置，时钟源经该预分频器才为定时器计数时钟 CK_CNT，它设定 PSC 寄存器的值。计算公式为：计数器时钟频率 $f_{CK\_CNT} = f_{CK\_PSC}/$（PSC [15:0] +1），可实现 1~65536 分频。

（2）TIM_CounterMode：定时器计数方式，可设置为向上计数、向下计数及中心对齐。高级控制定时器允许选择任意一种。

（3）TIM_Period：定时器周期，实际上就是设定自动重载寄存器 ARR 的值，ARR 为要装载到实际自动重载寄存器（即影子寄存器）的值，可设置范围为 0~65535。

（4）TIM_ClockDivision：时钟分频，设置定时器时钟 CK_INT 频率与死区发生器及数字滤波器采样时钟频率分频比。可以选择 1、2、4 分频。

（5）TIM_RepetitionCounter：重复计数器，只有 8 位，只存在于高级控制定时器。

2. TIM_OCInitTypeDef

TIM_OCInitTypeDef 用于输出比较模式，与 TIM_OCxInit 函数配合使用完成定时器输出通道的初始化配置，见代码清单 5-8。高级控制定时器有四个定时器通道，使用时都必须单独设置。

代码清单 5-8　定时器比较输出初始化结构体

```
typedef struct
{
    uint16_t TIM_OCMode;              // 比较输出模式
    uint16_t TIM_OutputState;         // 比较输出使能
    uint16_t TIM_OutputNState;        // 比较互补输出使能
    uint32_t TIM_Pulse;               // 脉冲宽度
    uint16_t TIM_OCPolarity;          // 输出极性
    uint16_t TIM_OCNPolarity;         // 互补输出极性
    uint16_t TIM_OCIdleState;         // 空闲状态下比较输出状态
    uint16_t TIM_OCNIdleState;        // 空闲状态下比较互补输出状态
} TIM_OCInitTypeDef;
```

（1）TIM_OCMode：比较输出模式选择，总共有八种，常用的为 PWM1/PWM2。它设定 CCMRx 寄存器 OCxM [2:0] 位的值。

（2）TIM_OutputState：比较输出使能，决定最终的输出比较信号 OCx 是否通过外部引脚输出。它设定 TIMx_CCER 寄存器 CCxE/CCxNE 位的值。

（3）TIM_OutputNState：比较互补输出使能，决定 OCx 的互补信号 OCxN 是否通过外部引脚输出。它设定 CCER 寄存器 CCxNE 位的值。

（4）TIM_Pulse：比较输出脉冲宽度，实际上是设定比较寄存器 CCR 的值，决定脉冲宽度。可设置范围为 0~65535。

（5）TIM_OCPolarity：比较输出极性，可选 OCx 为高电平有效或低电平有效。它决定着定时器通道的有效电平。它设定 CCER 寄存器的 CCxP 位的值。

（6）TIM_OCNPolarity：比较互补输出极性，可选 OCxN 为高电平有效或低电平有效。它设定 TIMx_CCER 寄存器的 CCxNP 位的值。

（7）TIM_OCIdleState：空闲状态下通道输出电平设置，可选输出 1 或输出 0，即在空闲状态（BDTR_MOE 位为 0）下，经过死区时间后定时器通道输出高电平或低电平。它设定 CR2 寄存器的 OISx 位的值。

（8）TIM_OCNIdleState：空闲状态下互补通道输出电平设置，可选输出 1 或输出 0，即在空闲状态（BDTR_MOE 位为 0）下，经过死区时间后定时器互补通道输出高电平或低电平，设定值必须与 TIM_OCIdleState 的相反。它设定 CR2 寄存器的 OISxN 位的值。

3. TIM_ICInitTypeDef

TIM_ICInitTypeDef 用于输入捕获模式，与 TIM_ICInit 函数配合使用完成定时器输入通道初始化配置，见代码清单 5-9。如果使用 PWM 输入模式，需要与 TIM_PWMIConfig 函数配合使用完成定时器输入通道的初始化配置。

代码清单 5-9　定时器输入捕获初始化结构体

```
typedef struct
{
    uint16_t TIM_Channel;          // 输入通道选择
    uint16_t TIM_ICPolarity;       // 输入捕获触发选择
    uint16_t TIM_ICSelection;      // 输入捕获选择
    uint16_t TIM_ICPrescaler;      // 输入捕获预分频器
    uint16_t TIM_ICFilter;         // 输入捕获滤波器
} TIM_ICInitTypeDef;
```

（1）TIM_Channel：捕获通道 ICx 选择，可选 TIM_Channel_1、TIM_Channel_2、TIM_Channel_3 或 TIM_Channel_4 四个通道。它设定 CCMRx 寄存器 CCxS 位的值。

（2）TIM_ICPolarity：输入捕获边沿触发选择，可选上升沿触发、下降沿触发或边沿跳变触发。它设定 CCER 寄存器 CCxP 位和 CCxNP 位的值。

（3）TIM_ICSelection：输入通道选择，捕获通道 ICx 的信号可来自三个输入通道，分别为 TIM_ICSelection_DirectTI、TIM_ICSelection_IndirectTI、TIM_ICSelection_TRC。输入通道与捕获通道 IC 的映射如图 5-10 所示。它设定 CCRMx 寄存器 CCxS[1:0]位的值。

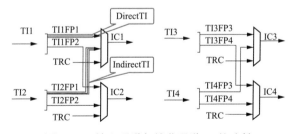

图 5-10　输入通道与捕获通道 IC 的映射

（4）TIM_ICPrescaler：输入捕获通道预分频器，可设置 1、2、4、8 分频。它设定 CCMRx 寄存器 ICxPSC[1:0]位的值。如果需要捕获输入信号的每个有效边沿，则设置 1 分频即可。

（5）TIM_ICFilter：输入捕获滤波器设置，可选设置范围为 0x0 ~ 0x0F。它设定 CCMRx 寄存器 ICxF[3:0]位的值。一般不使用滤波器，即将其设置为 0。

4. TIM_BDTRInitTypeDef

TIM_BDTRInitTypeDef 用于断路和死区参数的设置，属于高级控制定时器专用，用于配置断路时通道输出状态及死区时间。它与 TIM_BDTRConfig 函数配置使用完成参数配置，见代码清单 5-10。这个结构体的成员只对应 BDTR 这个寄存器，有关成员的具体使用配置请参阅参考手册 BDTR 寄存器的详细描述。

代码清单 5-10　断路和死区初始化结构体

```
typedef struct
{
    uint16_t TIM_OSSRState;              // 运行模式下的关闭状态选择
    uint16_t TIM_OSSIState;              // 空闲模式下的关闭状态选择
    uint16_t TIM_LOCKLevel;              // 锁定配置
    uint16_t TIM_DeadTime;               // 死区时间
    uint16_t TIM_Break;                  // 断路输入使能控制
    uint16_t TIM_BreakPolarity;          // 断路输入极性
    uint16_t TIM_AutomaticOutput;        // 自动输出使能
} TIM_BDTRInitTypeDef;
```

（1）TIM_OSSRState：运行模式下的关闭状态选择。它设定 BDTR 寄存器 OSSR 位的值。

（2）TIM_OSSIState：空闲模式下的关闭状态选择。它设定 BDTR 寄存器 OSSI 位的值。

（3）TIM_LOCKLevel：锁定级别配置。它设定 BDTR 寄存器 LOCK[1:0] 位的值。

（4）TIM_DeadTime：配置死区发生器，定义死区持续时间，可选设置范围为 0x0 ~ 0xFF。它设定 BDTR 寄存器 DTG[7:0] 位的值。

（5）TIM_Break：断路输入功能选择，可选使能或禁止。它设定 BDTR 寄存器 BKE 位的值。

（6）TIM_BreakPolarity：断路输入通道 BRK 极性选择，可选高电平有效或低电平有效。它设定 BDTR 寄存器 BKP 位的值。

（7）TIM_AutomaticOutput：自动输出使能，可选使能或禁止。它设定 BDTR 寄存器 AOE 位的值。

四、PWM 输出实验

输出比较模式比较多，这里以 PWM 输出为例进行讲解，并通过示波器来观察波形。实验中不仅在主输出通道输出波形。

1. 硬件设计

根据开发板引脚使用情况，并且参考表 5-6 中定时器引脚信息，使用 TIM2 的通道 1 作为本实验的波形输出通道，对应选择 PA5 引脚。将示波器的输入通道 PA5 引脚短接，用于观察波形，还应注意共地。

表 5-6　　　　　　　　　　　　　TIM2 定时器引脚信息

定时器通道	引脚信息		
TIM2_CH1	PA0	PA5	PA15
TIM2_CH2	PA1	PB5	
TIM2_CH3	PA2	PB10	
TIM2_CH4	PA3	PB11	

2. 软件设计

这里只讲解部分核心代码,有些变量的设置、头文件的包含等并没有涉及。这里创建了两个文件:bsp_advance_tim. c 和 bsp_advance_tim. h,用来存放定时器驱动程序及相关宏定义。

3. 编程要点

(1) 定时器 I/O 配置。

(2) 定时器时基初始化结构体 TIM_TimeBaseInitTypeDef 的配置。

4. 软件分析

(1) 宏定义,见代码清单 5-11。

代码清单 5-11　宏定义

```
#define GENERAL_OCPWM_PIN              GPIO_Pin_5
#define GENERAL_OCPWM_GPIO_PORT        GPIOA
#define GENERAL_OCPWM_GPIO_CLK         RCC_AHB1Periph_GPIOA
#define GENERAL_OCPWM_PINSOURCE        GPIO_PinSource5
#define GENERAL_OCPWM_AF               GPIO_AF_TIM2
#define GENERAL_TIM                    TIM2
#define GENERAL_TIM_CLK                RCC_APB1Periph_TIM2
#define GENERAL_TIM_IRQn               TIM2_IRQn
#define GENERAL_TIM_IRQHandler         TIM2_IRQHandler
```

使用宏定义非常方便程序的升级、移植。如果使用不同的定时器 I/O,修改这些宏即可。

(2) 定时器模式配置,见代码清单 5-12。

代码清单 5-12　定时器模式配置

```
static void TIM_PWMOUTPUT_Config(void)
{
    TIM_TimeBaseInitTypeDef  TIM_TimeBaseStructure;
    TIM_OCInitTypeDef  TIM_OCInitStructure;

    // 开启 TIMx_CLK,x[2,3,4,5,12,13,14]
    RCC_APB1PeriphClockCmd(GENERAL_TIM_CLK,ENABLE);

    /* 累计 TIM_Period 个后产生一个更新或者中断* /
    //当定时器从 0 计数到 8999,即 9000 次时,为一个定时周期
    //  TIM_TimeBaseStructure.TIM_Period = 450-1;
    TIM_TimeBaseStructure.TIM_Period = 900-1;

    // 通用控制定时器时钟源 TIMxCLK = HCLK/2 =90MHz    180/2=90
    // 设定定时器频率为=TIMxCLK/(TIM_Prescaler+1) =100kHz
    //  TIM_TimeBaseStructure.TIM_Prescaler = 900-1;
    TIM_TimeBaseStructure.TIM_Prescaler = 0;
    // 采样时钟分频
    TIM_TimeBaseStructure.TIM_ClockDivision=TIM_CKD_DIV1;
    // 计数方式
    TIM_TimeBaseStructure.TIM_CounterMode=TIM_CounterMode_Up;
```

```
    // 初始化定时器 TIMx,x[2,3,4,5,12,13,14]
    TIM_TimeBaseInit(GENERAL_TIM,&TIM_TimeBaseStructure);

    /* PWM 模式配置* /
    /* PWM1 Mode configuration:Channel1 * /
    TIM_OCInitStructure.TIM_OCMode = TIM_OCMode_PWM1;
    //配置为 PWM 模式1
    TIM_OCInitStructure.TIM_OutputState = TIM_OutputState_Enable;
    //  TIM_OCInitStructure.TIM_Pulse = 3000-1;
    TIM_OCInitStructure.TIM_Pulse = 450-1;
    TIM_OCInitStructure.TIM_OCPolarity = TIM_OCPolarity_High;
    //当定时器计数值小于 CCR1_Val 时为高电平
    TIM_OC1Init(GENERAL_TIM,&TIM_OCInitStructure);        //使能通道1
    TIM_OC2Init(GENERAL_TIM,&TIM_OCInitStructure);        //使能通道1
    TIM_OC3Init(GENERAL_TIM,&TIM_OCInitStructure);        //使能通道1
    TIM_OC4Init(GENERAL_TIM,&TIM_OCInitStructure);        //使能通道1

    /* 使能通道1重载* /
    TIM_OC1PreloadConfig(GENERAL_TIM,TIM_OCPreload_Enable);

    // 使能定时器
    TIM_Cmd(GENERAL_TIM,ENABLE);
}
```

（3）配置 TIM 复用输出 PWM 时用到的 I/O，见代码清单5-13。

代码清单5-13　TIMx_GPIO_Config 函数

```
/***************************************************************
*  功　能:配置 TIM 复用输出 PWM 时用到的 I/O
*  参　数:无
*  返回值:无
****************************************************************/
static void TIMx_GPIO_Config(void)
{
/* 定义一个 GPIO_InitTypeDef 类型的结构体* /
GPIO_InitTypeDef GPIO_InitStructure;

/* 开启相关的 GPIO 外设时钟* /
RCC_AHB1PeriphClockCmd(GENERAL_OCPWM_GPIO_CLK,ENABLE);
/* 定时器通道引脚复用 * /
GPIO_PinAFConfig(GENERAL_OCPWM_GPIO_PORT,GENERAL_OCPWM_PINSOURCE,GENERAL_OCP-
WM_AF);
   GPIO_PinAFConfig(GENERAL_OCPWM_GPIO_PORT,GPIO_PinSource1,GENERAL_OCPWM_AF);
   GPIO_PinAFConfig(GENERAL_OCPWM_GPIO_PORT,GPIO_PinSource2,GENERAL_OCPWM_AF);
   GPIO_PinAFConfig(GENERAL_OCPWM_GPIO_PORT,GPIO_PinSource3,GENERAL_OCPWM_AF);

/* 定时器通道引脚配置 * /
```

```
GPIO_InitStructure.GPIO_Pin = GENERAL_OCPWM_PIN |GPIO_Pin_3 |GPIO_Pin_1 |GPIO_Pin_2;
GPIO_InitStructure.GPIO_Mode = GPIO_Mode_AF;
GPIO_InitStructure.GPIO_OType = GPIO_OType_PP;
GPIO_InitStructure.GPIO_PuPd = GPIO_PuPd_NOPULL;
GPIO_InitStructure.GPIO_Speed = GPIO_Speed_100MHz;
GPIO_Init(GENERAL_OCPWM_GPIO_PORT,&GPIO_InitStructure);
}
```

（4）初始化通用控制定时器定时，见代码清单5-14。

代码清单5-14 TIMx_Configuration 函数

```
/******************************************************
* 功  能:初始化通用控制定时器定时
* 参  数:无
* 返回值:无
******************************************************/
void TIMx_Configuration(void)
{
    TIMx_GPIO_Config();

    TIM_PWMOUTPUT_Config();
}
```

（5）main 函数，见代码清单5-15。

代码清单5-15 main 函数

```
/******************************************************
* 功  能:main 函数
* 参  数:无
* 返回值:无
******************************************************/
int main(void)
{
    /* 初始化通用定时器 PWM 输出 */
    TIMx_Configuration();

    while(1)
    {
        //TIM_SetCompare1(TIM2,450);
        //TIM_SetCompare2(TIM2,200);
        //TIM_SetCompare3(TIM2,200);
        //TIM_SetCompare4(TIM2,200);
    }
}
```

习题5

1. STM32F4 包含了几个高级控制定时器，分别是什么？
2. STM32F4 包含了几个通用定时器，分别是什么？

3. STM32F4 包含了几个基本定时器，分别是什么？

4. STM32F4 包含了几个看门狗定时器，分别是什么？

5. 通用定时器有独立的 4 个通道，可以用来做什么？

6. 每一个捕获/比较通道都围绕着一个捕获/比较寄存器，其包括哪两部分控制？

7. PWM 的输出模式是通过哪个寄存器来配置的？

8. 中央对齐模式是通过哪个寄存器来配置的？

任务10　RS-232通信

一、STM32的USART介绍

1. USART的介绍

USART提供了一种灵活的方法，实现了与使用工业标准不归零码（not return to zero，NRZ）异步串行数据格式的外部设备之间的全双工数据交换。USART利用分数波特率发生器提供宽范围的波特率选择。它支持同步单向通信和半双工单线通信，也支持LIN、智能卡协议和IrDA的SIR ENDEC规范，以及调制解调器的清除发送/请求发送（clear to send/request to send，CTS/RTS）操作。它还允许多处理器通信。使用多缓冲器配置的DMA方式，可以实现高速数据通信。

USART的内部组织框图如图6-1所示。

2. USART发送器

USART发送器根据M位的状态发送8位或9位的数据字符。当发送使能位（TE）被设置时，发送移位寄存器中的数据在TX脚上输出，相应的时钟脉冲在SCLK脚上输出。

（1）字符发送。在USART发送期间，在TX引脚上首先移出数据的最低有效位。在此模式下，USART_DR寄存器中包含了一个内部总线和发送移位寄存器之间的缓冲器。每个字符之前都有一个低电平的起始位；之后跟着的是停止位，其数目可配置。

USART支持多种停止位的配置，如0.5、1、1.5个和2个停止位。

1）在数据传输期间不能复位TE位，否则将破坏TX脚上的数据，因为波特率计数器停止计数，正在传输的当前数据将丢失。

2）TE位被激活后将发送一个空闲帧。

（2）可配置的停止位。随每个字符发送的停止位的位数可以通过控制寄存器2的位13、12进行编程。图6-2展示了停止位的配置。

1个停止位：停止位位数的默认值。

2个停止位：可用于常规USART模式、单线模式及调制解调器模式。

0.5个停止位：在智能卡模式下接收数据时使用。

1.5个停止位：在智能卡模式下发送和接收数据时使用。

空闲帧包括了停止位。

断开帧是10位低电平，后跟停止位（当M=0时）；或者11位低电平，后跟停止位（M=1时）。不可能传输更长的断开帧（长度大于10或者11位）。

停止位的配置步骤如下：

1）通过在USART_CR1寄存器上配置UE位来激活USART。

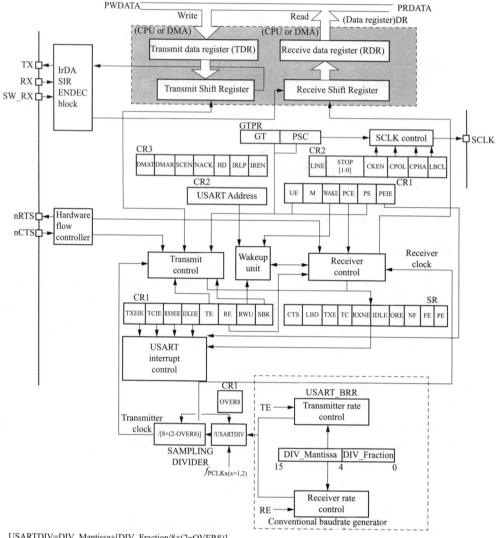

USARTDIV=DIV_Mantissa+[DIV_Fraction/8×(2−OVER8)]

图6-1　USART的内部组织框图

2）编程 USART_CR1 的 M 位来定义字长。

3）在 USART_CR2 中设置停止位的位数。

4）如果采用多缓冲器通信，可配置 USART_CR3 中的 DMA 使能位（DMAT）。按多缓冲器通信中的描述配置 DMA 寄存器。

5）利用 USART_BRR 寄存器选择要求的波特率。

6）设置 USART_CR1 中的 TE 位，发送一个空闲帧作为第一次数据发送。

7）把要发送的数据写入 USART_DR 寄存器（此动作清除 TXE 位）。在只有一个缓冲器的情况下，对每个待发送的数据重复步骤7）。

8）在 USART_DR 寄存器中写入最后一个数据字符后，要等待 TC = 1，它表示最后一个数据帧的传输结束。在关闭 USART 或进入停机模式之前，需要确认传输结束，避免破坏最后一次传输。

（3）单字节通信。清零 TXE 位总是通过对数据寄存器的写操作来完成的。TXE 位由硬件来设置，它表明：

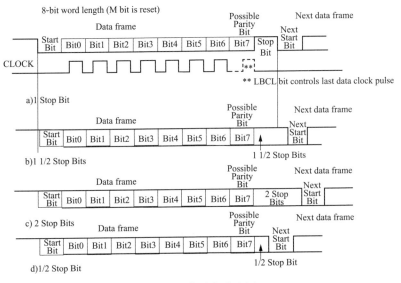

图 6-2 停止位的配置

1）数据已经从 TDR 移送到移位寄存器，数据发送已经开始。

2）TDR 寄存器被清空。

3）下一个数据可以被写入 USART_DR 寄存器而不会覆盖先前的数据。

4）如果 TXEIE 位被设置，此标志将产生一个中断。

5）如果此时 USART 正在发送数据，对 USART_DR 寄存器的写操作将把数据存入 TDR 寄存器，并在当前传输结束时把该数据复制到移位寄存器。

6）如果此时 USART 没有在发送数据，处于空闲状态，对 USART_DR 寄存器的写操作将直接把数据放入移位寄存器，数据传输开始，TXE 位立即被置起。

7）当一帧发送完成（停止位发送后）并且设置了 TXE 位后，TC 位被置起；如果 USART_CR1 寄存器中的 TCIE 位被置起，则会产生中断。

8）在 USART_DR 寄存器中写入最后一个数据字符后，在关闭 USART 模块之前或设置微控制器进入低功耗模式（详见图 6-3）之前，必须先等待 TC=1。

使用下列软件过程清除 TC 位：读一次 USART_SR 寄存器；写一次 USART_DR 寄存器。

注意：TC 位也可以通过软件对它写 0 来清除。此清零方式只推荐在多缓冲器通信模式下使用。

（4）断开符号。设置 SBK 可发送一个断开符号。断开帧长度取决于 M 位。如果设置 SBK=1，在完成当前数据发送后，将在 TX 线上发送一个断开符号。断开字符发送完成时（在断开符号的停止位时）SBK 被硬件复位。USART 在最后一个断开帧的结束处插入一个逻辑 1，以保证能识别下一帧的起始位。

注意：如果在开始发送断开帧之前，软件又复位了 SBK 位，断开符号将不被发送。如果要发送两个连续的断开帧，SBK 位应该在前一个断开符号的停止位之后置起。

（5）空闲符号。置位 TE 将使得 USART 在第一个数据帧发送前发送一空闲帧。

3. USART 接收器

USART 接收器可以根据 USART_CR1 的 M 位接收 8 位或 9 位的数据字符。

（1）起始位检测。当设置 16 倍或者 8 倍的过采样时，起始位检测是一样的，如图 6-4 所示。

在 USART 中，如果辨认出一个特殊的采样序列，那么就认为检测到一个起始位。该序列为：1 1 1 0 x 0 x 0 x 0 0 0 0。

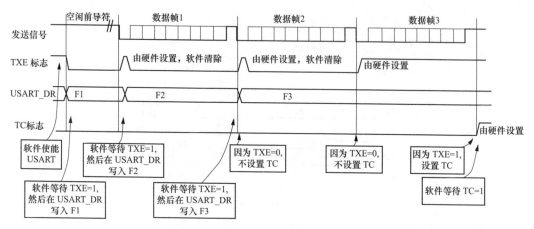

图 6-3　发送时 TC/TXE 的变化情况

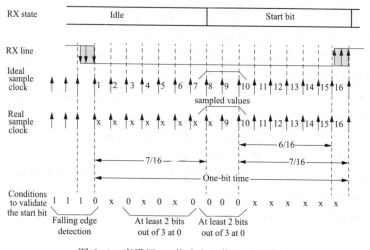

图 6-4　当设置 16 倍或者 8 倍的过采样时

1）如果该序列不完整，那么接收端将退出起始位检测并回到空闲状态（不设置标志位），等待下降沿。

2）如果两次采样的 3 个采样点都为 0（在第 3、5、7 位的第一次采样和在第 8、9、10 位的第二次采样都为 0），则确认收到起始位，这时设置 RXNE 标志位，如果 RXNEIE = 1，则产生中断。

3）如果两次采样的 3 个采样点上仅有 2 个是 0（第 3、5、7 位的采样点和第 8、9、10 位的采样点），那么起始位仍然是有效的，但是会设置 NE 噪声标志位。如果不能满足这个条件，则中止起始位的检测过程，接收器会回到空闲状态（不设置标志位）。

4）如果有一次采样的 3 个采样点上仅有 2 个是 0（第 3、5、7 位的采样点或第 8、9、10 位的采样点），那么起始位仍然是有效的，但是会设置 NE 噪声标志位。

（2）字符接收。在 USART 接收期间，数据的最低有效位首先从 RX 脚移进。在此模式下，USART_DR 寄存器包含的缓冲器位于内部总线和接收移位寄存器之间。

配置步骤如下：

1）将 USART_CR1 寄存器的 UE 位置 1 来激活 USART。

2）设置 USART_CR1 的 M 位来定义字长。

3）在 USART_CR2 中设置停止位的个数。

4）如果需要多缓冲器通信，选择 USART_CR3 中的 DMA 使能位（DMAR）。按多缓冲器通信的要求配置 DMA 寄存器。

5）利用波特率寄存器 USART_BRR 选择希望的波特率。

6）设置 USART_CR1 的 RE 位。激活接收器，使它开始寻找起始位。

7）当一字符被接收到时，RXNE 位被置位。它表明移位寄存器的内容被转移到 RDR。换句话说，数据已经被接收并且可以被读出（包括与之有关的错误标志）。

8）如果 RXNEIE 位被设置，产生中断。

9）在接收期间如果检测到帧错误、噪声或溢出错误，错误标志将被置起。在多缓冲器通信时，RXNE 在每个字节接收后被置起，并由 DMA 对数据寄存器的读操作清零。

10）在单缓冲器模式下，由软件读 USART_DR 寄存器来完成对 RXNE 位的清除。RXNE 标志也可以通过对它写 0 来清除。RXNE 位必须在下一字符接收结束前被清零，以避免溢出错误。

（3）断开符号。当接收到一个断开帧时，USART 像处理帧错误一样处理它。

（4）空闲符号。当检测到一个空闲帧时，处理步骤和接收到普通数据帧一样，但如果 IDLEIE 位被设置将产生一个中断。

（5）溢出错误。如果 RXNE 还没有被复位，又接收到一个字符，则发生溢出错误。数据只有当 RXNE 位被清零后才能从移位寄存器转移到 RDR 寄存器。RXNE 标记是接收到每个字节后被置位的。如果下一个数据已被收到或先前 DMA 请求还没被服务，RXNE 标志仍是置起的，于是溢出错误产生。

当溢出错误产生时：

1）ORE 位被置位。

2）RDR 寄存器内容将不会丢失，读 USART_DR 寄存器仍能得到先前的数据。

3）移位寄存器中以前的内容将被覆盖，随后接收到的数据都将丢失。

4）如果 RXNEIE 位被设置或 EIE 和 DMAR 位都被设置，将产生中断。

5）顺序执行对 USART_SR 和 USART_DR 寄存器的读操作，可复位 ORE 位。

（6）选择合适的过采样技术。使用过采样技术（同步模式除外），可以通过区别有效输入数据和噪声来进行数据恢复。过采样技术可以通过对寄存器 USART_CR1 的 OVER8 位的设置，实现 16 倍或者 8 倍的波特率，如图 6-5、图 6-6 所示。

根据应用，可以选择 8 倍过采样（OVER8 = 1）以达到最高速度（最高/8），这种情况下接收器容忍时钟变化的能力会被削减；可以选择 16 倍过采样（OVER8 = 0），这种情况下会增加接收器时钟变化的能力，但最大速度只能到/16。

通过对寄存器 USART_CR3 的 ONEBIT 位进行设置来选择逻辑电平评估的方法，有以下两种选择：①接收数据中心位的三次数据采样的多数表决，这种情况下，当用于多数表决的 3 个样品不相等时，NF 位被设置；②接收数据中心位的一次采样。

根据应用，在有噪声的环境里，选择三次采样（ONEBIT = 0）；在噪声比较小的环境里，选择一次采样（ONEBIT = 1）。

当在接收帧中检测到噪声（见表 6-1 时），在 RXNE 位的上升沿设置 NF 标志，无效数据从移位寄存器传送到 USART_DR 寄存器。

在单个字节通信情况下，没有中断产生。然而，因为 NE 标志位和 RXNE 标志位同时被设置，所以 RXNE 将产生中断。在多缓冲器通信模式下，如果已经设置了 USART_CR3 寄存器中的 EIE 位，将产生一个中断。

先读出 USART_SR，再读出 USART_DR 寄存器，将清除 NF 标志位。

在应用 Smartcard、IrDA 和 LIN 模式时，设置 8 倍过采样是无效的，将被硬件强制设置成 16 倍过采样。

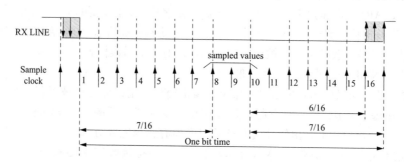

图 6-5 16 倍过采样

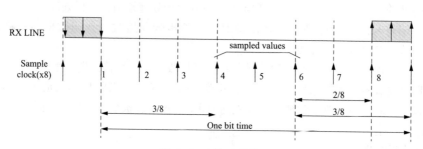

图 6-6 8 倍过采样

表 6-1 检测噪声的数据采样

Sampled value	NE status	Received bit value
000	0	0
001	0	0
010	1	0
011	1	1
100	1	0
101	1	1
110	1	1
111	0	1

（7）帧错误。当发生以下情况时会检测到帧错误：由于没有同步或有大量噪声，停止位没有在预期时间接收和识别出来。

当帧错误被检测到时：FE 位被硬件置起，无效数据从移位寄存器传送到 USART_DR 寄存器。

在单字节通信时，没有中断产生。然而，这个位和 RXNE 位同时被置起，后者将产生中断。在多缓冲器通信模式下，如果 USART_CR3 寄存器中的 EIE 位被置位，将会产生中断。

顺序执行对 USART_SR 和 USART_DR 寄存器的读操作，可复位 FE 位。

（8）接收期间可配置的停止位。被接收的停止位的个数可以通过控制寄存器 2 的控制位来配置。在正常模式下，可以是 1 个或 2 个；在智能卡模式下，可能是 0.5 个或 1.5 个。

1）0.5 个停止位（智能卡模式下）。不对 0.5 个停止位进行采样。因此，如果选择 0.5 个停止位，则不能检测帧错误和断开帧。

2）1 个停止位。对 1 个停止位的采样在第 8、9、10 位的采样点上进行。

3）1.5 个停止位（智能卡模式下）。当以智能卡模式发送时，期间必须检查数据是否被正确地发送出去。所以接收器功能块必须被激活（USART_CR1 寄存器中的 RE＝1），并且在停止位发送期间采样数据线上的信号。如果出现校验错误，智能卡会在发送方采样 NACK 信号时，即总线上停止位对应的时间内，拉低数据线，以此表示出现了帧错误。FE 在 1.5 个停止位结束时和 RXNE 一起被置起。对 1.5 个停止位的采样是在第 16、17、18 位的采样点上进行的。1.5 个停止位可以被分成两部分：一部分是 0.5 个时钟周期，期间不做任何事情；另一部分是 1 个时钟周期，在这段时间的中点处采样。

4）2 个停止位。对 2 个停止位的采样是在第一停止位的第 8、9、10 位的采样点上完成的。如果第一个停止位期间检测到一个帧错误，帧错误标志将被设置，第二个停止位不再检查帧错误。在第一个停止位结束时 RXNE 标志将被设置。

4. 小数波特率生成

波特率是指数据信号对载波的调制速率，它用单位时间内载波调制状态改变次数来表示，单位为波特。比特率是指单位时间内传输的比特数，单位为 bit/s。对于 USART 来说，波特率与比特率相等，以后不区分这两个概念。波特率越大，传输速率越快。

USART 的发送器和接收器使用相同的波特率。计算公式如下：

$$\mathrm{TX/RX}_{\text{波特率}}=\frac{f_{\mathrm{PCLK}}}{8\times(2-\mathrm{OVER8})\times\mathrm{USARTDIV}} \tag{6-1}$$

式中：f_{PCLK} 为 USART 的时钟频率，参考表 6-2；OVER8 为 USART_CR1 寄存器 OVER8 位对应的值；USARTDIV 是一个存放在波特率寄存器（USART_BRR）中的一个无符号定点数。其中，DIV_Mantissa[11:0] 位定义 USARTDIV 的整数部分，DIV_Fraction[3:0] 位定义 USARTDIV 的小数部分，DIV_Fraction［3］位只有在 OVER8 位为 0 时有效，否则必须清零。

例如，如果 OVER8＝0，DIV_Mantissa＝24 且 DIV_Fraction＝10，此时 USART_BRR 值为 0x18A，那么 USARTDIV 的小数位为 10/16＝0.625，整数位为 24，最终 USARTDIV 的值为 24.625。

如果 OVER8＝0 并且知道 USARTDIV 的值为 27.68，那么 DIV_Fraction＝16×0.68＝10.88，最接近的正整数为 11，所以 DIV_Fraction［3:0］为 0xB，DIV_Mantissa＝取整（27.68）＝27，即为 0x1B。

如果 OVER8＝1，情况类似，只是把计算用到的权值由 16 改为 8。

波特率的常用值有 2400、9600、19200、115200。下面以实例讲解如何设定寄存器值以得到波特率的值。

由表 6-2 可知 USART1 和 USART6 使用 APB2 总线时钟，最高可达 90MHz，其他 USART 的最高频率为 45MHz。这里选取 USART1 作为实例进行讲解，即 $f_{PCLK}=90MHz$。

当使用 16 倍过采样时，即 OVER8=0，为得到 115200bit/s 的波特率，此时：

$$115200 = \frac{90000000}{8 \times 2 \times USARDIV}$$

解得 USARTDIV=48.825125，可得 DIV_Fraction=0xD，DIV_Mantissa=0x30，即应该设置 USART_BRR 的值为 0x30D。

在计算 DIV_Fraction 时经常出现小数情况，需要经过取舍得到整数，这样会导致最终输出的波特率较目标值有所偏差。下面从 USART_BRR 的值为 0x30D 开始计算实际输出的波特率大小。

由 USART_BRR 的值为 0x30D，可得 DIV_Fraction=13，DIV_Mantissa=48，所以 USARTDIV=48+16×0.13=48.8125，所以实际波特率为 115237。这个值跟目标波特率的误差为 0.03%，这么小的误差在正常通信的允许范围内。

8 倍过采样时的计算原理跟 16 倍过采样时的计算原理是一样的。

5. 校验控制

STM32F4xx 系列控制器的 USART 支持奇偶校验。当使用校验位时，串行接口传输的长度将是 8 位的数据帧加上 1 位的校验位，总共 9 位，此时 USART_CR1 寄存器的 M 位需要设置为 1。将 USART_CR1 寄存器的 PCE 位置 1 就可以启动奇偶校验控制，奇偶校验由硬件自动完成。启动了奇偶校验控制之后，在发送数据帧时会自动添加校验位，接收数据时自动验证校验位。接收数据时如果奇偶校验位验证失败，则 USART_SR 寄存器的 PE 位置 1，并可产生奇偶校验中断。

使能奇偶校验控制后，每个字符帧的格式将变成起始位+数据帧+校验位+停止位。

6. 中断控制

USART 有多个中断请求事件，具体见表 6-2。

表 6-2 USART 中断请求

中断事件	事件标志	使能控制位
发送数据寄存器为空	TXE	TXEIE
CTS 标志	CTS	CTSIE
发送完成	TC	TCIE
准备好读取接收到的数据	RXNE	RXNEIE
检测到上溢错误	ORE	
检测到空闲线路	IDLE	IDLEIE
奇偶校验错误	PE	PEIE
断路标志	LBD	LBDIE
多缓冲通信模式下的噪声标志、上溢错误和帧错误	NF/ORE/FE	EIE

二、USART 初始化结构体

标准库函数对每个外设都建立了一个初始化结构体，如 USART_InitTypeDef。结构体成员用于设置外设工作参数，并由外设初始化配置函数，如 USART_Init()。调用这些设定参数将会设置外设相应的寄存器，达到配置外设工作环境的目的。

（1）USART 初始化结构体定义在 stm32f4xx_usart.h 文件中，初始化库函数定义在 stm32f4xx_usart.c 文件中，编程时可以结合这两个文件中的注释使用，见代码清单 6-1。

代码清单 6-1　USART 初始化结构体

```
typedef struct
{
    uint32_t USART_BaudRate;              // 波特率
    uint16_t USART_WordLength;            // 字长
    uint16_t USART_StopBits;              // 停止位
    uint16_t USART_Parity;                // 校验位
    uint16_t USART_Mode;                  // USART 模式
    uint16_t USART_HardwareFlowControl;   // 硬件流控制
} USART_InitTypeDef;
```

1）USART_BaudRate：波特率设置。一般设置为 2400、9600、19200、115200。标准库函数会根据设定值计算得到 USARTDIV 值，见公式 6-1，并设置 USART_BRR 寄存器值。

2）USART_WordLength：数据帧字长，可选 8 位或 9 位。它设定 USART_CR1 寄存器 M 位的值。如果没有使能奇偶校验控制，一般使用 8 个数据位；如果使能奇偶校验控制，则一般要设置 9 个数据位。

3）USART_StopBits：停止位设置，可选 0.5、1、1.5 个和 2 个停止位。它设定 USART_CR2 寄存器的 STOP[1:0] 位的值，一般选择 1 个停止位。

4）USART_Parity：奇偶校验控制选择，可选 USART_Parity_No（无校验）、USART_Parity_Even（偶校验）及 USART_Parity_Odd（奇校验）。它设定 USART_CR1 寄存器的 PCE 位和 PS 位的值。

5）USART_Mode：USART 模式选择，有 USART_Mode_Rx 和 USART_Mode_Tx，允许使用逻辑或运算选择两个。它设定 USART_CR1 寄存器的 RE 位和 TE 位。

6）USART_HardwareFlowControl：硬件流控制选择。只有在硬件流控制模式下才有效，可选：①使能 RTS；②使能 CTS；③同时使能 RTS 和 CTS；④不使能硬件流。

（2）当使用同步模式时需要配置 SCLK 引脚输出脉冲的属性，标准库使用一个时钟初始化结构体 USART_ClockInitTypeDef 来设置，因此该结构体内容也只有在同步模式下才需要设置，见代码清单 6-2。

代码清单 6-2　USART 时钟初始化结构体

```
typedef struct
{
    uint16_t USART_Clock;     // 时钟使能控制
    uint16_t USART_CPOL;      // 时钟极性
    uint16_t USART_CPHA;      // 时钟相位
    uint16_t USART_LastBit;   // 最尾位时钟脉冲
} USART_ClockInitTypeDef;
```

1）USART_Clock：同步模式下 SCLK 引脚上时钟输出使能控制，可选禁止时钟输出（USART_Clock_Disable）或开启时钟输出（USART_Clock_Enable）。如果使用同步模式发送，一般都需要开启时钟。它设定 USART_CR2 寄存器 CLKEN 位的值。

2）USART_CPOL：同步模式下 SCLK 引脚上输出时钟极性设置，可设置在空闲时 SCLK 引脚为低电平（USART_CPOL_Low）或高电平（USART_CPOL_High）。它设定 USART_CR2 寄存器 CPOL 位的值。

3）USART_CPHA：同步模式下 SCLK 引脚上输出时钟相位设置，可设置在时钟第一个变化沿捕获数据（USART_CPHA_1Edge）或在时钟第二个变化沿捕获数据（US-ART_CR2 寄存器 CPHA 位的值。USART_CPHA 与 USART_CPOL 配合使用可以获得多种模式时钟关系。

4）USART_LastBit：选择在发送最后一个数据位时时钟脉冲是否在 SCLK 引脚输出，可以是不输出脉冲（USART_LastBit_Disable）或输出脉冲（USART_LastBit_Enable）。它设定 USART_CR2 寄存器 LBCL 位的值。

三、USART1 收发通信实验

USART 只需两根信号线即可完成双向通信，对硬件要求低，因此使得很多模块都预留 US-ART 接口来实现与其他模块或者控制器的数据传输，如全球移动通信系统（global system for mobile communications，GSM）模块、Wi-Fi 模块、蓝牙模块等。在硬件设计时，注意还需要一根"共地线"。

经常使用 USART 来实现控制器与计算机之间的数据传输。这使得调试程序非常方便，如可以把一些变量的值、函数的返回值、寄存器标志位等通过 USART 发送到串行接口调试助手，这样就可以非常清楚程序的运行状态，正式发布程序时再把这些调试信息去除。

不仅可以将数据发送到串行接口调试助手，还可以在串行接口调试助手发送数据给控制器，控制器程序根据接收到的数据进行下一步工作。

1. 硬件设计

为利用 USART 实现开发板与计算机的通信，需要用到一个 USB 转 USART 的 IC，这里选择 CH340G 芯片来实现这个功能。CH340G 是一个 USB 总线的转接芯片，可实现 USB 转 US-ART、USB 转 IrDA 或者 USB 转打印机接口，这里使用其 USB 转 USART 的功能。具体电路设计如图 6-7 所示。

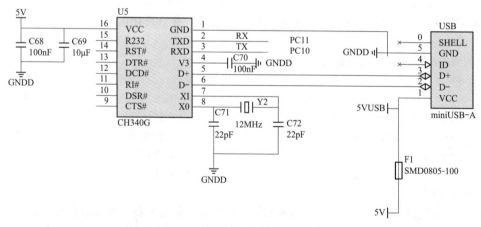

图 6-7　USB 转串行接口硬件设计

将 CH340G 的 TXD 引脚与 USART1 的 RX 引脚连接，CH340G 的 RXD 引脚与 USART1

的 TX 引脚连接。CH340G 芯片集成在开发板上，其地线（GND）已与控制器的 GND 连通。

2. 软件设计

这里只讲解部分核心代码，有些变量的设置、头文件的包含等并没有涉及。这里创建了两个文件：bsp_debug_usart.c 和 bsp_debug_usart.h 文件，用来存放 USART 驱动程序及相关宏定义。

3. 编程要点

（1）使能 RX 和 TX 引脚、GPIO 时钟和 USART 时钟。

（2）初始化 GPIO，并将 GPIO 复用到 USART 上。

（3）配置 USART 参数。

（4）配置中断控制器并使能 USART 接收中断。

（5）使能 USART。

（6）在 USART 接收中断服务函数中实现数据接收和发送。

4. 代码分析

（1）GPIO 和 USART 宏定义，见代码清单 6-3。

代码清单 6-3　GPIO 和 USART 宏定义

```
#define DEBUG_USART USART1
#define DEBUG_USART_CLK RCC_APB2Periph_USART1
#define DEBUG_USART_BAUDRATE 115200                //串行接口波特率
#define DEBUG_USART_RX_GPIO_PORT GPIOA
#define DEBUG_USART_RX_GPIO_CLK RCC_AHB1Periph_GPIOA
#define DEBUG_USART_RX_PIN GPIO_Pin_10
#define DEBUG_USART_RX_AF GPIO_AF_USART1
#define DEBUG_USART_RX_SOURCE GPIO_PinSource10
#define DEBUG_USART_TX_GPIO_PORT GPIOA
#define DEBUG_USART_TX_GPIO_CLK RCC_AHB1Periph_GPIOA
#define DEBUG_USART_TX_PIN GPIO_Pin_9
#define DEBUG_USART_TX_AF GPIO_AF_USART1
#define DEBUG_USART_TX_SOURCE GPIO_PinSource9
#define DEBUG_USART_IRQHandler USART1_IRQHandler
#define DEBUG_USART_IRQ USART1_IRQn
```

使用宏定义方便程序的移植和升级，根据如图 6-7 所示的电路，选择使用 USART1，设定波特率为 115200，一般默认使用 "8-N-1" 参数，即 8 个数据位、不用校验、1 个停止位。查阅表 6-2 可知 USART1 的 TX 线可对应 PA9 和 PB6 引脚，RX 线可对应 PA10 和 PB7 引脚，这里选择 PA9、PA10 引脚。最后定义中断相关参数。

（2）嵌套向量中断控制器 NVIC 配置，见代码清单 6-4。

代码清单 6-4　中断控制器 NVIC 配置

```
static void NVIC_Configuration(void)
{
    NVIC_InitTypeDef NVIC_InitStructure;
    /* 嵌套向量中断控制器组选择 */
    NVIC_PriorityGroupConfig(NVIC_PriorityGroup_2);
```

```
    /* 配置 USART 为中断源 */
    NVIC_InitStructure.NVIC_IRQChannel = DEBUG_USART_IRQ;
    /* 抢断优先级为 1 */
    NVIC_InitStructure.NVIC_IRQChannelPreemptionPriority = 1;
    /* 子优先级为 1 */
    NVIC_InitStructure.NVIC_IRQChannelSubPriority = 1;
    /* 使能中断 */
    NVIC_InitStructure.NVIC_IRQChannelCmd = ENABLE;
    /* 初始化配置 NVIC */
    NVIC_Init(&NVIC_InitStructure);
}
```

在项目四中已对嵌套向量中断控制器的工作机制做了详细讲解，这里就直接使用它，配置 USART 作为中断源，因为本实验没有使用其他中断，对优先级没有什么具体要求。

（3）USART 初始化配置，见代码清单 6-5。

代码清单 6-5　USART 初始化配置

```
void Debug_USART_Config(void)
{
    GPIO_InitTypeDef GPIO_InitStructure;
    USART_InitTypeDef USART_InitStructure;
    /* 使能 USART GPIO 时钟 */
    RCC_AHB1PeriphClockCmd(DEBUG_USART_RX_GPIO_CLK | DEBUG_USART_TX_GPIO_CLK,
ENABLE);
    /* 使能 USART 时钟 */
    RCC_APB2PeriphClockCmd(DEBUG_USART_CLK,ENABLE);
    /* GPIO 初始化 */
    GPIO_InitStructure.GPIO_OType = GPIO_OType_PP;
    GPIO_InitStructure.GPIO_PuPd = GPIO_PuPd_UP;
    GPIO_InitStructure.GPIO_Speed = GPIO_Speed_50MHz;
    /* 配置 TX 引脚为复用功能 */
    GPIO_InitStructure.GPIO_Mode = GPIO_Mode_AF;
    GPIO_InitStructure.GPIO_Pin = DEBUG_USART_TX_PIN;
    GPIO_Init(DEBUG_USART_TX_GPIO_PORT,&GPIO_InitStructure);
    /* 配置 RX 引脚为复用功能 */
    GPIO_InitStructure.GPIO_Mode = GPIO_Mode_AF;
    GPIO_InitStructure.GPIO_Pin = DEBUG_USART_RX_PIN;
    GPIO_Init(DEBUG_USART_RX_GPIO_PORT,&GPIO_InitStructure);
    /* 连接 PXx 到 USARTx_Tx* /
    GPIO_PinAFConfig(DEBUG_USART_RX_GPIO_PORT,DEBUG_USART_RX_SOURCE,DEBUG_US-
ART_RX_AF);
    /* 连接 PXx 到 USARTx__Rx* /
    GPIO_PinAFConfig(DEBUG_USART_TX_GPIO_PORT,DEBUG_USART_TX_SOURCE,
36 DEBUG_USART_TX_AF);
    /* 配置串 DEBUG_USART 模式 */
```

```
/* 波特率设置：DEBUG_ USART_ BAUDRATE */
USART_ InitStructure. USART_ BaudRate = DEBUG_ USART_ BAUDRATE;
/* 字长（数据位+校验位）：8 */
USART_ InitStructure. USART_ WordLength = USART_ WordLength_ 8b;
/* 停止位：1 个停止位 */
USART_ InitStructure. USART_ StopBits = USART_ StopBits_ 1;
/* 校验位选择：不使用校验 */
USART_ InitStructure. USART_ Parity = USART_ Parity_ No;
/* 硬件流控制：不使用硬件流 */
USART_ InitStructure. USART_ HardwareFlowControl =USART_ HardwareFlowCon-
trol_ None;
/* USART 模式控制：同时使能接收和发送 */
USART_ InitStructure. USART_ Mode = USART_ Mode_ Rx | USART_ Mode_ Tx;
/* 完成 USART 初始化配置 */
USART_ Init（DEBUG_ USART, &USART_ InitStructure）;
/* 嵌套向量中断控制器 NVIC 配置 */
NVIC_ Configuration（）;
/* 使能串行接口接收中断 */
USART_ ITConfig（DEBUG_ USART, USART_ IT_ RXNE, ENABLE）;
/* 使能串行接口 */
USART_ Cmd（DEBUG_ USART, ENABLE）;
}
```

1）使用 GPIO_InitTypeDef 和 USART_InitTypeDef 结构体定义一个 GPIO 初始化变量及一个 USART 初始化变量，这两个结构体内容前面已经有详细讲解。

2）调用 RCC_AHB1PeriphClockCmd 函数开启 GPIO 端口时钟，使用 GPIO 之前必须开启对应端口的时钟；使用 RCC_APB2PeriphClockCmd 函数开启 USART 时钟。

3）使用 GPIO 之前需要对其进行初始化配置，并且还要添加特殊设置，因为使用它作为外设的引脚，一般都有特殊功能。在初始化时需要把它的模式设置为复用模式。

4）每个 GPIO 都可以作为多个外设的特殊功能引脚。例如，PA10 引脚不仅可以作为普通的输入/输出引脚，还可以作为 USART1 的 RX 线引脚（USART1_RX）、定时器 1 通道 3 的引脚（TIM1_CH3）、全速 OTG 的 ID 引脚（OTG_FS_ID）及 DCMI 的数据 1 引脚（DCMI_D1），只能从中选择一个使用。这时就可通过 GPIO 引脚复用功能配置函数（GPIO_PinAFConfig）实现复用功能引脚的连接。

如果程序把 PA10 用于 TIM1_CH3，USART1_RX 就没办法使用了？那岂不是不能使用 USART1 了？实际上情况没有这么糟糕，查阅表 6-2 可以看到 USART1_RX 不仅仅有 PA10，还有 PB7。所以此时可以用 PB7 引脚来实现 USART1 通信。那要是 PB7 也被其他外设占用了呢？那就没办法了，只能使用其他 USART。

GPIO_PinAFConfig 函数接收三个参数：第一个参数是 GPIO 端口，如 GPIOA；第二个参数是指定要复用的引脚号，如 GPIO_PinSource10；第三个参数是选择复用的外设，如 GPIO_AF_USART1。该函数最终操作的是 GPIO 的复用功能寄存器 GPIO_AFRH 和 GPIO_AFRL，分高低两个。

5）通过配置 USART1 通信参数并调用 USART 初始化函数来完成配置。

6）程序要用 USART 来接收中断，需要配置 NVIC，这里调用 NVIC_Configuration

函数来完成配置。配置完 NVIC 后就可以调用 USART_ITConfig 函数使能 USART 接收中断。

7) 调用 USART_Cmd 函数使能 USART。

（4）字符发送函数，见代码清单 6-6。

代码清单 6-6 字符发送函数

```
/****************发送一个字符********************/
void Usart_SendByte( USART_TypeDef *  pUSARTx,uint8_t ch)
{
    /*  发送一个字节数据到 USART * /
    USART_SendData(pUSARTx,ch);

    /*  等待发送数据寄存器为空 * /
    while (USART_GetFlagStatus(pUSARTx,USART_FLAG_TXE) == RESET);
}


/****************发送字符串 *******************/
void Usart_SendString( USART_TypeDef *  pUSARTx,char * str)
{
    unsigned int k=0;
    do
    {
        Usart_SendByte( pUSARTx,* (str + k) );
        k++;
    } while(* (str + k)! ='  \0'  );

        /*  等待发送完成 * /
        while(USART_GetFlagStatus(pUSARTx,USART_FLAG_TC) ==RESET)
        {}
}
```

1) Usart_SendByte 函数用来指定 USART 发送一个 ASCII 码值字符。它有两个形参：第一个为 USART，第二个为待发送的字符。它是通过调用库函数 USART_SendData 来实现的，并且增加了等待发送完成的功能。它通过使用 USART_GetFlagStatus 函数来获取 USART 事件标志以实现发送完成功能等待。USART_GetFlagStatus 函数接收两个参数：一个是 USART，另一个是事件标志。这里循环检测发送数据寄存器为空这个标志，当跳出 while 循环时说明发送数据寄存器为空。

2) Usart_SendString 函数用来发送一个字符串。它实际上是通过调用 Usart_SendByte 函数来发送每个字符，直到遇到空字符才停止发送。最后使用循环检测发送完成事件标志的方法来保证数据发送完成后才退出函数。

（5）USART 中断服务函数，见代码清单 6-7。

代码清单 6-7 USART 中断服务函数

```
void DEBUG_USART_IRQHandler(void)
{
    uint8_t ucTemp;
```

```
if(USART_GetITStatus(DEBUG_USART,USART_IT_RXNE)! =RESET)
{
    ucTemp = USART_ReceiveData( DEBUG_USART );
    USART_SendData(DEBUG_USART,ucTemp);
}
}
```

这段代码存放在 stm32f4xx_it.c 文件中，该文件用来集中存放外设中断服务函数。当使能中断并且中断发生时就会执行中断服务函数。

这里在代码清单 6-5 使能 USART 接收中断，当 USART 接收到数据时就会执行 DEBUG_USART_IRQHandler 函数。USART_GetITStatus 函数与 USART_GetFlagStatus 函数类似，都是用来获取标志位状态，但 USART_GetITStatus 函数是专门用来获取中断事件标志的，并返回该标志位的状态。这里使用 if 语句来判断是否真的产生 USART 数据接收这个中断事件，如果是真的，就使用 USART 数据读取函数 USART_ReceiveData 读取数据到指定存储区，然后再调用 USART 数据发送函数 USART_SendData 把数据又发送给源设备。

（6）main 函数，见代码清单 6-8。

代码清单 6-8　main 函数

```
int main(void)
{
    /* 初始化 USART1 配置模式为 115200 8-N-1,中断接收* /
    Debug_USART_Config();

    printf("/******************** \n");
    printf("*  串行接口中断接收回显实验 \n");
    printf("*  115200 8-N-1 \n");
    printf("/******************** \n");
    while(1)
    {

    }
}
```

首先需要调用 Debug_USART_Config 函数来完成 USART 初始化配置，包括 GPIO 配置、USART 配置、接收中断使用等信息。

其次调用字符发送函数把数据发送给串行接口调试助手。

最后 main 函数什么都不做，只是静静地等待 USART 接收中断的产生，并在中断服务函数把数据回传。

5. 下载验证

要保证开发板相关硬件连接正确，并用 USB 线连接开发板 "USB TO UART" 接口与计算机。在计算机端打开串行接口调试助手，把编译好的程序下载到开发板，此时串行接口调试助手即可收到开发板发送的数据；在串行接口调试助手发送区域输入任意字符，点击发送按钮，即可在串行接口调试助手接收区看到相同的字符，如图 6-8 所示。

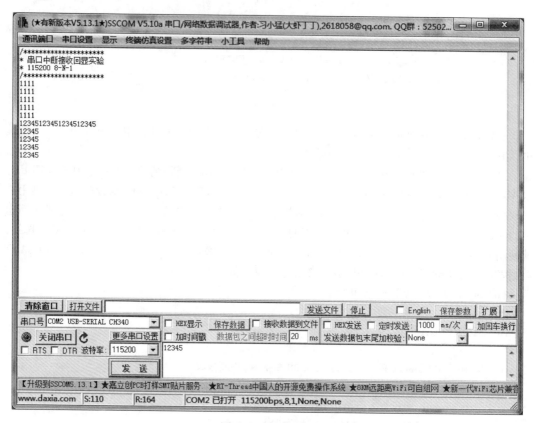

图 6-8　实验现象

任务 11　RS-485 通信

一、RS-485 通信协议介绍

RS-485 是一种工业控制环境中常用的通信协议，它具有抗干扰能力强、传输距离远的特点。RS-485 通信协议由 RS-232 通信协议改进而来，协议层不变，只是改进了物理层，因而保留了串行通信协议应用简单的特点。

1. RS-485 的物理层

差分信号线具有很强的干扰能力，特别适合应用于电磁环境复杂的工业控制环境中。RS-485 通信协议主要是把 RS-232 的信号改进成差分信号，从而大大提高了抗干扰特性。RS-485 的通信网络如图 6-9 所示。

在 RS-485 通信网络中，节点中的串行接口控制器使用 RX 与 TX 信号线连接到收发器上，而收发器通过差分线连接到网络总线上，串行接口控制器与收发器之间一般使用 TTL 信号来传输，收发器与总线则使用差分信号来传输。发送数据时，串行接口控制器的 TX 信号经过收发器转换成差分信号传输到总线上；而接收数据时，收发器把总线上的差分信号转化成 TTL 信号通过 RX 引脚传输到串行接口控制器中。

RS-485 通信网络的传输距离最大可达 1200m，总线上可挂载 128 个通信节点。而由于 RS-485通信网络只有一对差分信号线，它使用差分信号来表达逻辑，当 AB 两线间的电压差为

–6 ~ –2V 时表示逻辑 1，当电压差为+2 ~ +6V 表示逻辑 0，在同一时刻只能表达一个信号，所以它的通信是半双工形式的。RS–232 与 RS–485 通信协议的特性对比见表 6–3。

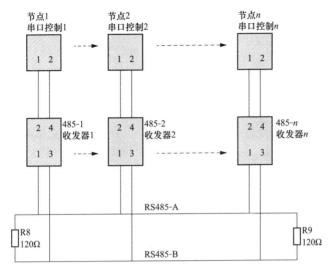

图 6–9　RS–485 通信网络

表 6–3　　　　　　　　　　RS–232 与 RS–485 通信协议的特性对比

通信标准	信号线	通信方向	电平标准	通信距离	通信节点数
RS–232	单端 TXD、RXD、GND	全双工	逻辑 1：–15 ~ –3V 逻辑 0：+3 ~ +15V	100m 以内	只有两个节点
RS–485	差分线 AB	半双工	逻辑 1：+2 ~ +6V 逻辑 0：–6 ~ –2V	1200m	支持多个节点，支持多个主设备，任意节点间可互相通信

2. RS–485 的协议层

RS–485 与 RS–232 的差异只体现在物理层上，它们的协议层是相同的，也是使用串行接口数据包的形式传输数据。而由于 RS–485 具有强大的组网功能，人们在基础协议之上还制定了 Modbus 协议，并被广泛应用于工业控制网络中。此处所说的基础协议是指仅封装了基本数据包格式的协议（基于数据位），而 Modbus 协议是指使用基本数据包组合成通信帧格式的高层应用协议（基于数据包或字节）。感兴趣的读者可查找 Modbus 协议的相关资料进行了解。

由于 RS–485 与 RS–232 的协议层没有区别，因此进行通信时同样使用 STM32 的 USART 外设作为通信节点中的串行接口控制器，再外接一个 RS–485 收发器芯片把 USART 外设的 TTL 电平信号转化成 RS–485 的差分信号即可。

二、RS–485 双机通信实验

下面演示如何使用 STM32 的 USART 控制器与 MAX485 收发器，在两个设备之间使用 RS–485 协议进行通信。本实验使用了两个实验板，因此无法像 CAN 实验那样使用回环测试（把 STM32 USART 外设的 TXD 引脚使用杜邦线连接到 RXD 引脚可进行自收发测试，不过这样的通信不经过 RS–485 的收发器 MAX485，跟普通 TTL 串行接口实验没有区别）。本实验主要以 "USART–485 通信" 工程为例进行讲解。

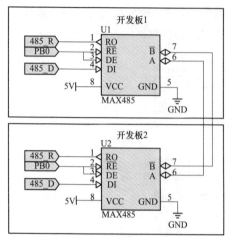

图 6-10 双 RS-485 通信实验硬件连接图

1. 硬件设计

图 6-10 为双 RS-485 通信实验硬件连接图。

在单个实验板中，作为串行接口控制器的 STM32 从 USART 外设引出 TX 和 RX 两个引脚与 RS-485 的收发器 MAX485 相连，收发器使用它的 A 和 B 引脚连接到 RS-485 总线网络中。为了方便使用，每个实验板引出的 A 和 B 之间都连接了 1 个 120Ω 的电阻作为 RS-485 总线的端电阻，所以应注意如果要把实验板作为一个普通节点连接到现有的 RS-485 总线中，是不应添加该电阻的。

由于 RS-485 只能以半双工的形式工作，所以需要切换状态，MAX485 芯片中有 RE 和 DE 两个引脚，用于控制 MAX485 芯片的收发工作状态。当 RE 引脚为低电平时，MAX485 芯片处于接收状态；当 DE 引脚为高电平时，MAX485 芯片处于发送状态。实验板中使用了 STM32 的 PB0 直接连接到这两个引脚上，所以通过控制 PB0 的输出电平即可控制 MAX485 的收发状态。

使用导线把实验板引出的 A 和 B 两条总线连接起来，才能构成完整的网络。实验板之间 A 与 A 连接，B 与 B 连接即可。

2. 软件设计

为了使工程更加有条理，这里把 RS-485 控制相关的代码独立分开存储，方便以后移植。在 "串行接口实验" 之上新建 "bsp_485.c" 及 "bsp_485.h" 文件，这些文件也可根据自己的喜好命名，因为它们不属于 STM32 标准库，而是自己根据应用需要编写的。这个实验的底层 STM32 驱动与串行接口控制区别不大，上层实验功能与 CAN 实验的类似。

3. 编程要点

（1）初始化 RS-485 通信使用的 USART 外设及相关引脚。

（2）编写控制 MAX485 芯片进行收发数据的函数。

（3）编写测试程序，收发数据。

4. 代码分析

（1）RS-485 硬件相关宏定义。把 RS-485 硬件相关的配置都以宏的形式定义到 "bsp_485.h" 文件中，见代码清单 6-9。

代码清单 6-9　RS-485 硬件配置相关的宏(bsp_485.h 文件)

```
#define _485_USART                      USART2
#define _485_USART_CLK                  RCC_APB1Periph_USART2
#define _485_USART_BAUDRATE             115200

#define _485_USART_RX_GPIO_PORT         GPIOD
#define _485_USART_RX_GPIO_CLK          RCC_AHB1Periph_GPIOD
#define _485_USART_RX_PIN               GPIO_Pin_6
#define _485_USART_RX_AF                GPIO_AF_USART2
#define _485_USART_RX_SOURCE            GPIO_PinSource6

#define _485_USART_TX_GPIO_PORT         GPIOD
```

```
#define _485_USART_TX_GPIO_CLK          RCC_AHB1Periph_GPIOD
#define _485_USART_TX_PIN               GPIO_Pin_5
#define _485_USART_TX_AF                GPIO_AF_USART2
#define _485_USART_TX_SOURCE            GPIO_PinSource5
#define _485_RE_GPIO_PORT               GPIOD
#define _485_RE_GPIO_CLK                RCC_AHB1Periph_GPIOD
#define _485_RE_PIN                     GPIO_Pin_11

#define _485_INT_IRQ                    USART2_IRQn
#define _485_IRQHandler                 USART2_IRQHandler
```

以上代码根据硬件连接，把与 RS-485 通信使用的 USART 外设号、引脚号、引脚源及复用功能映射都以宏封装起来，并且定义了接收中断的中断向量和中断服务函数，通过中断来获知接收数据。

（2）初始化 RS-485 的 USART 配置。利用上面的宏，编写 RS-485 的 USART 初始化函数，见代码清单6-10。

代码清单6-10 RS-485 的初始化函数(bsp_485.c 文件)

```
/*************************************************************************
*  功  能: USART GPIO 配置，工作模式配置
*  参  数: 无
*  返回值: 无
*************************************************************************/
void _485_Config(void)
{
    GPIO_InitTypeDef GPIO_InitStructure;
    USART_InitTypeDef USART_InitStructure;

    /* config USART clock */
    RCC_AHB1PeriphClockCmd(_485_USART_RX_GPIO_CLK | _485_USART_TX_
                           GPIO_CLK | _485_RE_GPIO_CLK, ENABLE);
    RCC_APB1PeriphClockCmd(_485_USART_CLK, ENABLE);

    /* Connect PXx to USARTx_Tx*/
    GPIO_PinAFConfig(_485_USART_RX_GPIO_PORT, _485_USART_RX_
                     SOURCE, _485_USART_RX_AF);

    /* Connect PXx to USARTx_Rx*/
    GPIO_PinAFConfig(_485_USART_TX_GPIO_PORT, _485_USART_TX_
                     SOURCE, _485_USART_TX_AF);

    /* USART GPIO config */
    /* Configure USART Tx as alternate function push-pull */
    GPIO_InitStructure.GPIO_OType = GPIO_OType_PP;
    GPIO_InitStructure.GPIO_PuPd = GPIO_PuPd_NOPULL;
    GPIO_InitStructure.GPIO_Mode = GPIO_Mode_AF;
```

```
GPIO_ InitStructure. GPIO_ Pin = _ 485_ USART_ TX_ PIN;
GPIO_ InitStructure. GPIO_ Speed = GPIO_ Speed_ 50MHz;
GPIO_ Init ( _ 485_ USART_ TX_ GPIO_ PORT, &GPIO_ InitStructure ) ;

/* Configure USART Rx as alternate function  * /
GPIO_ InitStructure. GPIO_ Mode = GPIO_ Mode_ AF;
GPIO_ InitStructure. GPIO_ Pin = _ 485_ USART_ RX_ PIN;
GPIO_ Init ( _ 485_ USART_ RX_ GPIO_ PORT, &GPIO_ InitStructure ) ;

/* RS-485 收发控制管脚 * /
GPIO_ InitStructure. GPIO_ OType = GPIO_ OType_ PP;
GPIO_ InitStructure. GPIO_ PuPd = GPIO_ PuPd_ NOPULL;
GPIO_ InitStructure. GPIO_ Mode = GPIO_ Mode_ OUT;
GPIO_ InitStructure. GPIO_ Pin = _ 485_ RE_ PIN;
GPIO_ InitStructure. GPIO_ Speed = GPIO_ Speed_ 50MHz;
GPIO_ Init ( _ 485_ RE_ GPIO_ PORT, &GPIO_ InitStructure ) ;

/* USART mode config * /
USART_ InitStructure. USART_ BaudRate = _ 485_ USART_ BAUDRATE;
USART_ InitStructure. USART_ WordLength = USART_ WordLength_ 8b;
USART_ InitStructure. USART_ StopBits = USART_ StopBits_ 1;
USART_ InitStructure. USART_ Parity = USART_ Parity_ No ;
USART_ InitStructure. USART_ HardwareFlowControl = USART_ HardwareFlow-
Control_ None;
USART_ InitStructure. USART_ Mode = USART_ Mode_ Rx | USART_ Mode_ Tx;

USART_ Init ( _ 485_ USART, &USART_ InitStructure ) ;
USART_ Cmd ( _ 485_ USART, ENABLE ) ;

NVIC_ Configuration ( ) ;
/* 使能串行接口接收中断 * /
USART_ ITConfig ( _ 485_ USART, USART_ IT_ RXNE, ENABLE ) ;

GPIO_ ResetBits ( _ 485_ RE_ GPIO_ PORT, _ 485_ RE_ PIN ) ; //默认进入接收模式
}
```

与所有使用 GPIO 的外设一样，都要先把所使用的 GPIO 引脚模式初始化，配置好复用功能，其中用于控制 MAX485 芯片收发状态的引脚被初始化成普通推挽输出模式，以便手动控制它的电平输出及切换状态。RS-485 使用到的 USART 也需要配置好波特率、有效字长、停止位及校验位等基本参数。在通信中，两个 RS-485 节点的串行接口参数应一致，否则会导致通信解包错误。在实验中，还需使能串行接口的接收中断功能，当检测到新的数据时，进入中断服务函数以获取数据。

（3）使用中断接收数据。在 USART 中断服务函数中接收数据的相关过程，见代码清单 6-11。其中的 bsp_RS485_IRQHandler 函数直接被 bsp_stm32f4xx_it. c 文件的 USART 中断服

务函数调用，不在此列出。获取接收到的数据和长度（bsp_485.c 文件）见代码清单 6-12；清空缓冲区（bsp_485.c 文件）见代码清单 6-13。

代码清单 6-11 中断接收数据的过程(bsp_485.c 文件)

```
/*********************************************************************
*  功   能：中断缓存串行接口数据
*  参   数：无
*  返回值：无
*********************************************************************/
#define UART_ BUFF_ SIZE 1024
volatile uint16_ t uart_ p = 0;
uint8_ t uart_ buff [UART_ BUFF_ SIZE];


void bsp_ 485_ IRQHandler ( void )
{
    if ( uart_ p<UART_ BUFF_ SIZE )
     {
        if ( USART_ GetITStatus ( _ 485_ USART, USART_ IT_ RXNE ) ! = RESET )
         {
            uart_ buff [uart_ p] = USART_ ReceiveData ( _ 485_ USART );
            uart_ p++;
            USART_ ClearITPendingBit ( _ 485_ USART, USART_ IT_ RXNE );
         }
     }
    else
     {
        USART_ ClearITPendingBit ( _ 485_ USART, USART_ IT_ RXNE );
        //clean_ rebuff ( );
     }
}
```

代码清单 6-12 获取接收到的数据和长度(bsp_485.c 文件)

```
/************************************
*  功   能:获取接收到的数据和长度
*  参   数:无
*  返回值:无
************************************/
char * get_rebuff(uint16_t * len)
{
    * len = uart_p;
    return (char * )&uart_buff;
}
```

代码清单 6-13 清空缓冲区(bsp_485.c 文件)

```
/************************************
*  功   能:清空缓冲区
*  参   数:无
```

```
*   返回值:无
********************************************/
void clean_rebuff(void)
{
    uint16_t i=UART_BUFF_SIZE+1;
    uart_p = 0;
    while(i)
        uart_buff[--i]=0;
}
```

这个数据接收过程的主要思路是使用了接收缓冲区,当 USART 有新的数据引起中断时,调用库函数 USART_ReceiveData 把新数据读取到缓冲区数组 uart_buff 中。其中,get_rebuff 函数可以用于获缓冲区中有效数据的长度,而 clean_rebuff 函数可用于对缓冲区整体清零。这些函数的配合使用,实现了简单的串行接口接收缓冲机制。这部分串行接口数据接收的过程跟 RS-485 的收发器 MAX485 无关,是串行接口协议通用的。

(4) 切换收发状态。RS-485 是半双工通信协议,发送数据和接收数据需要分时进行,所以需要经常切换收发状态。而 MAX485 收发器则根据其 RE 和 DE 引脚的外部电平信号切换收发状态,所以控制与其相连的 STM32 普通 I/O 电平即可控制收尾。为简便起见,这里把收发状态切换定义成了宏,见代码清单6-14。

代码清单6-14 切换收发状态(bsp_485.h 文件)
```
/********************************************************************
*   功  能: 简单的延时函数
*   参  数: 无
*   返回值: 无
********************************************************************/
static void Delay ( _ _ IO uint32_ t nCount )
{
    for ( ; nCount ! = 0; nCount-- );
}
* 控制收发引脚* /
//进入接收模式, 必须要有延时等待 MAX485 处理完数据
#define _ 485_ RX_ EN ( )                          _ 485_ delay ( 1000 );
GPIO_ ResetBits ( _ 485_ RE_ GPIO_ PORT, _ 485_ RE_ PIN );
_ 485_ delay ( 1000 );
//进入发送模式, 必须要有延时等待 MAX485 处理完数据
#define _ 485_ TX_ EN ( )                          _ 485_ delay ( 1000 );
GPIO_ SetBits ( _ 485_ RE_ GPIO_ PORT, _ 485_ RE_ PIN );
_ 485_ delay ( 1000 );
```

在这两个宏中,主要是在控制电平输出前后加了一小段延时,这是为了给 MAX485 芯片预留响应时间,因为 STM32 的引脚状态电平变换后,MAX485 芯片可能存在响应延时。例如,当 STM32 控制自己的引脚电平输出高电平(控制成发送状态),然后立即通过 TX 信号线发送数据给 MAX485 芯片;而 MAX485 芯片由于状态不能马上切换,会导致丢失部分 STM32 传送过来的数据,从而造成错误。

(5) 发送数据。STM32 使用 RS-485 发送数据的过程与普通的 USART 发送数据的过程

差不多,这里定义了一个485_SendByte函数来发送一个字节的数据内容,见代码清单6-15。

代码清单6-15 发送数据(bsp_485.c文件)

```
/****************************************************************
* 功　能:发送一个字符
* 参　数:无
* 返回值:无
****************************************************************/
void _485_SendByte(uint8_t ch)
{
    /* 发送一个字节数据到USART1* /
    USART_SendData(_485_USART,ch);

    /* 等待发送完毕* /
    while(USART_GetFlagStatus(_485_USART,USART_FLAG_TXE)==RESET);

}
```

这里直接调用了STM32的库函数USART_SendData把要发送的数据写入USART的数据寄存器中,然后检查标志位等待发送完成。

在调用485_SendByte函数前,需要先使用前面提到的切换收发状态宏把MAX485切换到发送模式,STM32发出的数据才能正常传输到RS-485网络总线上;当发送完数据时,应重新把MAX485切换回接收模式,以便获取RS-485网络总线上的数据。

(6)main函数。最后来看main函数,以了解整个通信过程,见代码清单6-16。这个main函数的整体设计思路是:实验板检测自身的按键状态,若按键被按下,则通过MAX485发送256个测试数据到RS-485网络总线上;若自身接收到RS-485网络总线上的256个数据,则把这些数据作为调试信息打印到计算机端。所以,如果把这样的程序分别应用到RS-485网络总线上的两个通信节点时,就可以通过按键控制相互之间的数据发送了。

代码清单6-16 main函数

```
/****************************************************************
* 功　能:main函数
* 参　数:无
* 返回值:无
****************************************************************/
int main(void)
{
    char * pbuf;
    uint16_t len;

    LED_GPIO_Config();

    /* 初始化USART1* /
    Debug_USART_Config();

    /* 初始化RS-485使用的串行接口,使用中断模式接收* /
```

```
_485_Config();
LED_BLUE;
Key_GPIO_Config();
_485_SendStr_length("RS485 测试程序 COM2 115200 8 N 1 \r \n",32);
while(1)
{
    /* 按一次按键发送一次数据* /
    if(   Key_Scan(KEY1_GPIO_PORT,KEY1_PIN) == KEY_ON)
    {
        uint16_t i;

        LED_BLUE;

        _485_TX_EN();

        for(i=0;i<=0x0f;i++)

        {
            _485_SendByte(i);                 //发送数据
        }

        /* 加短暂延时,保证 MAX485 发送数据完毕* /
        Delay(0xFFF);
        _485_RX_EN();

        LED_GREEN;

        printf("\r \n 发送数据成功! \r \n"); //使用调试串行接口打印调试信息到终端
    }
    else
    {
        LED_BLUE;

        pbuf = get_rebuff(&len);
        //if(len>=256)
        if(len>=10)
        {
            LED_GREEN;
            printf("\r \n 接收到长度为% d 的数据 \r \n",len);
            _485_DEBUG_ARRAY((uint8_t* )pbuf,len);
            //_485_SendStr_length( "12345 \r \n",7 );
            _485_SendStr_length((uint8_t* )pbuf,len);
            _485_SendStr_length("\r \n",2);
            clean_rebuff();
```

```
                len=0;
            }
        }
    }
}
```

在 main 函数中，首先初始化了 LED、按键及调试使用的串行接口，再调用前面分析的 485_Config 函数初始化了 RS-485 通信使用的串行接口工作模式。

初始化后 MAX485 就进入了接收模式，当接收到数据时就会进入中断并把数据存储到接收缓冲数组中。在 main 函数的 while 循环中（else 部分）调用 get_rebuff 来查看该缓冲区的状态，若接收到 256 个数据就把这些数据通过调试串行接口打印到计算机端，然后清空缓冲区。

在 while 循环中还检测了按键的状态，若按键被按下，就把 MAX485 芯片切换到发送状态并调用 485_SendByte 函数发送测试数据 0x00 ~ 0x0F，发送完毕后切换回接收状态以检测总线的数据。

习题 6

1. 什么是半双工单线通信？
2. 什么是单工通信？
3. 什么是全双工通信？
4. USART 支持多种停止位的配置，分别是什么？
5. 通过什么寄存器的 UE 位来激活 USART？
6. 利用什么寄存器选择要求的波特率？
7. RS-232 与 RS-485 的区别是什么？
8. RS-232 的逻辑 1 是多少 V？逻辑 0 是多少 V？
9. RS-485 的逻辑 1 是多少 V？逻辑 0 是多少 V？
10. RS-232 与 RS-485 通信各有什么优点与缺点？在工业现场如何选择？

项目七　LCD模块应用

任务 12　字符型 LCD12864 应用

一、LCD12864 介绍

带中文字库的 LCD12864 是一种具有 4 位/8 位并行、2 线或 3 线串行多种接口方式，内部含有国标一级、二级简体中文字库的点阵图形液晶显示模块。其显示分辨率为 128×64，内置 8192 个 16×16 点汉字，和 128 个 16×8 点 ASCII 字符集。利用该模块灵活的接口方式和简单方便的操作指令，可构成全中文人机交互图形界面。它可以显示 8×4 行 16×16 点阵的汉字，也可以完成图形显示。低电压、低功耗是其又一显著特点。由该模块构成的液晶显示方案与同类型的图形点阵液晶显示方案相比，不论是硬件电路结构还是显示程序都要简洁得多，且该模块的价格也略低于相同点阵的图形液晶模块的价格。

LCD 屏基本都是按其分辨率来命名的，如 LCD1602 的分辨率为 16×2，LCD128128 的分辨率为 128×128。

二、LCD12864 基本特性参数

（1）低电源电压：VDD 的电压在+3.0 ~ +5.5V。

（2）显示分辨率：128×64 点。

（3）内置汉字字库：提供 8192 个 16×16 点阵汉字（简繁体可选）。

（4）内置 ASCII 字符集：提供 128 个 16×8 点阵字符。

（5）时钟频率：2MHz。

（6）显示方式：STN、半透、正显。

（7）驱动方式：1/32DUTY，1/5BIAS。

（8）视角方向：6 点。

（9）背光方式：侧部高亮白色 LED，功耗仅为普通 LED 的 1/5 ~ 1/10。

（10）通信方式：串行接口、并行接口可选。

（11）内置 DC-DC 转换电路，无须外加负压。

（12）无须片选信号，简化软件设计。

（13）工作温度为 0 ~ +55℃，存储温度为-20 ~ +60℃。

三、LCD12864 引脚图及功能

1. 引脚及其功能

图 7-1 为 LCD12864 引脚图。

这里所用的是串行通信模式，所以下面仅介绍串行通信模式所用的引脚，见表 7-1。

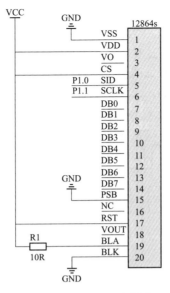

图 7-1　LCD12864 引脚图

表 7-1　　　　　　　　　　　　　　串行通信模式引脚说明

引脚号	名称	LEVEL	功能
1	VSS	0V	电源地
2	VDD	+5V	电源正（3.0~5.5V）
3	VO	—	对比度（亮度）调整
4	CS	H/L	模组片选端，高电平有效
5	SID	H/L	串行数据输入端
6	SCLK	H/L	串行同步时钟：上升沿时读取 SID 数据
15	PSB	L	L：串行方式
17	RST	H/L	复位端，低电平有效
19	BLA	VDD	背光源电压+5V
20	BLK	VSS	背光源负端 0V

（1）必需引脚：

VSS：电源负极；

VDD：电源正极；

CS 片选引脚：高电位可接收数据，低电位锁存；

SID：串行数据输入端；

SCLK：串行同步时钟。

（2）可选引脚：

VO：调节屏幕亮度；

PSB：低电平有效，其中低电平为串行方式，如果只用串行通信模式可以将 PSB 引脚飞线与地线相连，即固定低电平；

RST：复位引脚，低电平可使 LCD 复位；

BLA：LCD 背光源的电源；

BLK：LCD 背光源的负端，如果需要背光，可以将 19 引脚与 LCD2 引脚电源正极相连，20 引脚与 LCD1 引脚电源地相连。

2. 串行通信模式下数据传输过程

串行通信模式下数据传输过程如图 7-2 所示。

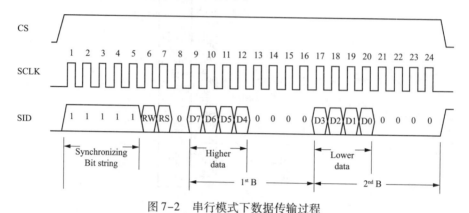

图 7-2　串行模式下数据传输过程

（1）首先 CS 片选一直在高电平期间，LCD 可接收数据或指令。

（2）随后单片机要给出数据传输起始位，这里是以 5 个连续的 "1" 作为数据起始位的，如果模块接收到连续的 5 个 "1"，则内部传输被重置并且串行传输将被同步。

（3）紧接着的两个位指定传输方向（RW，用于选择数据的传输方向，1 是读数据，0 是写数据），以及传输性质（RS，用于选择内部数据寄存器或指令寄存器，0 是命令寄存器，1 是数据寄存器）；最后的第 8 位固定为 "0"。至此，第一个字节/数据传输起始位发送完成。

（4）在接收到起始位及 RW 和 RS 的第 1 个字节后，开始传输指令或者数据，在传输过程中会进行拆分处理，该字节将被分为 2 个字节来传输或接收。

（5）发送的数据或指令的高 4 位，被放在发送的第 2 个字节串行数据的高 4 位，其低 4 位则被置为 "0"；发送的数据或指令的低 4 位被放在第 3 个字节串行数据的高 4 位，其低 4 位也被置为 "0"，如此完成一个字节指令或数据的传送。

例如，发送的数据为 "A"，对应的 16 进制数为 0x41，对应的二进制数为 0100 0001。

那么其发送顺序就是：

1）先发送 0xFA（1111 1010），五个 1 RW=0 RS=1；

2）发送 0100 0000 的高四位为 "A" 对应的高四位，低 4 位补 0；

3）发送 0001 0000 的低四位为 "A" 对应的高四位，低 4 位补 0。

至此一个字节发送完成。

所以写指令之前，必须先发送 1111 1000（即 0xF8）；写数据之前，必须先发送 1111 1010（即 0xFA）。

将字符 "A" 的低四位清零，保留高四位，可以做 "A" & 240（0xf0）：

0100 0001　　　　　　　"A" 的二进制数；

1111 0000　　　　　　　240 的二进制数；

……

0001 0000　　　　　　　保留了 "A" 的高四位。

将字符 "A" 的低四位变为高四位，可以用<<（左移运算符）做 A<<4：

0100 0001　　　　　　　"A" 的二进制数；

0001 0000   保留了"A"的低四位。

（6）完成一个字节数据的发送需要 24 个时钟周期，因为 1 个字节实际上是发送了 3 个字节（3×8）。

（7）只有在时钟线 SCLK 拉低时，数据线 SID 上的数据才允许变化；当时钟线 SCLK 为高电平时，SID 上的数据必须保持稳定（不能变化）。这点与 I²C 是相同的。

四、LCD 内部资源

LCD 的控制芯片为 ST7920。ST7920 有丰富的内部资源，且内部的只读存储器（read-only memory，ROM）已经固化存储了中文字库（也就是自带中文字库）、半角英文/数字字符。

ST7920 的内部资源包括：

（1）提供 8 位/4 位并行接口及串行接口可选，自动电源启动复位功能，内部自建振荡源。

（2）固化有 8192 个 16×16 点阵的中文字型在 2Mbit 中文字库（CGROM）里。

（3）固化有 126 个 16×8 点阵的半角英文/数字字符在 16Kbit ASCII 字库（HCGROM）里。

（4）提供 4 个 16×16 点阵自造字符的存储空间——自定义字形 RAM（CGRAM）。

（5）提供 128×64 点阵绘图（共 1024 个字节）的存储空间——点阵绘图 RAM（GDRAM）。

（6）提供 1 个 16×15 点阵图标的存储空间——点阵图标 RAM（IRAM）。

（7）提供 64×16 位字符显示 RAM（DDRAM，最多 16 字符×4 行）。

五、LCD 显示原理

LCD 作为字符显示屏，在控制器内有一个供写入字符代码的缓存器 DDRAM，只需将要显示的中文字符编码或其他字符编码写入 DDRAM 即可。也就是在串行通信模式下发送一个字节数据，硬件将依照编码自动从 CGROM、HCGROM、CGRAM 三种字形中自动辨别、选择对应的是哪种字形的哪个字符/汉字编码，再将要显示的字符/汉字编码显示在屏幕上。

也就是说，字符显示是通过将字符显示编码写入 DDRAM 来实现的。

模块内部的 RAM 提供 64×16 的显示空间，最多可以显示 4 行×8 字（32 个汉字）或 64 个 ASCII 码字符，一个汉字占 2 个字节，DDRAM 一共有 32 个字符显示区域。当然，DDRAM 的地址与 32 个字符显示区域有着一一对应的关系

DDRAM 地址与液晶屏上字符显示位置的关系见表 7-2。

表 7-2   DDRAM 地址与液晶屏上字符显示位置的关系

Linc1（x 坐标）	80H	81H	82H	83H	84H	85H	86H	87H
Linc2（x 坐标）	90H	91H	92H	93H	94H	95H	96H	97H
Linc3（x 坐标）	88H	89H	8AH	8BH	8CH	8DH	8EH	8FH
Linc4（x 坐标）	98H	99H	9AH	9BH	9CH	9DH	9EH	9FH

通过写入不同的地址，就可以实现在不同位置显示字符。

六、LCD 控制指令

LCD12864 提供了两套控制命令，分别为基本指令和扩展指令，涉及 LCD 的清屏、开关、显示字符位置等。其实也就是向 LCD 写入特殊字符而已，根据 RS 和 RW 可以判断指令方式。LCD 的基本指令集和扩展指令集分别见表 7-3 和表 7-4。

表 7-3　　　　　　　　　　　　基 本 指 令 集

指令	指令码										说明	执行时间 (540kHz)
	RS	RW	DB7	DB6	DB5	DB4	DB3	DB2	DB1	DB0		
清除显示	0	0	0	0	0	0	0	0	0	1	将 DDRAM 填满 "20H"，并且设定 DDRAM 的地址计数器（AC）到 "00H"	4.6ms
地址归位	0	0	0	0	0	0	0	0	1	x	设定 DDRAM 的地址计数器（AC）到 "00H"，并且将游标移到开头原点位置；这个指令并不改变 DDRAM 的内容	4.6ms
进入点设定	0	0	0	0	0	0	0	1	I/D	S	指定在资料的读取与写入时，设定游标移动方向及指定显示的移位	72μs
显示状态开/关	0	0	0	0	0	0	1	D	C	B	D=1：整体显示 ON；C=1：游标 ON；B=1：游标位置 ON	72μs
游标或显示移位控制	0	0	0	0	0	1	S/C	R/L	x	x	设定游标的移动与显示的移位控制位元；这个指令并不改变 DDRAM 的内容	72μs
功能设定	0	0	0	0	1	DL	x	0RE	x	x	DL=1：必须设为 1；RE=1：扩展指令集动作；RE=0：基本指令集动作	72μs
设定 CGRAM 地址	0	0	0	1	AC5	AC4	AC3	AC2	AC1	AC0	设定 CGRAM 地址到地址计数器（AC）	72μs
设定 DDRAM 地址	0	0	1	AC6	AC5	AC4	AC3	AC2	AC1	AC0	设定 DDRAM 地址到地址计数器（AC）	72μs
读取忙碌标志（BF）和地址	0	1	BF	AC6	AC5	AC4	AC3	AC2	AC1	AC0	读取忙碌标志（BF）可以确认内部动作是否完成，同时可以读出地址计数器（AC）的值	0μs
写资料到 RAM	1	0	D7	D6	D5	D4	D3	D2	D1	D0	写资料到内部的 RAM（DDRAM/CGRAM/IRAM/GDRAM）	72μs
读出 RAM 的值	1	1	D7	D6	D5	D4	D3	D2	D1	D0	从内部 RAM 读取资料（DDRAM/CGRAM/IRAM/GDRAM）	72μs

下面介绍几个常用的指令操作。

（1）清屏指令，见表7-5。

表 7-4　　　　　　　　　　扩 展 指 令 集

指令	指令码										说明	执行时间 (540kHz)
	RS	RW	DB7	DB6	DB5	DB4	DB3	DB2	DB1	DB0		
待命模式	0	0	0	0	0	0	0	0	0	1	将 DDRAM 填满"20H",并且设定 DDRAM 的地址计数器(AC)到"00H"	72μs
卷动地址或 IRAM 地址选择	0	0	0	0	0	0	0	0	1	SR	SR=1:允许输入垂直卷动地址; SR=0:允许输入 IRAM 地址	72μs
反白选择	0	0	0	0	0	0	0	1	R1	R0	选择 4 行中的任一行做反白显示,并可决定反白与否	72μs
睡眠模式	0	0	0	0	0	0	1	SL	x	x	SL=1:脱离睡眠模式; SL=0:进入睡眠模式	72μs
扩展功能设定	0	0	0	0	1	1	x	1RE	G	0	RE=1:扩展指令集动作; RE=0:基本指令集动作; G=1:绘图显示 ON; G=0:绘图显示 OFF	72μs
设定 IRAM 地址或卷动地址	0	0	0	1	AC5	AC4	AC3	AC2	AC1	AC0	SR=1:AC5～AC0 为垂直卷动地址; SR=0:AC3～AC0 为 ICON IRAM 地址	72μs
设定绘图 RAM 地址	0	0	1	AC6	AC5	AC4	AC3	AC2	AC1	AC0	设定 CGRAM 地址到地址计数器(AC)	72μs

表 7-5　　　　　　　　　　清 屏 指 令

指令	指令码										说明	执行时间 (540kHz)
	RS	RW	DB7	DB6	DB5	DB4	DB3	DB2	DB1	DB0		
清除显示	0	0	0	0	0	0	0	0	0	1	将 DDRAM 填满"20H",并且设定 DDRAM 的地址计数器(AC)到"00H"	4.6ms

清除屏幕字符,也就是对整块屏幕写入空字符并且将游标移到开始位置。在使用清屏时,需要加上一定的延时以等待液晶稳定。

(2)显示状态开关指令,见表 7-6。

表 7-6　　　　　　　　　　显 示 状 态 开 关 指 令

显示状态开/关	0	0	0	0	0	0	1	D	C	B	D=1:整体显示 ON; C=1:游标 ON; B=1:游标位置 ON	72μs

其中,第 6 位置 1 打开显示,第 7 位与第 8 位对应游标相关设置一般配置为 0x0C(显示器开,光标关闭,不反白)。

（3）功能设定指令，见表7-7。

表7-7　　　　　　　　　　　　　　功　能　设　定　指　令

| 功能设定 | 0 | 0 | 0 | 0 | 1 | DL | x | 0RE | x | x | DL=1：必须设为1；
RE=1：扩展指令集动作；
RE=0：基本指令集动作 | 72μs |

DL=0/1：4/8位数据。这里使用的是8位，所以DL必须设为1。

RE=1时，使用扩展指令集；RE=0时，使用基本指令集。通常使用基本指令集，所以RE需设为0，一般配置为0x30（基本指令集8bit数据流）。

（4）游标功能设置指令，见表7-8。

表7-8　　　　　　　　　　　　　　游　标　功　能　设　置　指　令

| 进入点
设定 | 0 | 0 | 0 | 0 | 0 | 0 | 0 | 1 | I/D | S | 指定在资料的读取与写入时，设定游标移动方向及指定显示的移位 | 72μs |
| 游标或显示
移位控制 | 0 | 0 | 0 | 0 | 0 | 1 | S/C | R/L | x | x | 设定游标的移动与显示的移位控制位元；这个指令并不改变DDRAM的内容 | 72μs |

进入点设定：表示在写入或者读取时，游标相对于上一个位置的移位不设置，即默认对地址加1（移1位），如果想要字符之间有空隙可以修改移位。

游标的位置移动设置：写入相对应的数据即可改变游标位置，实现对LCD界面的书写，32个字符显示区域对应32个地址。

（5）读取忙碌标志（BF）和地址指令，见表7-9。

表7-9　　　　　　　　　　　　读取忙碌标志（BF）和地址指令

| 读取忙碌
标志（BF）
和地址 | 0 | 1 | BF | AC6 | AC5 | AC4 | AC3 | AC2 | AC1 | AC0 | 读取忙碌标志（BF）可以确认内部动作是否完成，同时可以读出地址计数器（AC）的值 | 0μs |

忙碌标志（BF）提供内部工作状况：BF=1表示模块内部正在进行操作，此时模块不接受指令和数据；BF=0表示模块为准备接受状态，可以接受指令和数据。

（6）读/写数据指令，见表7-10。

表7-10　　　　　　　　　　　　　　读/写数据指令

| 写资料
到RAM | 1 | 0 | D7 | D6 | D5 | D4 | D3 | D2 | D1 | D0 | 写资料到内部的RAM
（DDRAM/CGRAM/IRAM/GDRAM） | 72μs |
| 读出RAM
的值 | 1 | 1 | D7 | D6 | D5 | D4 | D3 | D2 | D1 | D0 | 从内部RAM读取资料
（DDRAM/CGRAM/IRAM/GDRAM） | 72μs |

（7）CGRAM（自定义字形RAM）设置指令，见表7-11。

表7-11　　　　　　　　　　CGRAM（自定义字形RAM）设置指令

| 设定
CGRAM
地址 | 0 | 0 | 0 | 1 | AC5 | AC4 | AC3 | AC2 | AC1 | AC0 | 设定CGRAM地址到地址计数器（AC） | 72μs |

设定CGRAM地址即可自定义字形编码，在显示图片时会先将图片编码写入这里，然后再读取它进行显示。

七、LCD 初始化

LCD 初始化流程如图 7-3 所示。

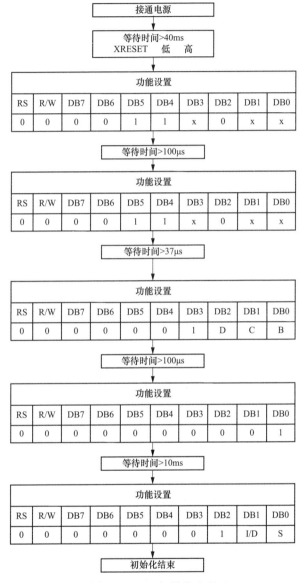

图 7-3 LCD 初始化流程

下面分 6 步讲解 LCD 的初始化流程。

（1）在开电之后，首先要等待 40ms 以上，等待液晶自检，使 LCD 系统复位完成。

（2）开始进行功能设定，选择基本指令集或者扩展指令集，随后延时 100μs 以上。

（3）继续进行功能设定，选择 8bit 数据流或者 4bit 数据流，随后延时 37μs 以上。

（4）开关显示，选择是否打开显示开关，随后延时 100μs 以上。

（5）清屏，即清空 RAM 并初始化光标位置，随后延时 10μs 以上。

（6）进入模式选择，即设定游标相对于上一个位置的移位，默认为地址自动+1。

至此，初始化完成，可以对 LCD 进行数据的写入或读取。当然，若步骤（2）与步骤（3）写入的数据是相同的，可以只写一次然后延时 137μs 以上。

八、LCD 图片显示

LCD 图片显示如图 7-4 所示。

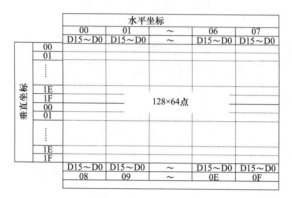

图 7-4　LCD 图片显示

LCD12864 在地址的排列上是分上、下半屏的。水平方向上的地址（x），上半屏是 0～7（00h～07h），下半屏是 8～15（08h～0fh）。而每个地址都可写入两个字节的内容，它们是按高位在前、低位在后排列的。垂直方向上的地址（y），上半屏是 0～31（00h～1fh），下半屏仍是 0～31（00h～1fh）。也就是写入一幅图片时，垂直坐标（y）要写 64 次（上、下屏），而水平坐标（x）要写 8 次。

在每写入两个字节后，就要重新设置垂直地址，再设置水平地址（连续写入两个字节确定 x、y 地址），然后再写图片的正常编码，这样便可以实现一幅图片的写入，简单来说就是对每个位置写入图片的相对位置的编码。

1. 显示步骤

LCD 图片显示的步骤如下：

（1）切换到扩展指令。

（2）关闭绘图显示功能。

（3）先将垂直坐标（y）写入 CGRAM 地址。

（4）再将水平坐标（x）写入 CGRAM 地址。

（5）将高位字节 D15～D8 写入 RAM 中。

（6）将低位字节 D7～D0 写入 RAM 中。

重复步骤（3）～（6），完成图片各个部分的写入，先写上半屏，再写下半屏。

（7）打开绘图显示功能。

（8）切换回基本指令。

其实也就是先打开 CGRAM，然后把定义好的图片编码写入 CGRAM，然后再对 DDRAM 正常写入该图片编码，这时硬件将从 CGRAM 读取之前写入的图片编码，然后显示该图片。具体看代码即可。

2. 注意事项

使用带中文字库的 128×64 显示模块时应注意以下几点：

（1）图片显示之后需要加上延时，否则会持续写入，不会有图片显示。

（2）图片写入 CGRAM 时必须要先写垂直地址坐标，再写水平地址坐标。

（3）欲在某一个位置显示中文字符时，应先设定显示字符位置，即先设定显示地址，再写入中文字符编码。

（4）显示 ASCII 字符的过程与显示中文字符的过程相同。不过在显示连续字符时，只需设定一次显示地址，由模块自动对地址加 1 指向下一个字符位置即可。否则，显示的字符中将会有一个空 ASCII 字符位置。

（5）当字符编码为 2 字节时，应先写入高位字节，再写入低位字节。

（6）模块在接收指令前，必须先向处理器确认模块内部处于非忙碌状态，即读取 BF 标志时 BF 需为"0"，方可接受新的指令。如果在送出一个指令前不检查 BF 标志，则在前一个指令和这个指令中间必须有一段较长的延时，即等待前一个指令确定执行完成。指令执行的时间请参考指令表中的指令执行时间说明。

（7）RE 为基本指令集与扩展指令集的选择控制位。当变更 RE 位后，以后的指令集将维持最后的状态，除非再次变更 RE 位，否则使用相同指令集时，无须每次都重设 RE 位。

九、LCD12864 显示实验

1. LCD 串行发送一个字节

LCD 串行发送一个字节见代码清单 7-1，LCD 写指令见代码清单 7-2，LCD 写数据见代码清单 7-3。

代码清单 7-1　LCD 串行发送一个字节

```
#define WRITE_CMD          0xF8                    //写命令
#define WRITE_DAT          0xFA                    //写数据


/****************************************************************
* 功　能：LCD 串行发送一个字节
* 参　数：byte
* 返回值：无
****************************************************************/


void SendByte ( u8 byte )
{
    u8 i;
    for ( i = 0; i < 8; i++ )
    {
        if ( ( byte << i ) & 0x80 )        //0x80 ( 1000 0000 )  只会保留最高位
        {
            SID = 1;                       // 引脚输出高电平，代表发送 1
        }
        else
        {
            SID = 0;                       // 引脚输出低电平，代表发送 0
        }
        /* 或
        SID = ( Dbyte << i ) & 0x80;
```

```
            上面那样是为了方便理解
        */
        SCLK = 0;                          //时钟线置低，允许 SID 变化
        delay_us(5);                       //延时使数据写入
        SCLK = 1;                          //拉高时钟，让从机读 SID
    }
}
```

代码清单 7-2　LCD 写指令

```
/********************************************************************
*  功    能:LCD 写指令
*  参    数:Cmd,即要写入的指令
*  返回值:无
*********************************************************************/
void Lcd_WriteCmd(u8 Cmd )
{
    delay_ms(1);
    //由于没有写 LCD 正忙的检测,所以直接延时 1ms,
    //使每次写入数据或指令的间隔大于 1ms,便可不用写忙状态检测
    SendByte(WRITE_CMD);        //11111,RW(0),RS(0),0
    SendByte(0xf0&Cmd);         //高四位
    SendByte(Cmd<<4);           //低四位(先执行<<)
}
```

代码清单 7-3　LCD 写数据

```
/********************************************************************
*  功    能:LCD 写数据
*  参    数:Dat,即要写入的数据
*  返回值:无
*********************************************************************/
void Lcd_WriteData(u8 Dat )
{
    delay_ms(1);
    //由于没有写 LCD 正忙的检测,所以直接延时 1ms,
    //使每次写入数据或指令的间隔大于 1ms,便可不用写忙状态检测
    SendByte(WRITE_DAT);        //11111,RW(0),RS(1),0
    SendByte(0xf0&Dat);         //高四位
    SendByte(Dat<<4);           //低四位(先执行<<)
}
```

　　向 LCD 发送一个字节，也就是 SID 引脚相对于高低电平：高电平 = 1，低电平 = 0；同时时钟线变化，使得数据可以读取和发送。

　　2. LCD 初始化

　　这里为了方便移植，将 GPIO 的初始化与 LCD 初始化分为两部分，使用时根据自己的引脚只修改 GPIO 初始化即可。

（1）宏定义和 GPIO 初始化，见代码清单7-4。

代码清单7-4 宏定义和 GPIO 初始化

```
#define WRITE_CMD        0xF8        //写命令
#define WRITE_DAT        0xFA        //写数据

//接口(SID:PE1  SCLK:PE0)
#define SID PEout(1)
#define SCLK PEout(0)

void lcd_GPIO_init()
{
    GPIO_InitTypeDef  GPIO_InitStructure;

    RCC_AHB1PeriphClockCmd(RCC_AHB1Periph_GPIOE,ENABLE);    //使能 GPIOE 时钟

    //GPIOE0,E1 初始化设置
    GPIO_InitStructure.GPIO_Pin = GPIO_Pin_0 | GPIO_Pin_1;
    GPIO_InitStructure.GPIO_Mode = GPIO_Mode_OUT;      //普通输出模式
    GPIO_InitStructure.GPIO_OType = GPIO_OType_PP;     //推挽输出
    GPIO_InitStructure.GPIO_Speed = GPIO_Speed_100MHz; //100MHz
    GPIO_InitStructure.GPIO_PuPd =  GPIO_PuPd_NOPULL;  //无上拉
    GPIO_Init(GPIOE,&GPIO_InitStructure);              //初始化
    SID=1;
    SCLK=1;
}
```

（2）LCD 初始化。根据不同的型号和引脚修改对应初始化即可，见代码清单7-5。

代码清单7-5 LCD 初始化

```
void Lcd_Init(void)
{
    delay_ms(50);            //等待液晶自检(延时>40ms)
    Lcd_WriteCmd(0x30);      //功能设定:选择基本指令集,选择8bit 数据流
    delay_ms(1);             //延时>137μs
    Lcd_WriteCmd(0x0c);      //开显示
    delay_ms(1);             //延时>100μs
    Lcd_WriteCmd(0x01);      //清除显示,并且设定地址指针为00H
    delay_ms(30);            //延时>10ms
    Lcd_WriteCmd(0x06);      //每次地址自动+1,初始化完成
}
```

3. LCD 写入字符或汉字

LCD 写入字符或汉字见代码清单7-6。

代码清单7-6 LCD 写入字符或汉字

```
uint8_t LCD_addr[4][8]=
{
    {0x80,0x81,0x82,0x83,0x84,0x85,0x86,0x87},        //第一行
```

```
    {0x90,0x91,0x92,0x93,0x94,0x95,0x96,0x97},          //第二行
    {0x88,0x89,0x8A,0x8B,0x8C,0x8D,0x8E,0x8F},          //第三行
    {0x98,0x99,0x9A,0x9B,0x9C,0x9D,0x9E,0x9F}           //第四行
};


void LCD_Display_Words(uint8_t x,uint8_t y,uint8_t* str)
{
    Lcd_WriteCmd(LCD_addr[x][y]);                       //写初始光标位置
    while(* str>0)
    {
        Lcd_WriteData(* str);                           //写数据
        str++;
    }
}
```

首先写入 DDRAM 对应的初始游标位置，然后在该位置写入字符串。写入一个字节之后，DDRAM 对应游标地址就自动+1 到下一个游标位置继续写，直到字符串清空为止。

4. LCD 清屏

LCD 清屏见代码清单 7-7。

代码清单 7-7　LCD 清屏

```
void LCD_Clear(void)
{
    Lcd_WriteCmd(0x01);                                 //清屏指令
    delay_ms(2);                                        //延时以待液晶稳定(至少1.6ms)
}
```

5. LCD 显示图片

LCD 显示图片见代码清单 7-8。

代码清单 7-8　LCD 显示图片

```
void LCD_Display_Picture(uint8_t * img)
{
    uint8_t x,y,i;
    Lcd_WriteCmd(0x34);                                 //切换到扩展指令
    Lcd_WriteCmd(0x34);                                 //关闭图形显示
    for(i = 0; i < 1; i++)                              //上下屏写入
    {
        for(y=0;y<32;y++)                               //垂直 y 写 32 次
        {
            for(x=0;x<8;x++)                            //横向 x 写 8 次
            {
                Lcd_WriteCmd(0x80 + y);                 //行地址
                Lcd_WriteCmd(0x80 + x+i);               //列地址
                Lcd_WriteData(* img ++);                //写高位字节数据:D15 ~ D8
                Lcd_WriteData(* img ++);                //写低位字节数据:D7 ~ D0
            }
        }
```

```
    }
    Lcd_WriteCmd(0x36);                    //打开图形显示
    Lcd_WriteCmd(0x30);                    //切换回基本指令
}
```

习题 7

1. LCD12864 具有多少位并行和多少线串行接口方式？
2. LCD12864 的显示分辨率为多少？它内置多少个汉字？有多少个 ASCII 字符集？
3. LCD12864 的串行模式与并行模式是通过什么位来选择的？
4. LCD12864 的指令集分为哪两种？
5. LCD12864 的功能设定地址是多少？
6. LCD12864 的读取忙碌标志和地址分别是多少？
7. LCD12864 的清屏指令地址是多少？
8. LCD12864 的显示状态开关指令地址是多少？

任务 13　I^2C 串行总线及应用

一、I^2C 协议介绍

I^2C 是由恩智浦（NXP）公司设计的。I^2C 使用两条线在主控制器和从机之间进行数据通信。其中一条是串行时钟线（serial clock line，SCL），另一条是串行数据线（serial data line，SDA）。这两条数据线需要接上拉电阻，总线空闲时 SCL 和 SDA 都处于高电平。I^2C 总线标准模式下速度可以达到 100kbit/s，快速模式下可以达到 400kbit/s。I^2C 总线工作是按照一定的协议来运行的。

1. 物理层

I^2C 是支持多从机的，也就是一个 I^2C 主控制器下可以挂多个 I^2C 从设备，这些不同的 I^2C 从设备有不同的器件地址，这样 I^2C 主控制器就可以通过 I^2C 设备的器件地址访问指定的 I^2C 设备。一个 I^2C 通信总线可连接多个 I^2C 设备，如图 8-1 所示。

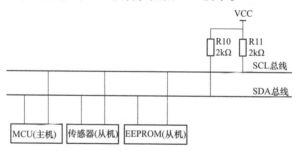

图 8-1　常见的 I^2C 通信系统

I^2C 的物理层有如下特点：

（1）它是一个支持多设备的总线。总线指多个设备共用的信号线。在一个 I^2C 通信总线中，可连接多个 I^2C 通信设备，支持多个通信主机及多个通信从机。

（2）一个 I^2C 总线只使用两条总线线路：一条是双向串行数据线（SDA），一条是串行时钟线（SCL）。数据线用来表示数据，时钟线用于数据收发同步。

（3）每个连接到总线的设备都有一个独立的地址，主机可以利用这个地址进行不同设备之间的访问。

（4）总线通过上拉电阻接到电源。当 I^2C 设备空闲时，会输出高阻态；而当所有设备都空闲，都输出高阻态时，由上拉电阻把总线拉成高电平。

（5）多个主机同时使用总线时，为了防止数据冲突，会利用仲裁方式决定由哪个设备占用总线。

（6）具有三种传输模式：标准模式下传输速率为 100kbit/s，快速模式下传输速率为 400kbit/s，高速模式下传输速率可达 3.4Mbit/s，但目前大多 I^2C 设备尚不支持高速模式。

（7）连接到相同总线的 I^2C 设备数量受总线最大电容（400pF）的限制。

2．协议层

I^2C 协议定义了通信的起始和停止信号、数据有效性、响应、仲裁、时钟同步和地址广播等环节。

I^2C 通信过程的基本结构如图 8-2～图 8-4 所示。

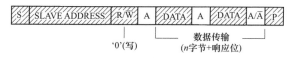

图 8-2 主机写数据到从机

图 8-3 主机由从机中读数据

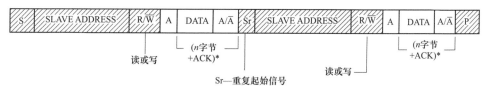

图 8-4 I^2C 通信复合格式

其中，▨ 表示数据由主机传输至从机；▢ 表示数据由从机传输至主机；S 表示传输开始信号；SLAVE_ADDRESS 表示从机地址；$R/\overline{W}$ 表示传输方向选择位，1 为读，0 为写；$A/\overline{A}$ 表示应答（ACK）或非应答（NACK）信号；P 表示停止传输信号；* 号表示该处数据方向由 $R/\overline{W}$ 决定，没有填充阴影。

图 8-2～图 8-4 表示的是主机和从机通信时，SDA 的数据包序列。其中，S 表示由主机的 I^2C 接口产生的传输起始信号（S），这时连接到 I^2C 总线上的所有从机都会接收到这个信号。

起始信号产生后，所有从机就开始等待主机紧接着广播的从机地址信号（SLAVE_ ADDRESS）。在 I^2C 总线上，每个设备的地址都是唯一的。当主机广播的地址与某个设备地址相同时，这个设备就被选中了，没被选中的设备将会忽略之后的数据信号。根据 I^2C 协议，这个从机地址可以是 7 位或 10 位。

地址位之后是传输方向的选择位。该位为 0 时，表示后面的数据传输方向是由主机传输至从机，即主机向从机写数据；该位为 1 时，则数据传输方向相反，即主机由从机读数据。

从机接收到匹配的地址后，主机或从机会返回一个应答（ACK）或非应答（NACK）信号，只有接收到应答信号后，主机才能继续发送或接收数据。

若配置的方向传输位为"写数据"方向，即图 8-2 所示的情况，广播完地址，接收到应答信号后，主机开始正式向从机传输数据（DATA），数据包的大小为 8 位。主机每发送完一个字节数据，都要等待从机的应答信号（ACK）。重复这个过程，主机可以向从机传输 n 个数据，这个 n 没有大小限制。当数据传输结束时，主机向从机发送一个停止传输信号（P），表示不再传输数据。

若配置的方向传输位为"读数据"方向，即图 8-3 所示的情况，广播完地址，接收到应答信号后，从机开始向主机返回数据（DATA），数据包大小也为8位。从机每发送完一个数据，都会等待主机的应答信号（ACK）。重复这个过程，从机可以返回n个数据，这个n也没有大小限制。当主机希望停止接收数据时，就向从机返回一个非应答信号（NACK），从机就会自动停止数据传输。

除了基本的读/写，I²C通信更常用的是复合格式，即图8-4所示的情况，该传输过程有两次起始信号（S）。一般在第一次传输中，主机通过SLAVE_ADDRESS寻找到从设备后，发送一段"数据"，这段数据通常用来表示从设备内部的寄存器或存储器地址（注意它与SLAVE_ADDRESS的区别）；在第二次传输中，对该地址的内容进行读或写。也就是说，第一次通信是告诉从机读/写地址，第二次则是读/写的实际内容。

以上通信流程中包含的各个信号分解如下：

（1）通信的起始和停止信号。前面提到的起始信号（S）和停止信号（P）是两种特殊的状态，如图8-5所示。当SCL是高电平时，SDA从高电平向低电平切换，这个情况表示通信的起始。当SCL是高电平时，SDA由低电平向高电平切换，表示通信的停止。起始信号和停止信号一般由主机产生。

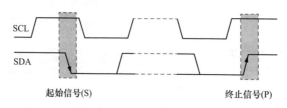

图8-5 起始信号和停止信号

（2）数据有效性。I²C使用SDA来传输数据，使用SCL进行数据同步，如图8-6所示。SDA在SCL的每个时钟周期内传输一位数据。传输过程中，SCL为高电平时，SDA表示的数据有效，即SDA为高电平时表示数据"1"，SDA为低电平时表示数据"0"。当SCL为低电平时，SDA表示的数据无效，一般在这个时候SDA进行电平切换，为下一次表示数据做好准备。

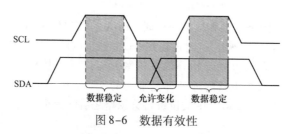

图8-6 数据有效性

每次数据传输都以字节为单位，每次传输的字节数不受限制。

（3）地址及数据方向。I²C总线上的每个设备都有自己的独立地址，主机发起通信时，通过SDA发送设备地址（SLAVE_ADDRESS）来查找从机，如图8-7所示。I²C协议规定设备地址可以是7位或10位，实际中7位的地址应用得比较广泛。紧跟设备地址的一个数据位用来表示数据传输方向，它是数据方向位（R/$\overline{\text{W}}$），占第8位或第11位。数据方向位为"1"时表示主机由从机读数据，该位为"0"时表示主机向从机写数据。

读数据方向时，主机会释放对SDA的控制，由从机控制SDA，主机接收信号；写数据方向时，SDA由主机控制，从机接收信号。

（4）响应。I^2C 的数据和地址传输都带响应。响应包括应答（ACK）和非应答（NACK）两种信号，如图 8-8 所示。作为数据接收端时，当设备（无论主、从机）接收到 I^2C 传输的一个字节数据或地址后，若希望对方继续发送数据，则需要向对方发送应答（ACK）信号，发送方会继续发送下一个数据；若接收端希望结束数据传输，则向对方发送非应答（NACK）信号，发送方接收到该信号后会产生一个停止信号，结束信号传输。

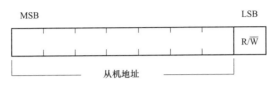

图 8-7　设备地址（7 位）及数据传输方向

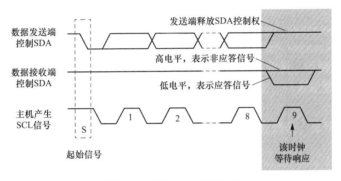

图 8-8　应答与非应答信号

传输时主机产生时钟，在第 9 个时钟时，数据发送端会释放 SDA 的控制权，由数据接收端控制 SDA。若 SDA 为高电平，表示非应答信号（NACK）；若 SDA 为低电平，则表示应答信号（ACK）。

二、STM32 的 I^2C 特性及架构

1. STM32 的 I^2C 特性

如果直接控制 STM32 的两个 GPIO 引脚，分别用作 SCL 及 SDA，按照上述信号的时序要求，直接像控制 LED 灯那样控制引脚的输出（若是接收数据则读取 SDA 的电平），就可以实现 I^2C 通信。同样，假如按照 USART 的要求去控制引脚，也能实现 USART 通信。所以只要遵守协议，就是标准的通信，不管如何实现它，也不管是 ST 生产的控制器还是 ATMEL 生产的存储器，都能按通信标准交互。

由于直接控制 GPIO 引脚电平产生通信时序时，需要由 CPU 控制每个时刻的引脚状态，所以其通信方式称为"软件模拟协议"方式。

相对地，还有"硬件协议"方式，即由 STM32 的 I^2C 外设专门负责实现 I^2C 通信，只要配置好该外设，它就会自动根据协议要求产生通信信号，收发数据并缓存起来，CPU 只要检测该外设的状态和访问数据寄存器，就能完成数据收发。这种由硬件外设处理 I^2C 通信的方式减轻了 CPU 的工作，且使软件设计更加简单。

STM32 的 I^2C 外设可用作通信的主机及从机，支持 100kbit/s 和 400kbit/s 的速率，支持 7 位、10 位设备地址，支持 DMA 数据传输，并具有数据校验功能。STM32 的 I^2C 外设还支持

SMBus 2.0 协议。SMBus 协议与 I²C 协议类似，主要应用于笔记本计算机的电池管理中，这里不予展开，感兴趣的读者可参考 SMBus2.0 的相关文档进行了解。

2. STM32 的 I²C 架构

STM32 的 I²C 架构如图 8-9 所示。

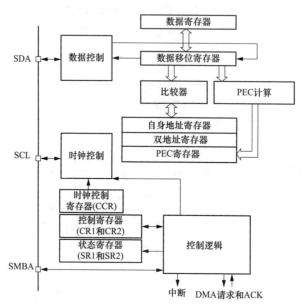

图 8-9　STM32 的 I²C 架构

（1）通信引脚。I²C 的所有硬件架构都是根据图 8-9 中左侧的 SCL 和 SDA 展开的（其中的 SMBA 线用于 SMBus 的警告信号，I²C 通信没有使用）。STM32 芯片有多个 I²C 外设，它们的 I²C 通信信号引出到不同的 GPIO 引脚上，使用时必须配置这些指定的引脚，见表 8-1。关于 GPIO 引脚的复用功能，可查阅 STM32F4xx 规格书，以它为准。

表 8-1　　　　　　　　　　　　STM32F4xx 的 I²C 引脚

引脚	I²C 编号		
	I²C1	I²C2	I²C3
SCL	PB6/PB10	PH4/PF1/PB10	PH7/PA8
SDA	PB7/PB9	PH5/PG0/PB11	PH8/PC9

（2）时钟控制逻辑。SCL 的时钟信号由 I²C 接口根据时钟控制寄存器（CCR）控制，控制的参数主要为时钟频率。配置 I²C 的 CCR 寄存器可修改通信速率相关的参数：可选择 I²C 通信的"标准/快速"模式，这两个模式分别对应 100/400kbit/s 的通信速率。

在快速模式下可选择 SCL 时钟的占空比，可选 $T_{low}/T_{high} = 2$ 或 $T_{low}/T_{high} = 16/9$ 模式。I²C 协议规定在 SCL 高电平时对 SDA 信号采样，在 SCL 低电平时 SDA 准备下一个数据，修改 SCL 的高低电平比会影响数据采样，但其实这两个模式的比例差别并不大，若不是要求非常严格，这里随便选就可以了。

CCR 寄存器中还有一个 12 位的配置因子 CCR，它与 I²C 外设的输入时钟源共同作用，产生 SCL 时钟。STM32 的 I²C 外设都挂载在 APB1 总线上，使用 APB1 的时钟源 PCLK1，因此 SCL

的输出时钟公式如下：

标准模式下：

$$T_{high} = CCR \cdot T_{PCLK1}$$
$$T_{low} = CCR \cdot T_{PCLK1}$$

(8-1)

快速模式下当 $T_{low}/T_{high} = 2$ 时：

$$T_{high} = CCR \cdot T_{PCLK1}$$
$$T_{low} = 2CCR \cdot T_{PCLK1}$$

(8-2)

快速模式下当 $T_{low}/T_{high} = 16/9$ 时：

$$T_{high} = 9CCR \cdot T_{PCLK1}$$
$$T_{low} = 16CCR \cdot T_{PCLK1}$$

(8-3)

例如，若 $f_{PCLK1} = 45\,MHz$，想要配置 400kbit/s 的通信速率，计算方式如下：

PCLK 的时钟周期：$T_{PCLK1} = 1/45000000$；

目标 SCL 的时钟周期：$T_{SCL} = 1/400000$；

SCL 时钟周期内的高电平时间：$T_{high} = T_{SCL}/3$；

SCL 时钟周期内的低电平时间：$T_{low} = 2T_{SCL}/3$；

计算 CCR 的值：$CCR = T_{high}/T_{PCLK1} = 37.5$。

计算结果为小数，而 CCR 寄存器是无法配置小数参数的，所以只能把 CCR 取值为 38，这样 I²C 的 SCL 实际频率就无法达到 400kHz（约为 394736Hz）。要想它的实际频率达到 400kHz，需要修改 STM32 的系统时钟，把 PCLK1 的时钟频率改成 10 的倍数才可以，但修改 PCLK1 时钟会影响很多外设，所以一般不会修改它。SCL 的实际频率达不到 400kHz，除了通信稍慢一点以外，不会对 I²C 的标准通信造成其他影响。

（3）数据控制逻辑。I²C 的 SDA 信号主要连接到数据移位寄存器上，数据移位寄存器的数据来源及目标是数据寄存器（DR）、地址寄存器（OAR）、PEC 寄存器及 SDA。当向外发送数据时，数据移位寄存器以"数据寄存器"为数据源，把数据一位一位地通过 SDA 发送出去；当从外部接收数据时，数据移位寄存器把 SDA 采样到的数据一位一位地存储到"数据寄存器"中。使能数据校验后，接收到的数据会经过 PCE 计算器运算，运算结果存储在"PEC 寄存器"中。当 STM32 的 I²C 工作在从机模式下，接收到设备地址信号时，数据移位寄存器会把接收到的地址与 STM32 自身"I²C 地址寄存器"的值做比较，以便响应主机的寻址。STM32 自身的 I²C 地址可通过修改"自身地址寄存器"而修改，支持同时使用两个 I²C 设备地址，两个地址分别存储在 OAR1 和 OAR2 中。

（4）整体控制逻辑。整体控制逻辑负责协调整个 I²C 外设，控制逻辑的工作模式根据配置的"控制寄存器（CR1/CR2）"的参数而改变。外设工作时，控制逻辑会根据外设的工作状态修改"状态寄存器（SR1 和 SR2）"，只要读取这些寄存器相关的寄存器位，就可以了解 I²C 的工作状态。除此之外，控制逻辑还会根据要求，负责控制产生 I²C 中断信号、DMA 请求及各种 I²C 的通信信号（起始、停止、响应信号等）。

3. STM32 的 I²C 通信过程

使用 I²C 外设通信时，在通信的不同阶段它会对"状态寄存器（SR1 和 SR2）"的不同数据位写入参数，通过读取这些寄存器标志可以了解通信状态。

（1）主发送器通信过程。即作为 I²C 通信的主机端时，向外发送数据时的过程，如图 8-10 所示。

7位主发送器

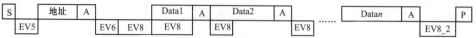

图注:
S=起始位, P=停止位, A=应答,
EVx=事件(如果ITEVFEN=1,则出现中断)

EV5: SB=1;
EV6: ADDR=1;
EV8: TXE=1;
EV8_2: TXE=1,BTF=1

图 8-10　主发送器通信过程

主发送器发送流程及事件说明如下:

1) 控制产生起始信号 (S), 当起始信号产生后, 它会产生事件 "EV5", 并会对 SR1 寄存器的 SB 位置 1, 表示起始信号已经发送。

2) 紧接着发送设备地址并等待应答信号, 若有从机应答, 则产生事件 "EV6" 及 "EV8", 这时 SR1 寄存器的 ADDR 位及 TXE 位被置 1。ADDR 为 1 表示地址已经发送, TXE 为 1 表示数据寄存器为空。

3) 以上步骤正常执行并对 ADDR 位清零后, 往 I²C 的 "数据寄存器 DR" 中写入要发送的数据, 这时 TXE 位会被重置为 0, 表示数据寄存器非空。I²C 外设通过 SDA 一位一位地把数据发送出去后, 又会产生 "EV8" 事件, 即 TXE 位被置 1。重复这个过程, 即可发送多个字节数据。

4) 完成发送数据后, 控制会产生一个停止信号 (P)。这时会产生 "EV2" 事件, SR1 的 TXE 位及 BTF 位都被置 1, 表示通信结束。

使能 I²C 中断后, 以上所有事件产生时, 都会产生 I²C 中断信号, 进入同一个中断服务函数; 到 I²C 中断服务程序后, 再通过检查寄存器位来了解是哪一个事件。

(2) 主接收器通信过程。即作为 I²C 通信的主机端时, 从外部接收数据的过程, 如图 8-11所示。

7位主接收器

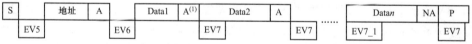

图注:
S=起始位, P=停止位, A=应答, NA=非应答,
EVx=事件(如果ITEVFEN=1,则出现中断)

EV5: SB=1;
EV6: ADDR=1;
EV7: RXNE=1;
EV7_1: RXNE=1

图 8-11　主接收器通信过程

主接收器接收流程及事件说明如下:

1) 同主发送流程一样, 主接收流程的起始信号 (S) 由主机端产生的, 控制产生起始信号后, 它会产生事件 "EV5", 并会对 SR1 寄存器的 SB 位置 1, 表示起始信号已经发送。

2) 紧接着发送设备地址并等待应答信号, 若有从机应答, 则产生事件 "EV6"。这时 SR1 寄存器的 ADDR 位被置 1, 表示地址已经发送。

3) 从机端接收到地址后, 开始向主机端发送数据。当主机接收到这些数据后, 会产生

"EV7"事件，并对 SR1 寄存器的 RXNE 位置 1，表示接收数据寄存器非空。读取该寄存器后，可对数据寄存器清空，以便接收下一次数据。此时可以控制 I²C 发送应答信号（ACK）或非应答信号（NACK），若为应答信号，则重复以上步骤接收数据；若为非应答信号，则停止传输。

4）发送非应答信号后，产生停止信号（P），结束传输。

在发送和接收过程中，有的事件不仅标志了上面提到的状态位，还可能同时标志主机状态之类的状态位，而且读取之后还需要清除标志位，比较复杂。可以使用 STM32 标准库函数来直接检测这些事件的复合标志，以降低编程难度。

三、I²C 初始化结构体

跟其他外设一样，STM32 标准库提供了 I²C 初始化结构体及初始化函数来配置 I²C 外设。I²C 初始化结构体及函数定义在库文件"stm32f4xx_ i2c. h"及"stm32f4xx_ i2c. c"中，编程时可以结合这两个文件中的注释使用或参考标准库的帮助文档，见代码清单 8-1。

代码清单 8-1　I²C 初始化结构体

```
typedef struct
{
    uint32_t I2C_ClockSpeed;          /* ！ <设置 SCL 时钟频率,此值要低于 400000* /
    uint16_t I2C_Mode;                /* ！ <指定工作模式,可选 I2C 模式及 SMBus 模式* /
    uint16_t I2C_DutyCycle;           /* 指定时钟占空比,可选 low/high=2:1 及 16:9
                                           模式* /
    uint16_t I2C_OwnAddress1;         /* ！ <指定自身的 I2C 设备地址* /
    uint16_t I2C_Ack;                 /* ！ <使能或关闭响应(一般都要使能)* /
    uint16_t I2C_AcknowledgedAddress; /* ！ <指定地址的长度,可选 7 位或 10 位* /
} I2C_InitTypeDef;
```

这些结构体成员的说明如下，其中括号内的文字是对应参数在 STM32 标准库中定义的宏：

（1）I2C_ClockSpeed。该成员设置的是 I²C 的传输速率。在调用初始化函数时，函数会根据输入的数值，经过运算后把时钟因子写入 I²C 的时钟控制寄存器 CCR。而写入的这个参数值不得高于 400kHz。实际上由于 CCR 寄存器不能写入小数类型的时钟因子，从而影响到 SCL 的实际频率可能会低于该成员设置的参数值，这时除了通信稍慢一点以外，不会对 I²C 的标准通信造成其他影响。

（2）I2C_Mode。该成员设置的是 I²C 的使用方式，有 I²C 模式（I2C_Mode_I2C）和 SMBus 主、从模式（I2C_Mode_SMBusHost、I2C_Mode_SMBusDevice）。I²C 不需要在此处区分主、从模式，直接设置 I2C_Mode_I2C 即可。

（3）I2C_DutyCycle。该成员设置的是 I²C 的 SCL 时钟的占空比。该配置有两个选择，即低电平时间比高电平时间为 2：1（I2C_DutyCycle_2）或 16：9（I2C_DutyCycle_16_9）。其实这两个模式的比例差别并不大，一般要求都不会如此严格，这里随便选就可以了。

（4）I2C_OwnAddress1。该成员配置的是 STM32 的 I²C 设备自己的地址。每个连接到 I²C 总线上的设备都要有一个自己的地址，主机也不例外。地址可设置为 7 位或 10 位（由以下 I2C_AcknowledgeAddress 成员决定），只要该地址是 I²C 总线上唯一的地址即可。

STM32 的 I²C 外设可同时使用两个地址，即同时对两个地址做出响应。这个结构成员 I2C_OwnAddress1 配置的是默认的、OAR1 寄存器存储的地址，若需要设置第二个地址寄存器

OAR2，可使用 I2C_OwnAddress2Config 函数来配置，OAR2 不支持 10 位地址。

（5）I2C_Ack_Enable。该成员设置的是 I²C 的应答方式，设置为使能则可以发送响应信号。该成员值一般配置为允许应答（I2C_Ack_Enable），这是绝大多数遵循 I²C 协议的设备的通信要求，改为禁止应答（I2C_Ack_Disable）往往会导致通信错误。

（6）I2C_AcknowledgeAddress。该成员设置的是 I²C 的寻址模式是 7 位还是 10 位地址。这需要根据实际连接到 I²C 总线上的设备的地址进行选择，该成员的配置也影响到 I2C_OwnAddress1 成员，只有这里设置成 10 位模式，I2C_OwnAddress1 才支持 10 位地址。

配置完这些结构体成员值，调用库函数 I2C_Init 即可把结构体的配置写入寄存器中。

四、I²C 读/写 EEPROM 实验

带电可擦可编程只读存储器（electrically erasable programmable read – only memory，EEPROM）是一种掉电后数据不丢失的存储器，常用来存储一些配置信息，以便系统重新上电时加载它。EEPROM 芯片最常用的通信方式就是 I²C 协议，下面以 EEPROM 的读/写实验为例来讲解 STM32 的 I²C 使用方法。实验中 STM32 的 I²C 外设采用主模式，分别用作主发送器和主接收器，通过查询事件的方式来确保通信正常。

1. 硬件设计

本实验板中 EEPROM 芯片（型号为 AT24C02）的 SCL 及 SDA 引脚连接到 STM32 对应的 I²C 引脚中，结合上拉电阻，构成了 I²C 通信总线，它们通过 I²C 总线交互，如图 8–12 所示。EEPROM 芯片的设备地址一共有 7 位，其中高 4 位固定为：1010b，低 3 位则由 A0/A1/A2 信号线的电平决定，如图 8–13 所示，其中的 R/W 是读/写方向位，与地址无关。

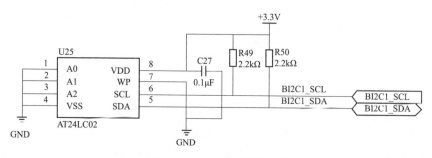

图 8–12　EEPROM 硬件连接

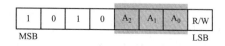

图 8–13　EEPROM 设备地址

按照此处的连接，A0/A1/A2 均为 0，所以 EEPROM 的 7 位设备地址是：1010000b，即 0x50。由于在 I²C 通信中常常将地址与读/写方向连在一起构成一个 8 位数，且当 R/W 位为 0 时，表示写方向，所以加上 7 位地址，其值为 "0xA0"，常称该值为 I²C 设备的 "写地址"；当 R/W 位为 1 时，表示读方向，加上 7 位地址，其值为 "0xA1"，常称该值为 I²C 设备的 "读地址"。

EEPROM 芯片中还有一个 WP 引脚，具有写保护功能。当该引脚电平为高时，禁止写入数据；当该引脚电平为低时，可写入数据，这里对其直接接地，不使用写保护功能。

关于 EEPROM 的更多信息，可参考 AT24C02 的数据手册来了解。若使用的实验板

EEPROM 的型号、设备地址或控制引脚不一样，只需根据工程图修改即可，程序的控制原理相同。

2. 软件设计

为了使工程更加有条理，这里把读/写 EEPROM 相关的代码独立分开存储，方便以后移植。在"工程模板"之上新建"bsp_i2c_ee.c"及"bsp_i2c_ee.h"文件，这些文件也可根据自己的喜好命名，因为它们不属于 STM32 标准库，而是自己根据应用需要编写的。

3. 编程要点

（1）配置通信使用的目标引脚为开漏模式。

（2）使能 I^2C 外设的时钟。

（3）配置 I^2C 外设的模式、地址、速率等参数并使能 I^2C 外设。

（4）编写基本 I^2C 按字节收发的函数。

（5）编写读/写 EEPROM 存储内容的函数。

（6）编写测试程序，对读/写数据进行校验。

4. 代码分析

（1） I^2C 硬件配置相关的宏定义。这里把 I^2C 硬件相关的配置都以宏的形式定义到"bsp_i2c_ee.h"文件中，见代码清单 8-2。

代码清单 8-2　　I^2C 硬件配置相关的宏定义

```
/* STM32 I2C 快速模式*/
#define I2C_Speed                       400000

/* 这个地址只要与 STM32 外挂的 I2C 器件地址不一样即可 */
#define I2C_OWN_ADDRESS7                0X0A

/* I2C 接口*/
#define EEPROM_I2C                      I2C1
#define EEPROM_I2C_CLK                  RCC_APB1Periph_I2C1
#define EEPROM_I2C_CLK_INIT             RCC_APB1PeriphClockCmd

#define EEPROM_I2C_SCL_PIN              GPIO_Pin_6
#define EEPROM_I2C_SCL_GPIO_PORT        GPIOB
#define EEPROM_I2C_SCL_GPIO_CLK         RCC_AHB1Periph_GPIOB
#define EEPROM_I2C_SCL_SOURCE           GPIO_PinSource6
#define EEPROM_I2C_SCL_AF               GPIO_AF_I2C1

#define EEPROM_I2C_SDA_PIN              GPIO_Pin_7
#define EEPROM_I2C_SDA_GPIO_PORT        GPIOB
#define EEPROM_I2C_SDA_GPIO_CLK         RCC_AHB1Periph_GPIOB
#define EEPROM_I2C_SDA_SOURCE           GPIO_PinSource7
#define EEPROM_I2C_SDA_AF               GPIO_AF_I2C1
```

以上代码根据硬件连接情况，把与 EEPROM 通信使用的 I^2C 号、引脚号、引脚源及复用功能映射都以宏封装起来，并且定义了自身的 I^2C 地址及通信速率，以便配置模式时使用。

（2）初始化 I^2C 的 GPIO。利用上面的宏，编写 I^2C 的 GPIO 引脚的初始化函数，见代码清单 8-3。

代码清单 8-3　　I^2C 初始化函数

```
/********************************************************************************
*  功   能:I2C_GPIO_Config
*  参   数:无
*  返回值:无
********************************************************************************/
static void I2C_GPIO_Config(void)
{
    GPIO_InitTypeDef  GPIO_InitStructure;

    /* ! < EEPROM_I2C Periph clock enable * /
    EEPROM_I2C_CLK_INIT(EEPROM_I2C_CLK,ENABLE);

    /* ! < EEPROM_I2C_SCL_GPIO_CLK and EEPROM_I2C_SDA_GPIO_CLK Periph clock ena-
ble * /
    RCC_AHB1PeriphClockCmd(EEPROM_I2C_SCL_GPIO_CLK | EEPROM_I2C_SDA_GPIO_CLK,
ENABLE);

    /* ! < GPIO configuration * /
    /*  Connect PXx to I2C_SCL* /
    GPIO_PinAFConfig(EEPROM_I2C_SCL_GPIO_PORT,EEPROM_I2C_SCL_SOURCE,
                EEPROM_I2C_SCL_AF);
    /*  Connect PXx to I2C_SDA* /
    GPIO_PinAFConfig(EEPROM_I2C_SDA_GPIO_PORT,EEPROM_I2C_SDA_SOURCE,
                EEPROM_I2C_SDA_AF);

    /* ! < Configure EEPROM_I2C pins:SCL * /
    GPIO_InitStructure.GPIO_Pin = EEPROM_I2C_SCL_PIN;
    GPIO_InitStructure.GPIO_Mode = GPIO_Mode_AF;
    GPIO_InitStructure.GPIO_Speed = GPIO_Speed_50MHz;
    GPIO_InitStructure.GPIO_OType = GPIO_OType_OD;
    GPIO_InitStructure.GPIO_PuPd  = GPIO_PuPd_NOPULL;
    GPIO_Init(EEPROM_I2C_SCL_GPIO_PORT,&GPIO_InitStructure);

    /* ! < Configure EEPROM_I2C pins:SDA * /
    GPIO_InitStructure.GPIO_Pin = EEPROM_I2C_SDA_PIN;
    GPIO_Init(EEPROM_I2C_SDA_GPIO_PORT,&GPIO_InitStructure);
}
```

同为外设使用的 GPIO 引脚初始化，初始化的流程与"串行接口初始化函数"的类似，主要区别在于引脚的模式。函数执行流程如下：

1）使用 GPIO_ InitTypeDef 定义 GPIO 初始化结构体变量，以便后面用于存储 GPIO 配置。

2）调用库函数 RCC_ APB1PeriphClockCmd 函数使能 I^2C 外设时钟，调用 RCC_ AHB1PeriphClockCmd 函数使能 I^2C 引脚使用的 GPIO 端口时钟，调用时使用"|"操作同时配置两个引脚。

3）向 GPIO 初始化结构体赋值，把引脚初始化成复用开漏模式，要注意 I^2C 的引脚必须使用这种模式。

4）使用以上初始化结构体的配置，调用 GPIO_ Init 函数向寄存器写入参数，完成 GPIO 的初始化。

（3）配置 I²C 的模式。以上只是配置了 I²C 使用的引脚，对 I²C 模式的配置，见代码清单8-4。

代码清单8-4　配置 I²C 模式

```
/************************************************************************
* 功　能:I2C_Mode_Configu
* 参　数:无
* 返回值:无
************************************************************************/
static void I2C_Mode_Configu(void)
{
    I2C_InitTypeDef  I2C_InitStructure;

    /* I2C 配置 */
    I2C_InitStructure.I2C_Mode = I2C_Mode_I2C;
    I2C_InitStructure.I2C_DutyCycle = I2C_DutyCycle_2;
    /* 高电平数据稳定,低电平数据变化,SCL 的占空比 */
    I2C_InitStructure.I2C_OwnAddress1 =I2C_OWN_ADDRESS7;
    I2C_InitStructure.I2C_Ack = I2C_Ack_Enable ;
    I2C_InitStructure.I2C_AcknowledgedAddress = I2C_AcknowledgedAddress_7bit;
    /* I2C 的寻址模式 */
    I2C_InitStructure.I2C_ClockSpeed = I2C_Speed;
    /* 通信速率 */
    I2C_Init(EEPROM_I2C,&I2C_InitStructure);
    /* I2C1 初始化 */
    I2C_Cmd(EEPROM_I2C,ENABLE);
    /* 使能 I2C1 */
    I2C_AcknowledgeConfig(EEPROM_I2C,ENABLE);
}


/*********************************
* 功　能:I2C_EE_Init
* 参　数:无
* 返回值:无
*********************************/
void I2C_EE_Init(void)
{
    I2C_GPIO_Config();
    I2C_Mode_Configu();
}
```

熟悉 STM32 的 I²C 结构的话，这段初始化程序是十分好理解的。它把 I²C 外设通信时钟 SCL 的低/高电平比设置为 2，使能响应功能，使用 7 位地址的 I2C_OWN_ADDRESS7 并配置速率为 I2C_Speed（前面在 bsp_i2c_ee.h 定义的宏）。最后调用库函数 I2C_Init 把这些配置写入寄存器，并调用 I2C_Cmd 函数使能外设。

为方便调用，这里把 I^2C 的 GPIO 及模式配置都用 I2C_EE_Init 函数封装起来了。

（4）向 EEPROM 写入一个字节的数据。初始化 I^2C 外设后，就可以使用 I^2C 通信了。向 EEPROM 写入一个字节的数据，见代码清单 8-5。

代码清单 8-5　向 EEPROM 写入一个字节的数据

```
/***************************************************************************
*  功　能:I2C_TIMEOUT_UserCallback
*  参　数:errorCode,即错误代码,可以用来定位是哪个环节出错
*  返回值:返回 0,表示 I2C 读取失败
***************************************************************************/
static uint32_t I2C_TIMEOUT_UserCallback(uint8_t errorCode)
{
    /* Block communication and all processes * /
    EEPROM_ERROR("I2C 等待超时! errorCode = % d",errorCode);

    return 0;
}


/***************************************************************************
*  功　能:I2C_EE_ByteWrite
*  参　数:pBuffer,即缓冲区指针
         WriteAddr,即写地址
*  返回值:无
***************************************************************************/
uint32_t I2C_EE_ByteWrite(u8* pBuffer,u8 WriteAddr)
{
    /* Send STRAT condition * /
    I2C_GenerateSTART(EEPROM_I2C,ENABLE);
    I2CTimeout = I2CT_FLAG_TIMEOUT;

    /* Test on EV5 and clear it * /
    while(! I2C_CheckEvent(EEPROM_I2C,I2C_EVENT_MASTER_MODE_SELECT))
    {
        if((I2CTimeout--) == 0) return I2C_TIMEOUT_UserCallback(0);
    }

    /* Send EEPROM address for write * /
    I2C_Send7bitAddress(EEPROM_I2C,EEPROM_ADDRESS,I2C_Direction_Transmitter);

    I2CTimeout = I2CT_FLAG_TIMEOUT;
    /* Test on EV6 and clear it * /
    while(! I2C_CheckEvent(EEPROM_I2C,I2C_EVENT_MASTER_TRANSMITTER_MODE_SE-
LECTED))
    {
```

```
        if((I2CTimeout--) == 0) return I2C_TIMEOUT_UserCallback(1);
    }

    /* Send the EEPROM's internal address to write to */
    I2C_SendData(EEPROM_I2C,WriteAddr);

    I2CTimeout = I2CT_FLAG_TIMEOUT;

    /* Test on EV8 and clear it */
    while(! I2C_CheckEvent(EEPROM_I2C,I2C_EVENT_MASTER_BYTE_TRANSMITTED))
    {
        if((I2CTimeout--) == 0) return I2C_TIMEOUT_UserCallback(2);
    }
    /* Send the byte to be written */
    I2C_SendData(EEPROM_I2C,* pBuffer);

    I2CTimeout = I2CT_FLAG_TIMEOUT;

    /* Test on EV8 and clear it */
    while(! I2C_CheckEvent(EEPROM_I2C,I2C_EVENT_MASTER_BYTE_TRANSMITTED))
    {
        if((I2CTimeout--) == 0) return I2C_TIMEOUT_UserCallback(3);
    }

    /* Send STOP condition */
    I2C_GenerateSTOP(EEPROM_I2C,ENABLE);
    return 1;
}
```

先来分析 I2C_TIMEOUT_UserCallback 函数，它的函数体中只调用了宏 EEPROM_ERROR，这个宏封装了 printf 函数，以方便使用串行接口向上位机打印调试信息，阅读代码时把它当成 printf 函数即可。在 I^{2}C 通信的很多环节都需要检测事件，当检测到某事件后才能继续下一步的操作，但有时会有通信错误或者 I^{2}C 总线被占用的情况，不能无休止地等待下去，所以这里设定每个事件检测都有等待的时间上限，若超过这个时间上限，就调用 I2C_TIMEOUT_User-Callback 函数输出调试信息（或可以自己加其他操作），并终止 I^{2}C 通信。

了解了这个机制后，再来分析 I2C_EE_ByteWrite 函数，这个函数实现了前面所讲的 I^{2}C 主发送器通信流程：

1）使用库函数 I2C_GenerateSTART 产生 I^{2}C 起始信号，其中的 EEPROM_I2C 宏是在前面的"硬件配置相关的宏定义"中所定义的 I^{2}C 的编号。

2）对 I2CTimeout 变量赋值为宏 I2CT_FLAG_TIMEOUT，这个 I2CTimeout 变量在下面的 while 循环中每次循环减 1。该循环通过调用库函数 I2C_CheckEvent 检测事件，若检测到事件，则进入通信的下一阶段；若未检测到事件，则停留在此处一直检测；当检测 I2CT_FLAG_TIME-OUT 次还没等到事件则认为通信失败，调用前面的 I2C_TIMEOUT_UserCallback 函数输出调试信息，并退出通信。

3）调用库函数 I2C_Send7bitAddress 发送 EEPROM 的设备地址，并把数据传输方向设置为 I2C_Direction_Transmitter（即发送方向），这个数据传输方向就是通过设置 I²C 通信中紧跟地址后面的 R/W 位来实现的。发送地址后以同样的方式检测"EV6"标志。

4）调用库函数 I2C_SendData 向 EEPROM 发送要写入的内部地址，该地址是 I2C_EE_ByteWrite 函数的输入参数，发送完毕后等待"EV8"事件。要注意这个内部地址跟上面的 EEPROM 地址不一样：上面的 EEPROM 地址是指 I²C 总线设备的独立地址，而此处的内部地址是指 EEPROM 内数据组织的地址，也可理解为 EEPROM 内存的地址或 I²C 设备的寄存器地址。

5）调用库函数 I2C_SendData 向 EEPROM 发送要写入的数据，该数据是 I2C_EE_ByteWrite 函数的输入参数，发送完毕后等待"EV8"事件。

6）一个 I²C 通信过程完毕，调用 I2C_GenerateSTOP 函数发送停止信号。

在这个通信过程中，STM32 实际上通过 I²C 向 EEPROM 发送了两个数据，但为何第一个数据被解释为 EEPROM 的内存地址？因为这是由 EEPROM 自己定义的单字节写入时序，如图 8-14 所示。

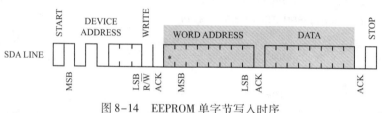

图 8-14　EEPROM 单字节写入时序

EEPROM 的单字节时序规定，向它写入数据时，第一个字节为内存地址，第二个字节是要写入的数据内容。所以需要理解：命令、地址的本质都是数据，但对数据的解释不同，它就有了不同的功能。

（5）多字节写入及状态等待。单字节写入通信结束后，EEPROM 芯片会根据这个通信结果擦写该内存地址的内容，这需要一段时间，所以在多次写入数据时，要先等待 EEPROM 内部擦写完毕。多个数据写入的过程见代码清单 8-6。

代码清单 8-6　多字节写入

```
/************************************************************************
* 功　能:I2C_EE_ByteWrite
* 参　数:pBuffer,即缓冲区指针
         WriteAddr,即写地址
* 返回值:无
************************************************************************/
uint32_t I2C_EE_ByteWrite(u8* pBuffer,u8 WriteAddr)
{
    /* Send STRAT condition * /
    I2C_GenerateSTART(EEPROM_I2C,ENABLE);

    I2CTimeout = I2CT_FLAG_TIMEOUT;

    /* Test on EV5 and clear it * /
    while(! I2C_CheckEvent(EEPROM_I2C,I2C_EVENT_MASTER_MODE_SELECT))
    {
```

```
   if((I2CTimeout--) == 0) return I2C_TIMEOUT_UserCallback(0);
}


/* Send EEPROM address for write* /
I2C_Send7bitAddress(EEPROM_I2C,EEPROM_ADDRESS,I2C_Direction_Transmitter);


I2CTimeout = I2CT_FLAG_TIMEOUT;
/* Test on EV6 and clear it* /
while(! I2C_CheckEvent(EEPROM_I2C,I2C_EVENT_MASTER_TRANSMITTER_MODE_SE-
LECTED))
{
if((I2CTimeout--) == 0) return I2C_TIMEOUT_UserCallback(1);
}


/* Send the EEPROM's internal address to write to* /
I2C_SendData(EEPROM_I2C,WriteAddr);


I2CTimeout = I2CT_FLAG_TIMEOUT;


/* Test on EV8 and clear it* /
while(! I2C_CheckEvent(EEPROM_I2C,I2C_EVENT_MASTER_BYTE_TRANSMITTED))
{
if((I2CTimeout--) == 0) return I2C_TIMEOUT_UserCallback(2);
}
/* Send the byte to be written* /
I2C_SendData(EEPROM_I2C,* pBuffer);


I2CTimeout = I2CT_FLAG_TIMEOUT;


/* Test on EV8 and clear it* /
while(! I2C_CheckEvent(EEPROM_I2C,I2C_EVENT_MASTER_BYTE_TRANSMITTED))
{
if((I2CTimeout--) == 0) return I2C_TIMEOUT_UserCallback(3);
}


/* Send STOP condition* /
I2C_GenerateSTOP(EEPROM_I2C,ENABLE);


return 1;
}
```

　　这段代码比较简单，它直接使用 for 循环调用前面定义的 I2C_EE_ByteWrite 函数，一个字节一个字节地向 EEPROM 发送要写入的数据。在每次数据写入进行通信前，需调用 I2C_EE_WaitEepromStandbyState 函数等待 EEPROM 内部擦写完毕，该函数的定义见代码清单 8-7。

　　代码清单 8-7　等待 EEPROM 处于准备状态

```
/*********************************************************************
* 功　能:I2C_EE_WaitEepromStandbyState
* 参　数:无
* 返回值:无
*********************************************************************/
void I2C_EE_WaitEepromStandbyState(void)
{
    vu16 SR1_Tmp = 0;
    do
    {
        /* Send START condition * /
        I2C_GenerateSTART(EEPROM_I2C,ENABLE);
        /* Read EEPROM_I2C SR1 register * /
        SR1_Tmp = I2C_ReadRegister(EEPROM_I2C,I2C_Register_SR1);
        /* Send EEPROM address for write * /
        I2C_Send7bitAddress(EEPROM_I2C,EEPROM_ADDRESS,I2C_Direction_Transmitter);
    }
    while(!(I2C_ReadRegister(EEPROM_I2C,I2C_Register_SR1) & 0x0002));

    /* Clear AF flag * /
    I2C_ClearFlag(EEPROM_I2C,I2C_FLAG_AF);
    /* STOP condition * /
    I2C_GenerateSTOP(EEPROM_I2C,ENABLE);
}
```

这个函数主要是向 EEPROM 发送设备地址,检测 EEPROM 的响应,若 EEPROM 接收到地址后返回应答信号,则表示 EEPROM 已经准备好,可以开始下一次通信。该函数中检测响应是通过读取 STM32 的 SR1 寄存器的 ADDR 位及 AF 位来实现的。若 I^2C 设备响应地址,则 AD-DR 会置 1;若应答失败,则 AF 位会置 1。

(6) EEPROM 的页写入。在以上的数据通信中,每写入一个数据都需要向 EEPROM 发送写入的地址,当希望向连续地址写入多个数据时,只要告诉 EEPROM 的第一个内存地址 address1,后面的数据按次序写入内存地址 address2、address3……这样可以节省通信的内容,加快通信速度。为应对这种需求,EEPROM 定义了一种页写入时序,如图 8-15 所示。

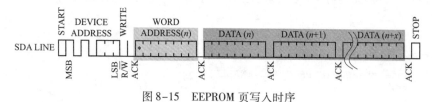

图 8-15　EEPROM 页写入时序

根据页写入时序,第一个数据被解释为要写入的内存地址 address1,后续可连续发送 n 个数据,这些数据会依次写入内存中。其中,AT24C02 芯片页写入时序最多可以一次发送 8 个数据(即 $n=8$),该值也称页大小。某些型号的芯片每个页写入时序最多可以发送 16 个数据。EEPROM 的页写入见代码清单 8-8。

代码清单 8-8　EEPROM 的页写入

```
/*******************************************************************************
* 功　　能:I2C_EE_PageWrite 在 EEPROM 的一个写循环中可以写多个字节,
          但一次写入的字节数不能超过 EEPROM 页的大小,AT24C02 每页有 8 个字节
* 参　　数:pBuffer,即缓冲区指针
          WriteAddr,即写地址
          NumByteToWrite,即写的字节数
* 返回值:无
*******************************************************************************/
uint32_t I2C_EE_PageWrite(u8* pBuffer,u8 WriteAddr,u8 NumByteToWrite)
{
    I2CTimeout = I2CT_LONG_TIMEOUT;

    while(I2C_GetFlagStatus(EEPROM_I2C,I2C_FLAG_BUSY))
    {
        if((I2CTimeout--) == 0) return I2C_TIMEOUT_UserCallback(4);
    }

    /* Send START condition */
    I2C_GenerateSTART(EEPROM_I2C,ENABLE);

    I2CTimeout = I2CT_FLAG_TIMEOUT;

    /* Test on EV5 and clear it */
    while(! I2C_CheckEvent(EEPROM_I2C,I2C_EVENT_MASTER_MODE_SELECT))
    {
        if((I2CTimeout--) == 0) return I2C_TIMEOUT_UserCallback(5);
    }

    /* Send EEPROM address for write */
    I2C_Send7bitAddress(EEPROM_I2C,EEPROM_ADDRESS,I2C_Direction_Transmitter);

    I2CTimeout = I2CT_FLAG_TIMEOUT;

    /* Test on EV6 and clear it */
    while(! I2C_CheckEvent(EEPROM_I2C,I2C_EVENT_MASTER_TRANSMITTER_MODE_SE-
LECTED))
    {
        if((I2CTimeout--) == 0) return I2C_TIMEOUT_UserCallback(6);
    }
    /* Send the EEPROM's internal address to write to */
    I2C_SendData(EEPROM_I2C,WriteAddr);

    I2CTimeout = I2CT_FLAG_TIMEOUT;
```

```
/* Test on EV8 and clear it */
while(! I2C_CheckEvent(EEPROM_I2C,I2C_EVENT_MASTER_BYTE_TRANSMITTED))
{
    if((I2CTimeout--) == 0) return I2C_TIMEOUT_UserCallback(7);
}
/* While there is data to be written */
while(NumByteToWrite--)
{
    /* Send the current byte */
    I2C_SendData(EEPROM_I2C,* pBuffer);

    /* Point to the next byte to be written */
    pBuffer++;

    I2CTimeout = I2CT_FLAG_TIMEOUT;

    /* Test on EV8 and clear it */
    while(! I2C_CheckEvent(EEPROM_I2C,I2C_EVENT_MASTER_BYTE_TRANSMITTED))
    {
        if((I2CTimeout--) == 0) return I2C_TIMEOUT_UserCallback(8);
    }
}

/* Send STOP condition */
I2C_GenerateSTOP(EEPROM_I2C,ENABLE);

return 1;
}
```

这段页写入函数主体跟单字节写入函数主体是一样的，只是它在发送数据时，使用 for 循环控制发送多个数据，发送完多个数据后才产生 I²C 停止信号，只要每次传输的数据小于等于 EEPROM 时序规定的页大小，就能正常传输。

（7）快速写入多字节。利用 EEPROM 的页写入方式，可以改进前面的"多字节写入"函数，加快传输速度，见代码清单 8-9。

代码清单 8-9 快速写入多字节函数

```
/****************************************************************************
* 功  能:I2C_EE_BufferWrite
* 参  数:pBuffer,即缓冲区指针
        WriteAddr,即写地址
        NumByteToWrite,即写的字节数
* 返回值:无
****************************************************************************/
void I2C_EE_BufferWrite(u8* pBuffer,u8 WriteAddr,u16 NumByteToWrite)
{
u8 NumOfPage = 0,NumOfSingle = 0,Addr = 0,count = 0;
```

```
Addr = WriteAddr % I2C_PageSize;
count = I2C_PageSize - Addr;
NumOfPage =  NumByteToWrite / I2C_PageSize;
NumOfSingle = NumByteToWrite % I2C_PageSize;

/* If WriteAddr is I2C_PageSize aligned  * /
if(Addr = = 0)
{
    /* If NumByteToWrite < I2C_PageSize * /
    if(NumOfPage = = 0)
    {
        I2C_EE_PageWrite(pBuffer,WriteAddr,NumOfSingle);
        I2C_EE_WaitEepromStandbyState();
    }
    /* If NumByteToWrite > I2C_PageSize * /
    else
    {
        while(NumOfPage--)
        {
            I2C_EE_PageWrite(pBuffer,WriteAddr,I2C_PageSize);
            I2C_EE_WaitEepromStandbyState();
            WriteAddr +=  I2C_PageSize;
            pBuffer += I2C_PageSize;
        }

        if(NumOfSingle! =0)
        {
            I2C_EE_PageWrite(pBuffer,WriteAddr,NumOfSingle);
            I2C_EE_WaitEepromStandbyState();
        }
    }
}
/* If WriteAddr is not I2C_PageSize aligned  * /
else
{
    /* If NumByteToWrite < I2C_PageSize * /
    if(NumOfPage= = 0)
    {
        I2C_EE_PageWrite(pBuffer,WriteAddr,NumOfSingle);
        I2C_EE_WaitEepromStandbyState();
        }
        /* If NumByteToWrite > I2C_PageSize * /
        else
```

```
    {
        NumByteToWrite -= count;
        NumOfPage =  NumByteToWrite / I2C_PageSize;
        NumOfSingle = NumByteToWrite % I2C_PageSize;

        if(count ! = 0)
        {
            I2C_EE_PageWrite(pBuffer,WriteAddr,count);
            I2C_EE_WaitEepromStandbyState();
            WriteAddr += count;
            pBuffer += count;
        }

        while(NumOfPage--)
        {
            I2C_EE_PageWrite(pBuffer,WriteAddr,I2C_PageSize);
            I2C_EE_WaitEepromStandbyState();
            WriteAddr +=  I2C_PageSize;
            pBuffer += I2C_PageSize;
        }

        if(NumOfSingle ! = 0)
        {

            I2C_EE_PageWrite(pBuffer,WriteAddr,NumOfSingle);
            I2C_EE_WaitEepromStandbyState();
        }
    }
  }
}
```

这段代码的运算很复杂，不容易理解，其实它的主旨就是对输入的数据进行分页（本型号芯片每页8个字节），见表8-2。通过"整除"计算要写入的数据 NumByteToWrite 能写满多少"完整的页"，计算得到的值存储在 NumOfPage 中；但有时数据不是刚好能写满完整页，会多一点出来，此时通过"求余"计算得出"不满一页的数据个数"，将其存储在 NumOfSingle 中。最后通过按页传输的方式传输 NumOfPage 次整页数据及最后的 NumOfSing 个数据。使用页传输，比之前的单个字节数据传输要快得多。

除了基本的分页传输，还要考虑首地址的问题，见表8-3。若首地址不是刚好对齐到页的首地址，会需要一个 count 值，用于存储从该首地址开始到写满该地址所在的页还能写多少个数据。实际传输时，把这部分（count 个）数据先写入，填满该页，然后把剩余的数据（NumByteToWrite-count）再重复上述求 NumOfPage 及 NumOfSingle 的过程，按页传输到 EEP-ROM。

1）若 writeAddress=16，计算得 Addr=16%8=0，count=8-0=8。

2）同时，若 NumOfPage=22，计算得 NumOfPage=22/8=2，NumOfSingle=22%8=6。

3）数据传输情况见表8-2。

表8-2　首地址对齐到页时的情况

不影响	0	1	2	3	4	5	6	7
不影响	8	9	10	11	12	13	14	15
第1页	16	17	18	19	20	21	22	23
第2页	24	25	26	27	28	29	30	31
NumOfSingle=6	32	33	34	35	36	37	38	39

4）若 writeAddress=17，计算得 Addr=17%8=1，count=8-1=7。

5）同时，若 NumOfPage=22，先把 count 去掉，进行特殊处理，计算得新的 NumOfPage=22-7=15。

6）计算得 NumOfPage=15/8=1，NumOfSingle=15%8=7。

7）数据传输情况见表8-3。

表8-3　首地址未对齐到页时的情况

不影响	0	1	2	3	4	5	6	7
不影响	8	9	10	11	12	13	14	15
count=7	16	17	18	19	20	21	22	23
第1页	24	25	26	27	28	29	30	31
NumOfSingle=7	32	33	34	35	36	37	38	39

最后强调一下，EEPROM 支持的页写入只是一种加速的 I²C 传输时序，实际上并不要求每次都以页为单位进行读/写，EEPROM 是支持随机访问的（直接读/写任意一个地址），如前面的单个字节写入。对于某些存储器，如 NAND Flash，它是必须按照 Block 写入的，如每个 Block 为512B 或 4096B，数据写入的最小单位是 Block，写入前都需要擦除整个 Block；对于 NOR Flash，则是写入前必须以 Sector/Block 为单位擦除，然后才可以按字节写入；而对于 EEPROM，其数据写入和擦除的最小单位是"字节"而不是"页"，数据写入前不需要擦除整页。

（8）从 EEPROM 读取数据。从 EEPROM 读取数据是一个复合的 I²C 时序，它实际上包含一个写过程和一个读过程，如图8-16所示。

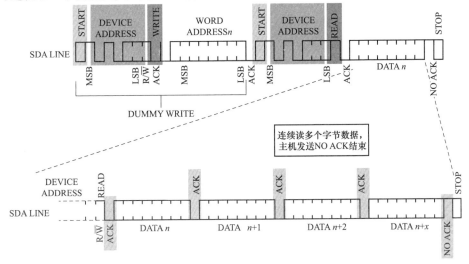

图8-16　EEPROM 数据读取时序

在读取时序的第一个通信过程中，使用 I²C 发送设备地址寻址（写方向），接着发送要读取的"内存地址"；在读取时序的第二个通信过程中，再次使用 I²C 发送设备地址寻址，但这时数据方向是读方向。在这个过程之后，EEPROM 会向主机返回从"内存地址"开始的数据，一个字节一个字节地传输，只要主机的响应为"应答信号"，它就会一直传输下去；主机想结束传输时，就发送"非应答信号"，并以"停止信号"结束通信，作为从机的 EEPROM 也会停止传输。从 EEPROM 读取数据见代码清单 8-10。

代码清单 8-10 从 EEPROM 读取数据

```
/*************************************************************************
* 功  能:I2C_EE_BufferRead 从 EEPROM 中读取一块数据
* 参  数:pBuffer,即缓冲区指针
         WriteAddr,即接收数据的 EEPROM 的地址
         NumByteToWrite,即要从 EEPROM 读取的字节数
* 返回值:无
*************************************************************************/
uint32_t I2C_EE_BufferRead(u8* pBuffer,u8 ReadAddr,u16 NumByteToRead)
{
    I2CTimeout = I2CT_LONG_TIMEOUT;

    //* ((u8 * )0x4001080c) |=0x80;
    while(I2C_GetFlagStatus(EEPROM_I2C,I2C_FLAG_BUSY))
    {
        if((I2CTimeout--) == 0) return I2C_TIMEOUT_UserCallback(9);
    }
    /* Send START condition * /
    I2C_GenerateSTART(EEPROM_I2C,ENABLE);
    //* ((u8 * )0x4001080c) &=~0x80;

    I2CTimeout = I2CT_FLAG_TIMEOUT;

    /* Test on EV5 and clear it * /
    while(! I2C_CheckEvent(EEPROM_I2C,I2C_EVENT_MASTER_MODE_SELECT))
    {
        if((I2CTimeout--) == 0) return I2C_TIMEOUT_UserCallback(10);
    }

    /* Send EEPROM address for write * /
    I2C_Send7bitAddress(EEPROM_I2C,EEPROM_ADDRESS,I2C_Direction_Transmitter);

    I2CTimeout = I2CT_FLAG_TIMEOUT;

    /* Test on EV6 and clear it * /
    while(! I2C_CheckEvent(EEPROM_I2C,I2C_EVENT_MASTER_TRANSMITTER_MODE_SE-
LECTED))
    {
```

```
        if((I2CTimeout--) == 0) return I2C_TIMEOUT_UserCallback(11);
    }
    /* Clear EV6 by setting again the PE bit */
    I2C_Cmd(EEPROM_I2C,ENABLE);

    /* Send the EEPROM's internal address to write to */
    I2C_SendData(EEPROM_I2C,ReadAddr);

    I2CTimeout = I2CT_FLAG_TIMEOUT;

    /* Test on EV8 and clear it */
    while(! I2C_CheckEvent(EEPROM_I2C,I2C_EVENT_MASTER_BYTE_TRANSMITTED))
    {
        if((I2CTimeout--) == 0) return I2C_TIMEOUT_UserCallback(12);
    }
    /* Send STRAT condition a second time */
    I2C_GenerateSTART(EEPROM_I2C,ENABLE);

    I2CTimeout = I2CT_FLAG_TIMEOUT;

    /* Test on EV5 and clear it */
    while(! I2C_CheckEvent(EEPROM_I2C,I2C_EVENT_MASTER_MODE_SELECT))
    {
        if((I2CTimeout--) == 0) return I2C_TIMEOUT_UserCallback(13);
    }
    /* Send EEPROM address for read */
    I2C_Send7bitAddress(EEPROM_I2C,EEPROM_ADDRESS,I2C_Direction_Receiver);

    I2CTimeout = I2CT_FLAG_TIMEOUT;

    /* Test on EV6 and clear it */
    while(! I2C_CheckEvent(EEPROM_I2C,I2C_EVENT_MASTER_RECEIVER_MODE_SELECT-
ED))
    {
        if((I2CTimeout--) == 0) return I2C_TIMEOUT_UserCallback(14);
    }

    /* While there is data to be read */
    while(NumByteToRead)
    {
        if(NumByteToRead == 1)
        {
            /* Disable Acknowledgement */
            I2C_AcknowledgeConfig(EEPROM_I2C,DISABLE);
```

```
                   /*  Send STOP Condition * /
                   I2C_GenerateSTOP(EEPROM_I2C,ENABLE);
               }

               I2CTimeout = I2CT_LONG_TIMEOUT;
               while(I2C_CheckEvent(EEPROM_I2C,I2C_EVENT_MASTER_BYTE_RECEIVED) ==0)
               {
                   if((I2CTimeout--) == 0) return I2C_TIMEOUT_UserCallback(3);
               }

               /*  Read a byte from the device * /
               * pBuffer = I2C_ReceiveData(EEPROM_I2C);

               /*  Point to the next location where the byte read will be saved * /
               pBuffer++;

               /*  Decrement the read bytes counter * /
               NumByteToRead--;

           }

               /*  Enable Acknowledgement to be ready for another reception * /
               I2C_AcknowledgeConfig(EEPROM_I2C,ENABLE);

               return 1;
           }
```

这段代码中的写过程与前面的写字节函数的写过程类似，而读过程中接收数据时，需要使用库函数 I2C_ReceiveData 来读取。响应信号则通过库函数 I2C_AcknowledgeConfig 来发送，DISABLE 时为非应答信号，ENABLE 为应答信号。

5. main 文件

（1）EEPROM 读/写测试函数。完成基本的读/写函数后，接下来要编写一个读/写测试函数来检验驱动程序，见代码清单8-11。

代码清单8-11　EEPROM 读/写测试函数

```
/*******************************************************************
* 功　能:I2C(AT24C02)读/写测试
* 参　数:无
* 返回值:正常返回1,不正常返回0
*******************************************************************/
uint8_t I2C_Test(void)
{
    u16 i;

    EEPROM_INFO("写入的数据");
```

```
    for ( i=0; i<=255; i++ )                //填充缓冲
    {
        I2c_Buf_Write[i] = i;

        printf("0x% 02X ",I2c_Buf_Write[i]);
        if(i% 16 = = 15)
            printf(" \n \r");
    }

    //将 I2c_Buf_Write 中顺序递增的数据写入 EERPOM 中
    I2C_EE_BufferWrite( I2c_Buf_Write,EEP_Firstpage,256);

    EEPROM_INFO("写成功");

    EEPROM_INFO("读出的数据");

    //将 EEPROM 中的读出数据顺序保持到 I2c_Buf_Read 中
    I2C_EE_BufferRead(I2c_Buf_Read,EEP_Firstpage,256);

    //将 I2c_Buf_Read 中的数据通过串行接口打印
    for (i=0; i<256; i++)
    {
        if(I2c_Buf_Read[i] ! = I2c_Buf_Write[i])
        {
            printf("0x% 02X ",I2c_Buf_Read[i]);
            EEPROM_ERROR("错误:I2C EEPROM 写入与读出的数据不一致");
            return 0;
        }
        printf("0x% 02X ",I2c_Buf_Read[i]);
        if(i% 16 = = 15)
            printf(" \n \r");

    }
    EEPROM_INFO("I2C(AT24C02)读/写测试成功");
    return 1;
}
```

代码中先填充一个数组,数组的内容为 1,2,3,…,n,接着把这个数组的内容写入 EE-PROM 中,写入时可以采用单字节写入的方式,也可以采用页写入的方式。写入完毕后再从 EEPROM 的地址中读取数据,把读取到的数据与写入的数据进行对比,若一致则说明读/写正常,否则说明读/写过程有问题或者 EEPROM 芯片不正常。其中 EEPROM_INFO 宏跟 EEP-ROM_ERROR 宏类似,都是对 printf 函数的封装,使用和阅读代码时把它直接当成 printf 函数即可。具体的宏定义在"bsp_i2c_ee. h"文件中,在以后的代码中常会用类似的宏来输出调试信息。

（2）main 函数。最后编写 main 函数，函数中初始化了 LED、串行接口、I²C 外设，然后调用上面的 I2C_Test 函数进行读/写测试，见代码清单 8-12。

代码清单 8-12　main 函数

```
/************************************************************************
* 功　能:main 函数
* 参　数:无
* 返回值:无
************************************************************************/
int main(void)
{
    LED_GPIO_Config();

    LED_BLUE;
    /* 初始化 USART1* /
    Debug_USART_Config();

    printf("\r\n 这是一个 I2C 外设(AT24C02)的读/写测试例程 \r\n");

    /* I2C 外设初(AT24C02)始化 * /
    I2C_EE_Init();

    if ( I2C_ Test ( ) ==1 )
    {
        LED_ GREEN;
    }
    else
    {
        LED_ RED;
    }

    while (1)
    {
    }
}
```

任务 14　利用 SPI 读/写串行 Flash

一、SPI 协议介绍

SPI 协议是由摩托罗拉（Motorola）公司提出的通信协议，是一种高速全双工的通信总线协议。它被广泛地应用于 ADC、LCD 等设备及 MCU 间等要求通信速率较高的场合。

学习本任务时，可与任务 13 的内容进行对比，以体会两种通信总线的差异，以及 EEP-ROM 存储器与 Flash 存储器的区别。下面分别对 SPI 协议的物理层及协议层进行讲解。

1. 物理层

常见的 SPI 通信系统如图 8-17 所示。

SPI 通信使用 3 条总线及片选线，3 条总线分别为串行时钟（serial clock，SCK）信号线、主设备输入/从设备输出（master output，slave input，MOSI）信号线、主设备输入/从设备输出（master input，slave output，MISO）信号线，片选线为从设备选择（slave select，/SS）。它们的作用如下：

（1）SCK。SCK 用于通信数据同步。它由通信主机产生，决定了通信的速率。不同的设备支持的最高时钟频率不同，如 STM32 的 SPI 时钟频率最大为 $f_{PCLK}/2$；两个设备之间通信时，通信速率受限于低速设备。

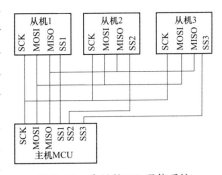

图 8-17　常见的 SPI 通信系统

（2）MOSI。主机的数据从这条信号线输出，从机由这条信号线读入主机发送的数据，即这条线上数据的方向为主机到从机。

（3）MISO。主机从这条信号线读入数据，从机的数据由这条信号线输出到主机，即这条线上数据的方向为从机到主机。

（4）/SS。/SS 常称为片选信号线，也称 NSS、CS，以下用 NSS 表示。当有多个 SPI 从设备与 SPI 主机相连时，设备的其他信号线 SCK、MOSI 及 MISO 同时并联到相同的 SPI 总线上，即无论有多少个从设备，都共用这 3 条总线；而每个从设备都有独立的一条 NSS 信号线，该信号线独占主机的一个引脚，即有多少个从设备，就有多少条片选信号线。I^2C 协议中通过设备地址来寻址，选中总线上的某个设备并与其进行通信；而 SPI 协议中没有设备地址，它使用 NSS 信号线来寻址，当主机要选择从设备时，就把该从设备的 NSS 信号线设置为低电平，该从设备被选中，即片选有效，接着主机开始与被选中的从设备进行 SPI 通信。所以 SPI 通信以 NSS 信号线置低电平为开始信号，以 NSS 信号线被拉高作为结束信号。

2. 协议层

与 I^2C 协议类似，SPI 协议定义了通信的起始和停止信号、数据有效性、时钟同步等环节。SPI 通信时序如图 8-18 所示。

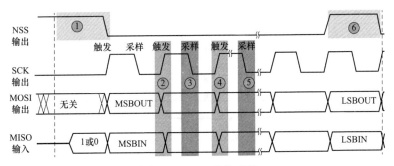

图 8-18　SPI 通信时序

这是一个主机的通信时序。NSS、SCK、MOSI 的信号都由主机控制产生，而 MISO 的信号由从机产生，主机通过该信号线读取从机的数据。MOSI 与 MISO 的信号只在 NSS 为低电平时才有效，在 SCK 的每个时钟周期 MOSI 和 MISO 传输一位数据。

以上通信流程中包含的各个信号分解如下：

（1）通信的起始和停止信号。在图 8-18 中的标号①处，NSS 信号线的电平由高变低，是 SPI 通信的起始信号。NSS 是每个从机各自独占的信号线，当从机在自己的 NSS 信号线处检测到起始信号后，就知道自己被主机选中了，开始准备与主机通信。在图 8-18 中的标号⑥处，NSS 信号线的电平由低变高，这是 SPI 通信的停止信号，表示本次通信结束，从机的选中状态被取消。

（2）数据有效性。SPI 使用 MOSI 及 MISO 信号线来传输数据，使用 SCK 信号线进行数据同步。MOSI 及 MISO 信号线在 SCK 的每个时钟周期传输一位数据，且数据输入/输出是同时进行的。数据传输时，对最高有效位（most significant bit，MSB）先行还是最低有效位（least significant bit，LSB）先行并没有硬性规定，但要保证两个 SPI 通信设备之间使用同样的协定，一般都会采用图 8-18 中的 MSB 先行模式。

观察图 8-18 中的标号②、③、④、⑤处，MOSI 及 MISO 的数据在 SCK 的上升沿时刻变化输出，在 SCK 的下降沿时刻被采样。即在 SCK 的下降沿时刻，MOSI 及 MISO 的数据有效，高电平时表示数据"1"，低电平时表示数据"0"。在其他时刻，数据无效，MOSI 及 MISO 为下一次表示数据做准备。

SPI 每次数据传输以 8 位或 16 位为单位，每次传输的单位数不受限制。

（3）CPOL/CPHA 及通信模式。图 8-18 中的通信时序只是 SPI 中通信模式的一种，SPI 一共有四种通信模式，它们之间的主要区别是总线空闲时 SCK 的时钟状态及数据采样时刻。为方便说明，在此引入"时钟极性（CPOL）"和"时钟相位（CPHA）"的概念。

CPOL 是指 SPI 通信设备处于空闲状态时，SCK 信号线的电平信号（即 SPI 通信开始前、NSS 信号线为高电平时 SCK 的状态）。当 CPOL=0 时，SCK 在空闲状态时为低电平；当 CPOL=1 时，则为高电平。

CPHA 是指数据的采样时刻。当 CPHA=0 时，MOSI 或 MISO 信号线上的信号将会在 SCK 信号线的"奇数边沿"被采样，如图 8-19 所示；当 CPHA=1 时，将会在 SCK 信号线的"偶数边沿"被采样，如图 8-20 所示。

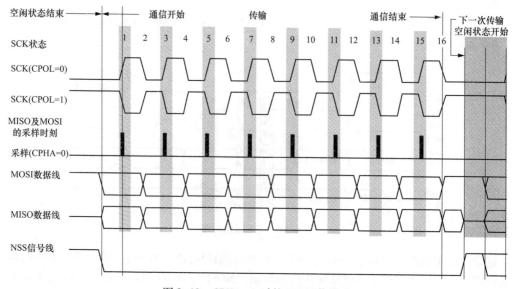

图 8-19　CPHA=0 时的 SPI 通信模式

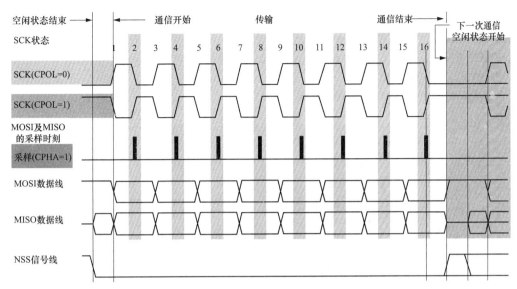

图8-20 CPHA=1时的SPI通信模式

下面来分析这个CPHA=0的时序图。首先，根据SCK在空闲状态时的电平，可分为两种情况：SCK信号线在空闲状态时为低电平，CPOL=0；空闲状态时为高电平，CPOL=1。

无论CPOL=0还是CPOL=1，因为配置的时钟相位CPHA=0，由图8-19可以看出，采样时刻都是在SCK信号线的奇数边沿。注意当CPOL=0时，时钟的奇数边沿是上升沿；而当CPOL=1时，时钟的奇数边沿是下降沿。所以SPI的采样时刻不是由上升/下降沿决定的。MOSI和MISO信号线的有效信号在SCK信号线的奇数边沿保持不变，数据信号将在SCK信号线的奇数边沿被采样。在非采样时刻，MOSI和MISO信号线的有效信号才发生切换。

类似地，当CPHA=1时，不受CPOL的影响，数据信号在SCK信号线的偶数边沿被采样，如图8-20所示。

根据CPOL及CPHA的不同状态，SPI可分成四种模式，见表8-4。主机与从机需要工作在相同的模式下才可以正常通信，实际中采用较多的是"模式0"与"模式3"。

表8-4 SPI的四种模式

SPI 模式	CPOL	CPHA	空闲时 SCK 时钟	采样时刻
0	0	0	低电平	奇数边沿
1	0	1	低电平	偶数边沿
2	1	0	高电平	奇数边沿
3	1	1	高电平	偶数边沿

二、STM32 的 SPI 特性及架构

1. STM32 的 SPI 特性

与I^2C外设一样，STM32芯片也集成了专门用于SPI通信的外设。

STM32的SPI外设可用作通信的主机及从机，支持的SCK时钟频率最大为$f_{PCLK}/2$（STM32F429型号的芯片默认f_{PCLK1}为90MHz，f_{PCLK2}为45MHz），完全支持SPI协议的4种模式，数据帧长度可设置为8位或16位，可设置数据MSB先行或LSB先行。它还支持双线全双工模式（前面小节说明的就是这种模式）、双线单向模式及单线模式。其中双线单向模式可以同时

使用 MOSI 及 MISO 信号线向一个方向传输数据，可以加快一倍的传输速度；而单线模式则可以减少硬件接线，当然这样传输速率会受到影响。这里只讲解双线全双工模式。

STM32 的 SPI 外设还支持 I^2S 功能，I^2S 功能是一种音频串行通信协议。

2. STM32 的 SPI 架构

STM32 的 SPI 架构如图 8-21 所示。

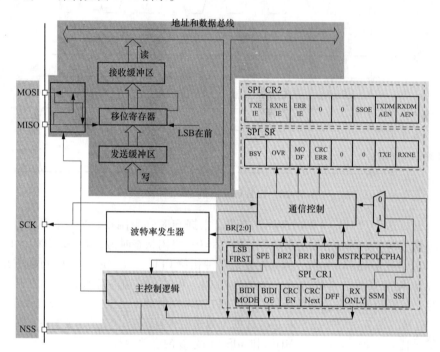

图 8-21 STM32 的 SPI 架构

（1）通信引脚。SPI 的所有硬件架构都是从图 8-21 中左侧的 MOSI、MISO、SCK 及 NSS 信号线展开的。STM32 芯片有多个 SPI 外设，它们的 SPI 通信信号引出到不同的 GPIO 引脚上，使用时必须配置这些指定的引脚，见表 8-5。关于 GPIO 引脚的复用功能，可查阅 STM32F4xx 的相关规格书，以它为准。

表 8-5   STM32F4xx 的 SPI 引脚

引脚	SPI 编号					
	SPI1	SPI2	SPI3	SPI4	SPI5	SPI6
MOSI	PA7/PB5	PB15/PC3/PI3	PB5/PC12/PD6	PE6/PE14	PF9/PF11	PG14
MISO	PA6/PB4	PB14/PC2/PI2	PB4/PC11	PE5/PE13	PF8/PH7	PG12
SCK	PA5/PB3	PB10/PB13/PD3	PB3/PC10	PE2/PE12	PF7/PH6	PG13
NSS	PA4/PA15	PB9/PB12/PI0	PA4/PA15	PE4/PE11	PF6/PH5	PG8

其中 SPI1、SPI4、SPI5、SPI6 是 APB2 上的设备，最高通信速率达 45Mbit/s，SPI2、SPI3 是 APB1 上的设备，最高通信速率达 22.5Mbit/s。其他引脚在功能上没有差异。

（2）时钟控制逻辑。SCK 信号线的时钟信号，由波特率发生器根据"控制寄存器 CR1"中的 BR [0:2] 位控制，该位是 f_{PCLK} 时钟的分频因子，对 f_{PCLK} 分频的结果就是 SCK 引脚的输出时钟频率，计算方法见表 8-6。

表 8-6	BR 位对 f_{PCLK} 的分频		
BR[0:2]	分频结果（SCK 频率）	BR[0:2]	分频结果（SCK 频率）
000	$f_{PCLK}/2$	100	$f_{PCLK}/32$
001	$f_{PCLK}/4$	101	$f_{PCLK}/64$
010	$f_{PCLK}/8$	110	$f_{PCLK}/128$
011	$f_{PCLK}//16$	111	$f_{PCLK}/256$

其中 f_{PCLK} 是指 SPI 所在的 APB 总线的频率，APB1 的频率为 f_{PCLK1}，APB2 的频率为 f_{PCLK2}。通过配置"控制寄存器 CR"的"CPOL 位"及"CPHA"位可以把 SPI 设置成前面分析的 4 种 SPI 模式。

（3）数据控制逻辑。SPI 的 MOSI 及 MISO 信号线都连接到数据移位寄存器上，数据移位寄存器的内容来源于接收缓冲区、发送缓冲区及 MISO、MOSI 信号线。当向外发送数据时，数据移位寄存器以"发送缓冲区"为数据源，把数据一位一位地通过数据线发送出去；当从外部接收数据时，数据移位寄存器把信号线采样到的数据一位一位地存储到"接收缓冲区"中。通过写 SPI 的"数据寄存器 DR"把数据填充到发送缓冲区中，通过"数据寄存器 DR"可以获取接收缓冲区中的内容。其中数据帧长度可以通过"控制寄存器 CR1"的 DFF 位配置成 8 位及 16 位模式；配置 LSBFIRST 位可选择 MSB 先行还是 LSB 先行模式。

（4）整体控制逻辑。整体控制逻辑负责协调整个 SPI 外设，其工作模式根据配置的"控制寄存器（CR1/CR2）"的参数而改变，基本的控制参数包括前面提到的 SPI 模式、波特率、LSB 先行、主从模式、单双向模式等。在外设工作时，整体控制逻辑会根据外设的工作状态修改"状态寄存器（SR）"，只要读取状态寄存器相关的寄存器位，就可以了解 SPI 的工作状态。除此之外，整体控制逻辑还根据要求负责控制产生 SPI 中断信号、DMA 请求及控制 NSS 信号线。

在实际应用中，一般不使用 STM32 SPI 外设的标准 NSS 信号线，而是使用普通的 GPIO，通过软件控制它的电平输出，从而产生通信起始和停止信号。

3. STM32 的 SPI 通信过程

STM32 使用 SPI 外设进行通信时，在通信的不同阶段它会对"状态寄存器 SR"的不同数据位写入参数，通过读取这些寄存器标志可以了解通信状态。

STM32 作为 SPI 通信的主机端时的数据收发过程，即主发送器通信过程如图 8-22 所示。

主发送器通信过程及事件说明如下：

（1）控制 NSS 信号线，产生起始信号。

（2）把要发送的数据写入"数据寄存器 DR"中，该数据会被存储到发送缓冲区。

（3）通信开始，SCK 时钟开始运行。MOSI 把发送缓冲区中的数据一位一位地传输出去，MISO 则把数据一位一位地存储到接收缓冲区中。

（4）当发送完一帧数据时，"状态寄存器 SR"中的"TXE 标志位"会被置 1，表示传输完一帧，发送缓冲区已空；类似地，当接收完一帧数据时，"RXNE 标志位"会被置 1，表示传输完一帧，接收缓冲区非空。

（5）等到"TXE 标志位"为 1 时，若还要继续发送数据，则再次往"数据寄存器 DR"写入数据即可；等到"RXNE 标志位"为 1 时，通过读取"数据寄存器 DR"可以获取接收缓冲区中的内容。

使能 TXE 或 RXNE 中断后，TXE 或 RXNE 置 1 时会产生 SPI 中断信号，进入同一个中断服务函数。到 SPI 中断服务程序后，可通过检查寄存器位来了解是哪一个事件，再分别进行处理。也可以使用 DMA 方式来收发"数据寄存器 DR"中的数据。

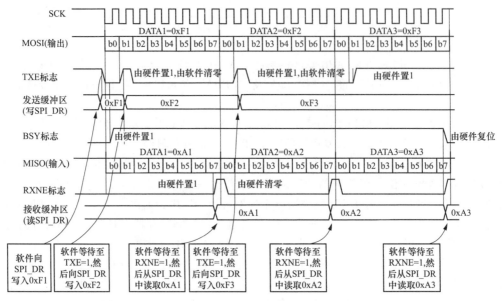

图 8-22　主发送器通信过程

三、SPI 初始化结构体

跟其他外设一样，STM32 标准库提供了 SPI 初始化结构体及初始化函数来配置 SPI 外设。SPI 初始化结构体及函数定义在库文件"stm32f4xx_spi.h"及"stm32f4xx_spi.c"中，编程时可以结合这两个文件中的注释使用或参考库帮助文档，见代码清单 8-13。

代码清单 8-13　SPI 初始化结构体

```
typedef struct
{
    uint16_t SPI_Direction;         /* 设置 SPI 的单双向模式 */
    uint16_t SPI_Mode;              /* 设置 SPI 的主/从机端模式 */
    uint16_t SPI_DataSize;          /* 设置 SPI 的数据帧长度,可选 8/16 位 */
    uint16_t SPI_CPOL;              /* 设置时钟极性 CPOL,可选高/低电平 */
    uint16_t SPI_CPHA;              /* 设置时钟相位,可选奇/偶数边沿采样 */
    uint16_t SPI_NSS;               /* 设置 NSS 引脚由 SPI 硬件控制还是软件控制 */
    uint16_t SPI_BaudRatePrescaler; /* 设置时钟分频因子,fpclk/分频数=fSCK */
    uint16_t SPI_FirstBit;          /* 设置 MSB/LSB 先行 */
    uint16_t SPI_CRCPolynomial;     /* 设置 CRC 校验的表达式 */
}SPI_InitTypeDef;
```

这些结构体成员的说明如下，其中括号内的文字是对应参数在 STM32 标准库中定义的宏。

（1）SPI_Direction。该成员设置的是 SPI 的通信方向，可选择双线全双工（SPI_Direction_2Lines_FullDuplex）模式、双线只接收（SPI_Direction_2Lines_RxOnly）模式、单线只接收（SPI_

Direction_1Line_Rx）模式和单线只发送（SPI_Direction_1Line_Tx）模式。

（2）SPI_Mode。该成员设置的是 SPI 的工作模式，可选择主机模式（SPI_Mode_Master）或从机模式（SPI_Mode_Slave）。这两个模式的最大区别是 SPI 的 SCK 信号线的时序是由通信中的主机产生的。若被配置为从机模式，STM32 的 SPI 外设将接受外来的 SCK 信号。

（3）SPI_DataSize。该成员设置的是 SPI 通信的数据帧大小，可选择 8 位（SPI_DataSize_8b）或 16 位（SPI_DataSize_16b）。

（4）SPI_CPOL 和 SPI_CPHA。这两个成员设置的是 SPI 的时钟极性（CPOL）和时钟相位（CPHA）。它们影响着 SPI 的通信模式。

CPOL 成员可设置为高电平（SPI_CPOL_High）或低电平（SPI_CPOL_Low）；CPHA 可以设置为 SPI_CPHA_1Edge（在 SCK 信号线的奇数边沿采集数据）或 SPI_CPHA_2Edge（在 SCK 信号线的偶数边沿采集数据）。

（5）SPI_NSS。该成员设置的是 NSS 引脚的使用模式，可选择硬件模式（SPI_NSS_Hard）或软件模式（SPI_NSS_Soft）。在硬件模式中 SPI 片选信号由 SPI 硬件自动产生，而在软件模式中则需要把相应的 GPIO 端口拉高或置低以产生非片选和片选信号。实际中软件模式应用得比较多。

（6）SPI_BaudRatePrescaler。该成员设置的是波特率分频因子，分频后的时钟即为 SPI 的 SCK 信号线的时钟频率。这个成员参数可设置为 f_{PCLK} 的 2、4、6、8、16、32、64、128、256 分频。

（7）SPI_FirstBit。所有串行的通信协议都会有 MSB 先行（高位数据在前）还是 LSB 先行（低位数据在前）的问题，而 STM32 的 SPI 模块可以通过这个结构体成员，对这个特性进行编程控制。

（8）SPI_CRCPolynomial。这是 SPI 的 CRC 校验中的多项式，若使用 CRC 校验，就使用这个成员的参数（多项式）来计算 CRC 的值。

配置完这些结构体成员后，要调用 SPI_Init 函数把这些参数写入寄存器中，实现 SPI 的初始化，然后调用 SPI_Cmd 函数来使能 SPI 外设。

四、SPI 读/写串行 Flash 实验

Flash 与 EEPROM 一样，都是掉电后数据不丢失的存储器，但 Flash 的容量普遍大于 EEPROM 的容量，现在基本取代了 EEPROM 的地位。人们生活中常用的 U 盘、SD 卡、SSD 固态硬盘及 STM32 芯片内部用于存储程序的设备，都是 Flash 类型的存储器。在存储控制上，Flash 与 EEPROM 最主要的区别是：Flash 芯片只能一大片一大片地擦写，而 EEPROM 可以一个字节一个字节地擦写。

这里以一种使用 SPI 通信的串行 Flash 存储芯片的读/写实验来讲解 STM32 的 SPI 使用方法。本实验中 STM32 的 SPI 外设采用主机模式，并通过查询事件的方式来确保通信正常。

1. 硬件设计

SPI 串行 Flash 硬件连接如图 8-23 所示。

本实验板中的 Flash 芯片（型号为 W25Q128）是一种使用 SPI 通信协议的 NOR Flash 存储器，它的 CS/CLK/DIO/DO 引脚分别连接到 STM32 对应的 SDI 引脚 NSS/SCK/MOSI/MISO 上，其中 STM32 的 NSS 引脚是一个普通的 GPIO，不是 SPI 的专用 NSS 引脚，所以程序中要使用软件控制的方式。

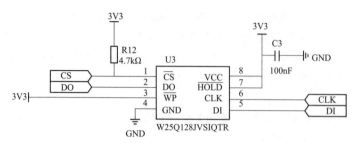

图 8-23　SPI 串行 Flash 硬件连接

Flash 芯片中还有 WP 和 HOLD 两个引脚。WP 引脚可控制写保护功能，当该引脚为低电平时，禁止写入数据。这里直接接通电源，不使用写保护功能。HOLD 引脚可用于暂停通信，该引脚为低电平时，通信暂停，数据输出引脚输出高阻抗状态，时钟和数据输入引脚无效。这里直接接通电源，不使用通信暂停功能。

关于 Flash 芯片的更多信息，可参考其数据手册进行了解。若使用的实验板中 Flash 的型号或控制引脚不一样，只需根据工程图修改即可，程序的控制原理相同。

2. 软件设计

为了使工程更加有条理，这里把读/写 Flash 相关的代码独立分开存储，方便以后移植。在"工程模板"之上新建"bsp_ spi_ flash. c"及"bsp_ spi_ flash. h"文件，这些文件也可根据自己的喜好命名，因为它们不属于 STM32 标准库，而是自己根据应用需要编写的。

3. 编程要点

（1）初始化通信使用的目标引脚及端口时钟。

（2）使能 SPI 外设的时钟。

（3）配置 SPI 外设的模式、地址、速率等参数并使能 SPI 外设。

（4）编写基本 SPI 按字节收发的函数。

（5）编写对 Flash 擦除及读/写操作的函数。

（6）编写测试程序，对读/写数据进行校验。

4. 代码分析

（1）SPI 硬件相关的宏定义。这里把 SPI 硬件相关的配置都以宏的形式定义到"bsp_spi_ flash. h"文件中，见代码清单 8-14。

代码清单 8-14　SPI 硬件配置相关的宏

```
/* SPI 接口定义-开头* * * * * * * * * * * * * * * * * * * * * * * * * * * /
#define FLASH_SPI                       SPI5
#define FLASH_SPI_CLK                   RCC_APB2Periph_SPI5
#define FLASH_SPI_CLK_INIT              RCC_APB2PeriphClockCmd
#define FLASH_SPI_SCK_PIN               GPIO_Pin_7
#define FLASH_SPI_SCK_GPIO_PORT         GPIOF
#define FLASH_SPI_SCK_GPIO_CLK          RCC_AHB1Periph_GPIOF
#define FLASH_SPI_SCK_PINSOURCE         GPIO_PinSource7
#define FLASH_SPI_SCK_AF                GPIO_AF_SPI5

#define FLASH_SPI_MISO_PIN              GPIO_Pin_8
#define FLASH_SPI_MISO_GPIO_PORT        GPIOF
#define FLASH_SPI_MISO_GPIO_CLK         RCC_AHB1Periph_GPIOF
```

```
#define FLASH_SPI_MISO_PINSOURCE      GPIO_PinSource8
#define FLASH_SPI_MISO_AF             GPIO_AF_SPI5

#define FLASH_SPI_MOSI_PIN            GPIO_Pin_9
#define FLASH_SPI_MOSI_GPIO_PORT      GPIOF
#define FLASH_SPI_MOSI_GPIO_CLK       RCC_AHB1Periph_GPIOF
#define FLASH_SPI_MOSI_PINSOURCE      GPIO_PinSource9
#define FLASH_SPI_MOSI_AF             GPIO_AF_SPI5

#define FLASH_CS_PIN                  GPIO_Pin_6
#define FLASH_CS_GPIO_PORT            GPIOF
#define FLASH_CS_GPIO_CLK             RCC_AHB1Periph_GPIOF

#define SPI_FLASH_CS_LOW()            {FLASH_CS_GPIO_PORT->BSRRH=FLASH_CS_PIN;}
#define SPI_FLASH_CS_HIGH()           {FLASH_CS_GPIO_PORT->BSRRL=FLASH_CS_PIN;}
```

以上代码根据硬件连接，把与 Flash 通信使用的 SPI 号、引脚号、引脚源及复用功能映射都以宏封装起来，并且定义了控制 CS（NSS）引脚输出电平的宏，以便配置产生起始和停止信号时使用。

（2）初始化 SPI 的 GPIO。利用上面的宏，编写 SPI 的初始化函数，见代码清单8-15。

代码清单8-15　SPI 的初始化函数(GPIO 初始化部分)

```
/*********************************************************************************
* 功　能:SPI_FLASH_Init
* 参　数:无
* 返回值:无
*********************************************************************************/
void SPI_FLASH_Init(void)
{
    SPI_InitTypeDef  SPI_InitStructure;
    GPIO_InitTypeDef GPIO_InitStructure;

    /* 使能 FLASH_SPI 及 GPIO 时钟 */
    /* ! < SPI_FLASH_SPI_CS_GPIO,SPI_FLASH_SPI_MOSI_GPIO,

    SPI_FLASH_SPI_MISO_GPIO,SPI_FLASH_SPI_SCK_GPIO 时钟使能 */
    RCC_AHB1PeriphClockCmd(FLASH_SPI_SCK_GPIO_CLK|FLASH_SPI_MISO_GPIO_CLK|
                        FLASH_SPI_MOSI_GPIO_CLK|FLASH_CS_GPIO_CLK,ENABLE);
    /* ! < SPI_FLASH_SPI 时钟使能 */
    FLASH_SPI_CLK_INIT(FLASH_SPI_CLK,ENABLE);

    //设置引脚复用
    GPIO_PinAFConfig(FLASH_SPI_SCK_GPIO_PORT,FLASH_SPI_SCK_PINSOURCE,FLASH_
                    SPI_SCK_AF);
    GPIO_PinAFConfig(FLASH_SPI_MISO_GPIO_PORT,FLASH_SPI_MISO_PINSOURCE,
                    FLASH_SPI_MISO_AF);
```

```
GPIO_PinAFConfig(FLASH_SPI_MOSI_GPIO_PORT,FLASH_SPI_MOSI_PINSOURCE,
                 FLASH_SPI_MOSI_AF);

/*！< 配置 SPI_FLASH_SPI 引脚:SCK * /
GPIO_InitStructure.GPIO_Pin = FLASH_SPI_SCK_PIN;
GPIO_InitStructure.GPIO_Speed = GPIO_Speed_50MHz;
GPIO_InitStructure.GPIO_Mode = GPIO_Mode_AF;
GPIO_InitStructure.GPIO_OType = GPIO_OType_PP;
GPIO_InitStructure.GPIO_PuPd = GPIO_PuPd_NOPULL;

GPIO_Init(FLASH_SPI_SCK_GPIO_PORT,&GPIO_InitStructure);

/*！< 配置 SPI_FLASH_SPI 引脚:MISO * /
GPIO_InitStructure.GPIO_Pin = FLASH_SPI_MISO_PIN;
GPIO_Init(FLASH_SPI_MISO_GPIO_PORT,&GPIO_InitStructure);

/*！< 配置 SPI_FLASH_SPI 引脚:MOSI * /
GPIO_InitStructure.GPIO_Pin = FLASH_SPI_MOSI_PIN;
GPIO_Init(FLASH_SPI_MOSI_GPIO_PORT,&GPIO_InitStructure);

/*！< 配置 SPI_FLASH_SPI 引脚:CS * /
GPIO_InitStructure.GPIO_Pin = FLASH_CS_PIN;
GPIO_InitStructure.GPIO_Mode = GPIO_Mode_OUT;
GPIO_Init(FLASH_CS_GPIO_PORT,&GPIO_InitStructure);

/* 停止信号 FLASH:CS 引脚高电平* /
SPI_FLASH_CS_HIGH();
}
```

与所有用到 GPIO 的外设一样，都要先把用到的 GPIO 引脚模式初始化，配置好复用功能。GPIO 初始化流程如下：

1）使用 GPIO_InitTypeDef 定义 GPIO 初始化结构体变量，以便后面用于存储 GPIO 配置。

2）调用库函数 RCC_AHB1PeriphClockCmd 来使能 SPI 引脚使用的 GPIO 端口时钟，调用时使用"|"操作符同时配置多个引脚。调用宏 FLASH_SPI_CLK_INIT 使能 SPI 外设时钟（该宏封装了 APB 时钟使能的库函数）。

3）向 GPIO 初始化结构体赋值，把 SCK/MOSI/MISO 引脚初始化成复用推挽模式。而由于 CS（NSS）引脚使用软件控制，这里把它配置为普通的推挽输出模式。

4）使用以上初始化结构体的配置，调用 GPIO_Init 函数向寄存器写入参数，完成 GPIO 的初始化。

（3）配置 SPI 的模式。以上只是配置了 SPI 使用的引脚，不是对 SPI 外设模式的配置。在配置 STM32 的 SPI 模式前，要先了解从机端的 SPI 模式。本例中可通过查阅 Flash 的数据手册来获取。根据 Flash 芯片的说明，它支持 SPI 模式 0 及模式 3，支持双线全双工模式，使用 MSB 先行模式，最高通信时钟频率为 104MHz，数据帧长度为 8 位。要把 STM32 的 SPI 外设中的参数与以上这些参数配置一致，见代码清单 8-16。

代码清单 8-16 配置 SPI 模式

```
/* FLASH_SPI 模式配置 */
// FLASH 芯片,支持 SPI 模式 0 及模式 3,据此设置 CPOL CPHA
SPI_InitStructure.SPI_Direction = SPI_Direction_2Lines_FullDuplex;
SPI_InitStructure.SPI_Mode = SPI_Mode_Master;
SPI_InitStructure.SPI_DataSize = SPI_DataSize_8b;
SPI_InitStructure.SPI_CPOL = SPI_CPOL_High;
SPI_InitStructure.SPI_CPHA = SPI_CPHA_2Edge;
SPI_InitStructure.SPI_NSS = SPI_NSS_Soft;
SPI_InitStructure.SPI_BaudRatePrescaler = SPI_BaudRatePrescaler_2;
SPI_InitStructure.SPI_FirstBit = SPI_FirstBit_MSB;
SPI_InitStructure.SPI_CRCPolynomial = 7;
SPI_Init(FLASH_SPI,&SPI_InitStructure);
/* 使能 FLASH_SPI */
SPI_Cmd(FLASH_SPI,ENABLE);
```

这段代码中,把 STM32 的 SPI 外设配置为主机端,采用双线全双工模式,数据帧长度设置为 8 位,使用 SPI 模式 3(CPOL=1,CPHA=1),NSS 引脚由软件控制及选择 MSB 先行模式。最后一个成员为 CRC 计算式,由于与 Flash 芯片通信不需要 CRC 校验,这里并没有使能 SPI 的 CRC 功能,这时 CRC 计算式的成员值是无效的。

赋值结束后调用库函数 SPI_Init 把这些配置写入寄存器,并调用 SPI_Cmd 函数使能外设。

(4)使用 SPI 发送和接收一个字节的数据。初始化 SPI 外设后,就可以使用 SPI 通信了。复杂的数据通信都是由单个字节数据收发组成的,其具体实现见代码清单 8-17。

代码清单 8-17 使用 SPI 发送和接收一个字节的数据

```
/*****************************************************************************
* 功  能:使用 SPI 发送一个字节的数据
* 参  数:byte,即要发送的数据
* 返回值:返回接收到的数据
*****************************************************************************/
u8 SPI_FLASH_SendByte(u8 byte)
{
    SPITimeout = SPIT_FLAG_TIMEOUT;

    /* 等待发送缓冲区为空,TXE 事件 */
    while (SPI_I2S_GetFlagStatus(FLASH_SPI,SPI_I2S_FLAG_TXE) == RESET)
    {
        if((SPITimeout--) == 0) return SPI_TIMEOUT_UserCallback(0);
    }

    /* 写入数据寄存器,把要写入的数据写入发送缓冲区 */
    SPI_I2S_SendData(FLASH_SPI,byte);

    SPITimeout = SPIT_FLAG_TIMEOUT;
```

```
    /*  等待接收缓冲区非空,RXNE 事件 * /
    while (SPI_I2S_GetFlagStatus(FLASH_SPI,SPI_I2S_FLAG_RXNE) == RESET)
    {
        if((SPITimeout--) == 0) return SPI_TIMEOUT_UserCallback(1);
    }

    /*  读取数据寄存器,获取接收缓冲区数据 * /
    return SPI_I2S_ReceiveData(FLASH_SPI);
}
```

发送单字节函数 SPI_FLASH_SendByte 中包含了等待事件的超时处理,这部分原理跟 I^{2}C 中的一样,这里不再赘述。

SPI_FLASH_SendByte 函数实现了前面所讲的"SPI 通信过程":

1）该函数中不包含 SPI 的起始和停止信号,而只是数据收发的主要过程,所以在调用该函数前后要做好起始和停止信号的操作。

2）对 SPITimeout 变量赋值为宏 SPIT_FLAG_TIMEOUT。这个 SPITimeout 变量在下面的 while 循环中每次循环减 1,该循环通过调用库函数 SPI_I2S_GetFlagStatus 检测事件。若检测到事件,则进入通信的下一阶段;若未检测到事件,则停留在此处一直检测;当检测 SPIT_FLAG_TIMEOUT 次都还没等到事件,则认为通信失败,调用 SPI_TIMEOUT_UserCallback 输出调试信息,并退出通信。

3）通过检测 TXE 标志,获取发送缓冲区的状态,若发送缓冲区为空,则表示可能存在的上一个数据已经发送完毕。

4）等到发送缓冲区为空后,调用库函数 SPI_I2S_SendData 把要发送的数据"byte"写入 SPI 的数据寄存器 DR,写入 SPI 数据寄存器的数据会存储到发送缓冲区,由 SPI 外设发送出去。

5）写入完毕后等待 RXNE 事件,即接收缓冲区非空事件。由于 SPI 双线全双工模式下 MOSI 与 MISO 的数据传输是同步的,当接收缓冲区非空时,表示上面的数据发送完毕,且接收缓冲区也收到新的数据。

6）等到接收缓冲区非空时,通过调用库函数 SPI_I2S_ReceiveData 读取 SPI 的数据寄存器 DR,即可获取接收缓冲区中的新数据。代码中使用关键字"return"把接收到的这个数据作为 SPI_FLASH_SendByte 函数的返回值,所以可以看到下面定义的 SPI 接收数据函数 SPI_FLASH_ReadByte 只是简单地调用了 SPI_FLASH_SendByte 函数发送数据"Dummy_Byte",然后获取其返回值（因为不关注发送的数据,所以此时的输入参数"Dummy_Byte"可以为任意值）。可以这样做的原因是 SPI 的接收过程和发送过程实质上是一样的,收发同步进行,关键在于上层应用中关注的是发送的数据还是接收的数据。

（5）main 函数。main 函数的具体实现见代码清单 8-18。

代码清单 8-18 main 函数

```
/***********************************************************************
 *  功  能:main 函数
 *  参  数:无
 *  返回值:无
 ***********************************************************************/
int main(void)
```

```
{

    LED_GPIO_Config();
    LED_BLUE;

    /* 配置串行接口 1 为:115200 8-N-1 */
    Debug_USART_Config();

    printf("/*************************************************/\r\n");
    printf("\r\n 串行 SPI-Flash 实验 \r\n");

    /* 16M 串行 flash W25Q128 初始化 */
    SPI_FLASH_Init();

    /* 获取 Flash Device ID */
    DeviceID = SPI_FLASH_ReadDeviceID();

    Delay( 200 );

    /* 获取 SPI Flash ID */
    FlashID = SPI_FLASH_ReadID();

    printf("\r\nFlashID is 0x% X,  Manufacturer Device ID is 0x% X\r\n",FlashID,
DeviceID);

    /* 检验 SPI Flash ID */
    if (FlashID == sFLASH_ID)
    {
        printf("\r\n 检测到 SPI Flash ！ \r\n");

        /* 擦除将要写入的 SPI FLASH 扇区,FLASH 写入前要先擦除 */
        SPI_FLASH_SectorErase(FLASH_SectorToErase);

        /* 将发送缓冲区的数据写入 flash 中 */
        SPI_FLASH_BufferWrite(Tx_Buffer,FLASH_WriteAddress,BufferSize);
        printf("\r\n 写入的数据为:% s \r\n",Tx_Buffer);

        /* 将刚刚写入的数据读出来放到接收缓冲区中 */
        SPI_FLASH_BufferRead(Rx_Buffer,FLASH_ReadAddress,BufferSize);
        printf("\r\n 读出的数据为:% s \r\n",Rx_Buffer);

        /* 检查写入的数据与读出的数据是否相等 */
        TransferStatus1 = Buffercmp(Tx_Buffer,Rx_Buffer,BufferSize);
```

```
    if( PASSED == TransferStatus1 )
    {
        LED_GREEN;
        printf("\r\n16M串行flash测试成功！\n\r");
        printf("/*********************************************************/\r\n");
    }
    else
    {
        LED_RED;
        printf("\r\n16M串行Flash测试失败！\n\r");
    }
}// if (FlashID == sFLASH_ID)
else
{
    LED_RED;
    printf("\r\n获取不到ID！\n\r");
}

SPI_Flash_PowerDown();
while(1);
}
```

⚙ 习题8

1. I^2C 总线只使用几条总线线路？分别是什么？

2. I^2C 总线在标准模式下速率可以达到多少 kbit/s？在快速模式下可以达到多少 kbit/s？

3. I^2C 协议定义了通信的什么信号和地址广播等环节？

4. 连接到相同总线的 I^2C 数量受到总线的最大电容的限制，这个最大电容是多少 pF？

5. I^2C 设备空闲时，会输出什么状态？而当所有设备都空闲，都输出什么状态时，由什么把总线拉成高电平？

6. 每个连接到总线的设备都有一个独立的地址，主机可以利用什么来进行不同设备之间的访问？

7. I^2C 总线上的每个设备都有自己的独立地址，主机发起通信时，通过什么信号线发送设备地址来查找从机？

8. 读数据方向时，主机会释放对什么信号线的控制，由从机控制什么信号线，由主机接收信号？写数据方向时，什么由主机控制，由从机接收信号？

9. SPI 是一种高速什么通信总线？

10. SPI 通信使用几条总线及片选线，总线分别为什么？片选线是什么？

項目九 模拟量处理

任务 15　ADC 电压采集

一、ADC 介绍

STM32F429IGT6 有 3 个 ADC，每个 ADC 有 12、10、8 位和 6 位可选，每个 ADC 有 16 个外部通道。另外，还有两个内部 ADC 源和 VBAT 通道挂在 ADC1 上。ADC 具有独立模式、双重模式和三重模式，对于不同的 AD 转换要求几乎都有合适的模式可选。ADC 功能非常强大，具体每部分的功能在功能框图中进行剖析。

二、ADC 功能框图

ADC 的功能框图如图 9-1 所示。

掌握了 ADC 的功能框图，就可以对 ADC 有一个整体的把握，在编程时就可以做到了然于胸，不会一知半解。这里对 ADC 功能框图的讲解采用从左到右的方式，这跟 ADC 采集数据、转换数据、传输数据的方向大概一致。

1. 输入电压范围

ADC 输入电压范围为 $V_{REF-} \leqslant V_{IN} \leqslant V_{REF+}$。ADC 的输入电压由 VREF−、VREF+、VDDA、VSSA 这四个外部引脚决定。

设计原理图时一般把 VSSA 和 VREF−接地，把 VREF+和 VDDA 接 3.3V，得到 ADC 的输入电压范围为 0 ~ 3.3V。

如果想让输入的电压范围变宽至可以测试负电压或者更高的正电压，可以在外部加一个电压调理电路，把需要转换的电压抬升或者降低到 0 ~ 3.3V，这样 ADC 就可以测量了。

2. 输入通道

STM32F4 的 ADC 通道见表 9-1。

确定好 ADC 的输入电压之后，如何将电压怎么输入 ADC？这里引入通道的概念，STM32 的 ADC 多达 19 个通道，其中外部的 16 个通道就是功能框图中的 ADCx_IN0、ADCx_IN1、…、ADCx_IN15。这 16 个通道对应着不同的 I/O 接口，具体是哪一个 I/O 接口可以从手册查询到。其中，ADC1/2/3 还有内部通道：ADC1 的通道 ADC1_IN16 连接到内部 VSS，通道 ADC1_IN17 连接到内部 VREFINT，通道 ADC1_IN18 连接到芯片内部的温度传感器或者备用电源 VBAT。ADC2 和 ADC3 的通道 16、17、18 全部连接到内部 VSS。

外部的 16 个通道在转换时又分为规则通道和注入通道，其中规则通道最多有 16 路，注入通道最多有 4 路。那这两个通道有什么区别？在什么时候使用？

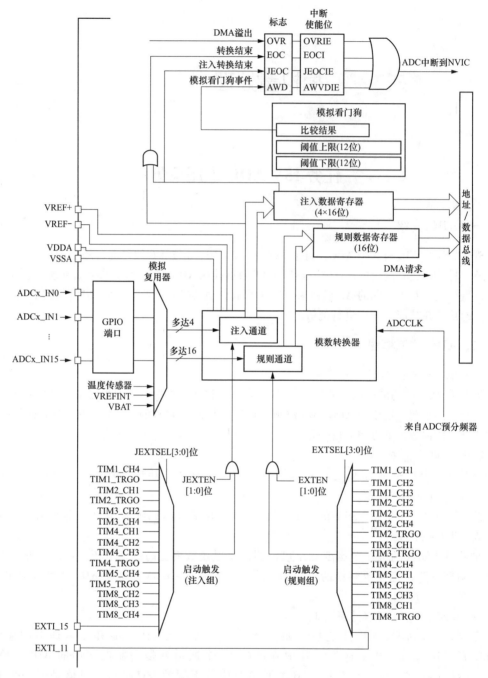

图 9-1　ADC 的功能框图

表 9-1　　　　　　STM32F4 的 ADC 通道

STM32F4 ADC I/O 分配					
ADC1	I/O	ADC2	I/O	ADC3	I/O
通道 0	PA0	通道 0	PA0	通道 0	PA0
通道 1	PA1	通道 1	PA1	通道 1	PA1

STM32F4 ADC I/O 分配					
通道 2	PA2	通道 2	PA2	通道 2	PA2
通道 3	PA3	通道 3	PA3	通道 3	PA3
通道 4	PA4	通道 4	PA4	通道 4	PF6
通道 5	PA5	通道 5	PA5	通道 5	PF7
通道 6	PA6	通道 6	PA6	通道 6	PF8
通道 7	PA7	通道 7	PA7	通道 7	PF9
通道 8	PB0	通道 8	PB0	通道 8	PF10
通道 9	PB1	通道 9	PB1	通道 9	PF3
通道 10	PC0	通道 10	PC0	通道 10	PC0
通道 11	PC1	通道 11	PC1	通道 11	PC1
通道 12	PC2	通道 12	PC2	通道 12	PC2
通道 13	PC3	通道 13	PC3	通道 13	PC3
通道 14	PC4	通道 14	PC4	通道 14	PF4
通道 15	PC5	通道 15	PC5	通道 15	PF5
通道 16	连接内部 VSS	通道 16	连接内部 VSS	通道 16	连接内部 VSS
通道 17	连接内部 VREFINT	通道 17	连接内部 VSS	通道 17	连接内部 VSS
通道 18	连接内部温度传感器/内部 VBAT	通道 18	连接内部 VSS	通道 18	连接内部 VSS

顾名思义，规则通道的"规则"就是很规矩的意思，平时一般使用的就是规则通道，或者应该说用到的都是规则通道，没有什么需要特别注意的。注入通道的"注入"可以理解为插入、插队的意思，注入通道是一种不安分的通道。它是一种在规则通道转换时强行插入转换的一种。如果在规则通道转换过程中，有注入通道插队，那么就要先转换完注入通道，再回到规则通道的转换流程。这点跟中断程序很像，都是不安分的。所以，注入通道只有在规则通道存在时才会出现。

3. 转换顺序

（1）规则序列。规则序列寄存器有 3 个，分别为 SQR3、SQR2、SQR1。SQR3 控制着规则序列中的第 1 个到第 6 个转换，对应的位为：SQ1 [4：0] ~ SQ6 [4：0]，第一次转换的是位 4：0，即 SQ1 [4：0]，如果通道 16 想第一次转换，那么在 SQ1 [4：0] 位域写 16 即可。SQR2 控制着规则序列中的第 7 到第 12 个转换，对应的位为：SQ7 [4：0] ~ SQ12 [4：0]，如果通道 1 想第 8 个转换，则在 SQ8 [4：0] 位域写 1 即可。SQR1 控制着规则序列中的第 13 到第 16 个转换，对应的位为：SQ13 [4：0] ~ SQ16 [4：0]，如果通道 6 想第 10 个转换，则在 SQ10 [4：0] 位域写 6 即可。具体使用多少个通道，由 SQR1 的位 L [3：0] 决定，最多有 16 个通道。规则序列寄存器见表 9-2。

（2）注入序列。注入序列寄存器 JSQR 只有一个，最多支持 4 个通道，具体使用多少个由 JSQR 的 JL [2：0] 决定。如果 JL 的值小于 4 的话，JSQR 跟 SQR 决定转换顺序的设置不一样，第一次转换的不是 JSQR1 [4：0]，而是 JCQRx [4：0]，x = (4-JL)，跟 SQR 刚好相反。如果 JL=0（1 个转换），那么转换的顺序是从 JSQR4 [4：0] 开始，而不是从 JSQR1 [4：0] 开始，这个要注意，编程时不要搞错。当 JL=4 时，跟 SQR 一样。注入序列寄存器见表 9-3。

表 9-2   规 则 序 列 寄 存 器

规则序列寄存器 SQRx，x (1, 2, 3)			
寄存器	寄存器位	功能	取值
SQR3	SQ1 [4:0]	设置第 1 个转换的通道	通道 1～16
	SQ2 [4:0]	设置第 2 个转换的通道	通道 1～16
	SQ3 [4:0]	设置第 3 个转换的通道	通道 1～16
	SQ4 [4:0]	设置第 4 个转换的通道	通道 1～16
	SQ5 [4:0]	设置第 5 个转换的通道	通道 1～16
	SQ6 [4:0]	设置第 6 个转换的通道	通道 1～16
SQR2	SQ7 [4:0]	设置第 7 个转换的通道	通道 1～16
	SQ8 [4:0]	设置第 8 个转换的通道	通道 1～16
	SQ9 [4:0]	设置第 9 个转换的通道	通道 1～16
	SQ10 [4:0]	设置第 10 个转换的通道	通道 1～16
	SQ11 [4:0]	设置第 11 个转换的通道	通道 1～16
	SQ12 [4:0]	设置第 12 个转换的通道	通道 1～16
SQR1	SQ13 [4:0]	设置第 13 个转换的通道	通道 1～16
	SQ14 [4:0]	设置第 14 个转换的通道	通道 1～16
	SQ15 [4:0]	设置第 15 个转换的通道	通道 1～16
	SQ16 [4:0]	设置第 16 个转换的通道	通道 1～16
	SQL [3:0]	需要转换多少个通道	1～16

表 9-3   注 入 序 列 寄 存 器

注入序列寄存器 JSQR			
寄存器	寄存器位	功能	取值
JSQR	JSQ1 [4:0]	设置第 1 个转换的通道	通道 1～4
	JSQ2 [4:0]	设置第 2 个转换的通道	通道 1～4
	JSQ3 [4:0]	设置第 3 个转换的通道	通道 1～4
	JSQ4 [4:0]	设置第 4 个转换的通道	通道 1～4
	SL [1:0]	需要转换多少个通道	1～4

4. 触发源

通道选好，转换的顺序也设置好后，接下来就可开始转换了。ADC 转换可以由 ADC 控制寄存器 2 即 ADC_CR2 的 ADON 位来控制，写 1 时开始转换，写 0 时停止转换。这个是最简单也最好理解的开启 ADC 转换的控制方式。

除了这种简单式的控制方法，ADC 还支持外部事件触发转换，这个触发包括内部定时器触发和外部 I/O 触发。触发源有很多，具体选择哪一种触发源，由 ADC 控制寄存器 2 即 ADC_CR2 的 EXTSEL [2:0] 和 JEXTSEL [2:0] 位来控制。EXTSEL [2:0] 用于选择规则通道的触发源，JEXTSEL [2:0] 用于选择注入通道的触发源。选定好触发源之后，触发源是否要激活，则由 ADC 控制寄存器 2 即 ADC_CR2 的 EXTTRIG 和 JEXTTRIG 这两位来激活。

如果使能了外部触发事件，还可以通过设置 ADC 控制寄存器 2 即 ADC_CR2 的 EXTEN [1:0] 和JEXTEN [1:0] 来控制触发极性，可以有 4 种状态，分别是禁止触发检测、上升沿检测、下降沿检测及上升沿和下降沿均检测。

5. 转换时间

（1）ADC 时钟。ADC 输入时钟 ADC_CLK 由 PCLK2 经过分频产生，频率最大值为 36MHz，典型值为 30MHz。分频因子由 ADC 通用控制寄存器 ADC_CCR 的 ADCPRE［1:0］设置，可设置的分频系数有 2、4、6 和 8，注意这里没有 1 分频。对于 STM32F429IGT6，一般设置 $f_{PCLK2}=f_{HCLK}/2=90$MHz，所以程序一般使用 4 分频或者 6 分频。

（2）采样时间。ADC 需要若干个 ADC_CLK 周期完成对输入电压的采样，采样的周期数可通过 ADC 采样时间寄存器 ADC_SMPR1 和 ADC_SMPR2 中的 SMP［2:0］位设置，ADC_SMPR2 控制的是通道 0~9，ADC_SMPR1 控制的是通道 10~17。每个通道可以分别用不同的时间采样，其中采样周期最小是 3 个，即如果要实现最快采样，那么应该设置采样时间为 3 个周期，这里所说的周期是 1/ADC_CLK。

ADC 的总转换时间跟 ADC 的输入时钟和采样时间有关，计算公式为：

$$T_{conv} = 采样时间 + 12 个周期 \qquad (9-1)$$

当 $f_{ADC\_CLK}=30$MHz，即 f_{PCLK2} 为 60MHz，ADC 时钟为 2 分频，采样时间设置为 3 个周期，那么总的转换时为：$T_{conv}=3+12=15$ 个周期 $=0.5\mu s$。

一般设置 $f_{PCLK2}=90$MHz，经过 ADC 预分频器能分频到的最大时钟只能是 22.5MHz，采样时间设置为 3 个周期，从而可算出最短的转换时间为 0.6667μs，这个才是最常用的。

6. 数据寄存器

一切准备就绪后，ADC 转换后的数据根据转换组的不同，规则组的数据放在 ADC_DR 寄存器，注入组的数据放在 JDRx 寄存器。如果使用的是双重或者三重模式，那么规则组的数据是存放在通用规则寄存器 ADC_CDR 中的。

（1）ADC 规则组数据寄存器 ADC_DR。ADC 规则组数据寄存器 ADC_DR 只有一个，是一个 32 位的寄存器，只有低 16 位有效并且只用于独立模式下存放转换完成的数据。因为 ADC 的最大精度是 12 位，ADC_DR 是 16 位有效，因此允许 ADC 存放数据时选择左对齐或者右对齐，具体以哪一种方式存放，由 ADC_CR2 的 11 位 ALIGN 设置。假如设置 ADC 精度为 12 位，若设置数据为左对齐，则 AD 转换完成的数据存放在 ADC_DR 寄存器的［4:15］位域内；如果设置数据为右对齐，则存放在 ADC_DR 寄存器的［0:11］位域内。

规则通道可以有 16 个这么多，可规则组数据寄存器只有一个，如果使用多通道转换，那么转换的数据就全部挤在了 DR 中，前一个时间点转换的通道数据，就会被下一个时间点的另外一个通道转换的数据覆盖掉，所以当通道转换完成后就应该把数据取走，或者开启 DMA 模式，把数据传输到内存里面，不然就会造成数据的覆盖。最常用的做法就是开启 DMA 传输。

如果没有使用 DMA 传输，一般都需要使用 ADC 状态寄存器 ADC_SR 获取当前 ADC 转换的进度状态，进而进行程序控制。

（2）注入组数据寄存器 ADC_JDRx。ADC 注入组最多有 4 个通道，刚好注入组数据寄存器也有 4 个，每个通道对应着自己的寄存器，不会跟规则组寄存器那样产生数据覆盖的问题。ADC_JDRx 是 32 位的，低 16 位有效，高 16 位保留，数据同样分为左对齐和右对齐，具体以哪一种方式存放，由 ADC_CR2 的 11 位 ALIGN 设置。

（3）通用规则数据寄存器 ADC_CDR。规则组数据寄存器 ADC_DR 仅适用于独立模式，而通用规则数据寄存器 ADC_CDR 适用于双重和三重模式。独立模式就是仅仅使用三个 ADC 中的一个，双重模式就是同时使用 ADC1 和 ADC2，而三重模式就是三个 ADC 同时使用。在双重或者三重模式下一般需要配合 DMA 数据传输使用。

7. 中断

（1）转换结束中断。数据转换结束后，可以产生中断，中断分为四种：规则通道转换结束中断、注入通道转换结束中断、模拟看门狗中断和溢出中断。其中转换结束中断很好理解，跟平时接触的中断一样，有相应的中断标志位和中断使能位，还可以根据中断类型编写相应的中断服务程序。

（2）模拟看门狗中断。当 ADC 转换的模拟电压低于低阈值或者高于高阈值时，就会产生中断，其前提是开启了模拟看门狗中断，其中低阈值和高阈值由 ADC_LTR 和 ADC_HTR 设置。例如，设置的高阈值是 2.5V，那么模拟电压超过 2.5V 时，就会产生模拟看门狗中断，低阈值时也一样。

（3）溢出中断。如果发生 DMA 传输数据丢失，会置位 ADC 状态寄存器 ADC_SR 的 OVR 位，如果同时使能溢出中断，那么在转换结束后会产生一个溢出中断。

（4）DMA 请求。规则和注入通道转换结束后，除了产生中断外，还可以产生 DMA 请求，把转换好的数据直接存储在内存中。对于独立模式的多通道 AD 转换，使用 DMA 传输非常有必要，这样可以使程序编写简化很多。对于双重或三重模式，使用 DMA 传输几乎可以说是必要的。有关 DMA 请求，需要配合 STM32F4xx 中文参考手册中的 DMA 控制器这一章来学习。一般在使用 ADC 时都会开启 DMA 传输。

8. 电压转换

模拟电压经过 ADC 转换后，会是一个相对精度的数字值，如果通过串行接口以 16 进制打印出来的话，可读性比较差，那么有时就需要把数字电压转换成模拟电压，也可以跟实际的模拟电压（用万用表测量）对比，以确定转换是否准确。

一般在设计原理图时会把 ADC 的输入电压设定在 0~3.3V，如果设置 ADC 为 12 位，那么 12 位满量程对应的就是 3.3V，12 位满量程对应的数字值是 2^{12}。数值 0 对应的就是 0V。如果转换后的数值为 x，x 对应的模拟电压为 y，那么会有这么一个等式成立：$2^{12}/3.3 = x/y$，可得 $y = 3.3x/2^{12}$。

三、ADC 初始化结构体

标准库函数对每个外设都建立了一个初始化结构体 xxx_InitTypeDef（xxx 为外设名称），结构体成员用于设置外设工作参数，并由标准库函数 xxx_Init()调用这些设定参数进入所设置外设相应的寄存器，以达到配置外设工作环境的目的。结构体 xxx_InitTypeDef 定义在 stm32f4xx_xxx.h 文件中，库函数 xxx_Init 定义在 stm32f4xx_xxx.c 文件中，编程时可以结合这两个文件中的注释使用。

1. ADC_InitTypeDef 结构体

ADC_ InitTypeDef 结构体定义在 stm32f4xx_ adc.h 文件内，具体定义见代码清单 9-1。

代码清单 9-1 ADC_InitTypeDef 结构体定义

```
typedef struct
{
    uint32_t ADC_Resolution;                //ADC 分辨率选择
    FunctionalState ADC_ScanConvMode;       //ADC 扫描选择
    FunctionalState ADC_ContinuousConvMode; //ADC 连续转换模式选择
    uint32_t ADC_ExternalTrigConvEdge;      //ADC 外部触发极性
    uint32_t ADC_ExternalTrigConv;          //ADC 外部触发选择
    uint32_t ADC_DataAlign;                 //输出数据对齐方式
    uint8_t ADC_NbrOfChannel;               //转换通道数目
} ADC_InitTypeDef;
```

（1）ADC_Resolution：配置 ADC 的分辨率，可选的分辨率有 12、10、8 位和 6 位。分辨率越高，AD 转换的数据精度越高，转换时间也越长；分辨率越低，AD 转换的数据精度越低，转换时间也越短。

（2）ScanConvMode：可选参数为 ENABLE 和 DISABLE，配置是否使用扫描。如果是单通道 AD 转换使用 DISABLE，如果是多通道 AD 转换使用 ENABLE。

（3）ADC_ContinuousConvMode：可选参数为 ENABLE 和 DISABLE，配置的是使能自动连续转换还是单次转换。使用 ENABLE 配置为使能自动连续转换；使用 DISABLE 配置为单次转换，转换一次后停止需要手动控制才能重新启动转换。

（4）ADC_ExternalTrigConvEdge：外部触发极性选择，如果使用外部触发，可以选择触发的极性，可选的有禁止触发检测、上升沿触发检测、下降沿触发检测及上升沿和下降沿均可触发检测。

（5）ADC_ExternalTrigConv：外部触发选择，图 9-1 中列举了很多外部触发条件，可根据项目需求配置触发来源。实际上，一般使用软件自动触发。

（6）ADC_DataAlign：转换结果数据对齐模式，可选的有右对齐 ADC_DataAlign_Right 或者左对齐 ADC_DataAlign_Left。一般选择右对齐模式。

（7）ADC_NbrOfChannel：AD 转换通道数目。

2. ADC_CommonInitTypeDef 结构体

ADC 除了有 ADC_InitTypeDef 初始化结构体外，还有一个 ADC_CommonInitTypeDef 通用初始化结构体。ADC_CommonInitTypeDef 结构体内容决定着三个 ADC 共用的工作环境，如模式选择、ADC 时钟等。

ADC_CommonInitTypeDef 结构体定义也在 stm32_f4xx.h 文件中，具体定义见代码清单 9-2。

代码清单 9-2　ADC_CommonInitTypeDef 结构体定义

```
typedef struct
{
    uint32_t ADC_Mode;                    //ADC 模式选择
    uint32_t ADC_Prescaler;               //ADC 分频系数
    uint32_t ADC_DMAAccessMode;           //DMA 模式配置
    uint32_t ADC_TwoSamplingDelay;        //采样延迟
} ADC_InitTypeDef;
```

（1）ADC_Mode：ADC 工作模式选择，有独立模式、双重模式以及三重模式。

（2）ADC_Prescaler：ADC 时钟分频系数选择，ADC 时钟由 PCLK2 分频而来，分频系数决定着 ADC 时钟频率，可选的分频系数为 2、4、6 和 8。ADC 最大时钟配置为 36MHz。

（3）ADC_DMAAccessMode：DMA 模式设置，只有在双重或者三重模式下才需要设置，可以设置三种模式，具体可参阅参考手册说明。

（4）ADC_TwoSamplingDelay：两个采样阶段之前的延迟，仅适用于双重或三重模式。

四、独立模式单通道采集实验

STM32 的 ADC 功能繁多，这里设计两个实验尽量完整地展示 ADC 的功能。首先是比较基础实用的单通道采集，实现开发板上电位器的动触点输出引脚电压的采集并通过串行接口打印至个人计算机端串行接口调试助手。单通道采集适用于 AD 转换完成中断，在中断服务函数中读取数据，不使用 DMA 传输，在多通道采集时才使用 DMA 传输。

1. 硬件设计

开发板载有一个贴片滑动变阻器，电路设计如图 9-2 所示。

贴片滑动变阻器的动触点连接至 STM32 芯片的 ADC 通道引脚。当使用旋转滑动变阻器调节旋钮时，其动触点电压也会随之改变，输入电压在 0～3.3V 内变化，这也是开发板默认的 ADC 电压采集范围。

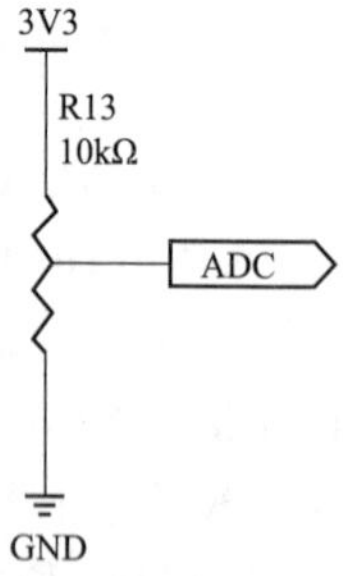

2. 软件设计

这里只讲解部分核心代码，有些变量的设置、头文件的包含等并没有涉及。

这里编写两个 ADC 驱动文件，即 bsp_adc.h 和 bsp_adc.c 文件，用来存放 ADC 所用 I/O 引脚的初始化函数及 ADC 配置相关的函数。

图 9-2 开发板部分
电路设计

3. 编程要点

（1）初始化配置 ADC 目标引脚为模拟输入模式。

（2）使能 ADC 时钟。

（3）配置通用 ADC 为独立模式，采样 4 分频。

（4）设置目标 ADC 为 12 位分辨率，1 通道的连续转换，不需要外部触发。

（5）设置 ADC 转换通道顺序及采样时间。

（6）配置使能 ADC 转换完成中断，在中断服务函数内读取转换完数据。

（7）启动 ADC 转换。

（8）使能软件触发 ADC 转换。

ADC 转换结果数据使用中断方式读取，这里没有使用 DMA 进行数据传输。

4. 代码分析

（1）ADC 宏定义，见代码清单 9-3。

代码清单 9-3 ADC 宏定义

```
//ADCGPIO 宏定义
#define RHEOSTAT_ADC_GPIO_PORT          GPIOC
#define RHEOSTAT_ADC_GPIO_PIN           GPIO_Pin_3
#define RHEOSTAT_ADC_GPIO_CLK           RCC_AHB1Periph_GPIOC


// ADC 序号宏定义
#define RHEOSTAT_ADC                    ADC1
#define RHEOSTAT_ADC_CLK                RCC_APB2Periph_ADC1
#define RHEOSTAT_ADC_CHANNEL            ADC_Channel_13


// ADC DR 寄存器宏定义,ADC 转换后的数字值存放在这里
#define RHEOSTAT_ADC_DR_ADDR            ((u32)ADC1+0x4c)


// ADC DMA 通道宏定义,这里使用 DMA 传输
#define RHEOSTAT_ADC_DMA_CLK            RCC_AHB1Periph_DMA2
#define RHEOSTAT_ADC_DMA_CHANNEL        DMA_Channel_0
#define RHEOSTAT_ADC_DMA_STREAM         DMA2_Stream0
```

使用宏定义引脚信息方便硬件电路改动时程序移植。

（2）ADC GPIO 初始化函数，见代码清单 9-4。

代码清单 9-4 ADC GPIO 初始化

```
/********************************************************************
* 功  能:Rheostat_ADC_GPIO_Config
```

```
*  参  数:无
*  返回值:无
********************************************************************/
static void Rheostat_ADC_GPIO_Config(void)
{
    GPIO_InitTypeDef GPIO_InitStructure;

    // 使能 GPIO 时钟
    RCC_AHB1PeriphClockCmd(RHEOSTAT_ADC_GPIO_CLK,ENABLE);

    // 配置 I/O
    GPIO_InitStructure.GPIO_Pin = RHEOSTAT_ADC_GPIO_PIN;
    GPIO_InitStructure.GPIO_Mode = GPIO_Mode_AIN;
    GPIO_InitStructure.GPIO_PuPd = GPIO_PuPd_NOPULL ;          //不上拉不下拉
    GPIO_Init(RHEOSTAT_ADC_GPIO_PORT,&GPIO_InitStructure);
}
```

用到 GPIO 时必须开启对应的 GPIO 时钟，GPIO 用于 AD 转换功能时必须配置为模拟输入模式。

（3）配置 ADC 工作模式，见代码清单 9-5。

代码清单 9-5　配置 ADC 工作模式

```
/********************************************************************
*  功  能:Rheostat_ADC_Mode_Config
*  参  数:无
*  返回值:无
********************************************************************/
static void Rheostat_ADC_Mode_Config(void)
{
    DMA_InitTypeDef DMA_lnitStructure;
    ADC_InitTypeDef ADC_InitStructure;
    ADC_CommonInitTypeDef ADC_CommonInitStructure;

    // ------------------DMA Init 结构体参数初始化-----------------------
    // ADC1 使用 DMA2,数据流 0,通道 0,这个是手册固定死的
    // 开启 DMA 时钟
    RCC_AHB1PeriphClockCmd(RHEOSTAT_ADC_DMA_CLK,ENABLE);
    // 外设基地址为:ADC 数据寄存器地址
    DMA_InitStructure.DMA_PeripheralBaseAddr = RHEOSTAT_ADC_DR_ADDR;
    // 存储器地址,实际上就是一个内部 SRAM 的变量
    DMA_InitStructure.DMA_Memory0BaseAddr = (u32)&ADC_ConvertedValue;
    // 数据传输方向为外设到存储器
    DMA_InitStructure.DMA_DIR = DMA_DIR_PeripheralToMemory;
    // 缓冲区大小,指一次传输的数据量
    DMA_InitStructure.DMA_BufferSize = 1;
    // 外设寄存器只有一个,地址不用递增
```

```
DMA_InitStructure.DMA_PeripheralInc = DMA_PeripheralInc_Disable;
// 存储器地址固定
DMA_InitStructure.DMA_MemoryInc = DMA_MemoryInc_Disable;
// 外设数据大小为半字,即两个字节
DMA_InitStructure.DMA_PeripheralDataSize = DMA_PeripheralDataSize_Half-
Word;
//存储器数据大小也为半字,跟外设数据大小相同
DMA_InitStructure.DMA_MemoryDataSize = DMA_MemoryDataSize_HalfWord;
// 循环传输模式
DMA_InitStructure.DMA_Mode = DMA_Mode_Circular;
// DMA 传输通道优先级为高,当使用一个 DMA 通道时,优先级设置不影响
DMA_InitStructure.DMA_Priority = DMA_Priority_High;
// 禁止 DMA FIFO,使用直连模式
DMA_InitStructure.DMA_FIFOMode = DMA_FIFOMode_Disable;
// FIFO 大小,FIFO 模式禁止时,这个不用配置
DMA_InitStructure.DMA_FIFOThreshold = DMA_FIFOThreshold_HalfFull;
DMA_InitStructure.DMA_MemoryBurst = DMA_MemoryBurst_Single;
DMA_InitStructure.DMA_PeripheralBurst = DMA_PeripheralBurst_Single;
// 选择 DMA 通道,通道存在于流中
DMA_InitStructure.DMA_Channel = RHEOSTAT_ADC_DMA_CHANNEL;
//初始化 DMA 流,流相当于一个大的管道,管道里面有很多通道
DMA_Init(RHEOSTAT_ADC_DMA_STREAM,&DMA_InitStructure);
// 使能 DMA 流
DMA_Cmd(RHEOSTAT_ADC_DMA_STREAM,ENABLE);


// 开启 ADC 时钟
RCC_APB2PeriphClockCmd(RHEOSTAT_ADC_CLK,ENABLE);
// ------------------ADC Common 结构体参数初始化------------------------
// 独立 ADC 模式
ADC_CommonInitStructure.ADC_Mode = ADC_Mode_Independent;
// 时钟为 fpclk x 分频
ADC_CommonInitStructure.ADC_Prescaler = ADC_Prescaler_Div2;
// 禁止 DMA 直接访问模式
ADC_CommonInitStructure.ADC_DMAAccessMode = ADC_DMAAccessMode_Disabled;
// 采样时间间隔
ADC_CommonInitStructure.ADC_TwoSamplingDelay = ADC_TwoSamplingDelay_20Cycles;
ADC_CommonInit(&ADC_CommonInitStructure);


// ------------------ADC Init 结构体 参数 初始化------------------------
ADC_StructInit(&ADC_InitStructure);
// ADC 分辨率
ADC_InitStructure.ADC_Resolution = ADC_Resolution_12b;
// 禁止扫描模式,多通道采集才需要
ADC_InitStructure.ADC_ScanConvMode = DISABLE;
```

```
    // 连续转换
    ADC_InitStructure.ADC_ContinuousConvMode = ENABLE;
    //禁止外部边沿触发
    ADC_InitStructure.ADC_ExternalTrigConvEdge = ADC_ExternalTrigConvEdge_
None;
    //外部触发通道,本例使用软件触发,此值随便赋值即可
    ADC_InitStructure.ADC_ExternalTrigConv = ADC_ExternalTrigConv_T1_CC1;
    //数据右对齐
    ADC_InitStructure.ADC_DataAlign = ADC_DataAlign_Right;
    //转换通道 1 个
    ADC_InitStructure.ADC_NbrOfConversion = 1;
    ADC_Init(RHEOSTAT_ADC,&ADC_InitStructure);
    //-----------------------------------------------------------------------

    // 配置 ADC 通道转换顺序为 1,第一个转换,采样时间为 3 个时钟周期
    ADC_RegularChannelConfig(RHEOSTAT_ADC,RHEOSTAT_ADC_CHANNEL,1,
                            ADC_SampleTime_56Cycles);
    // 使能 DMA 请求 after last transfer (Single-ADC mode)
    ADC_DMARequestAfterLastTransferCmd(RHEOSTAT_ADC,ENABLE);
    // 使能 ADC DMA
    ADC_DMACmd(RHEOSTAT_ADC,ENABLE);

    // 使能 ADC
    ADC_Cmd(RHEOSTAT_ADC,ENABLE);
    //开始 ADC 转换,软件触发
    ADC_SoftwareStartConv(RHEOSTAT_ADC);
}
```

1）首先，使用 ADC_InitTypeDef 和 ADC_CommonInitTypeDef 结构体分别定义一个 ADC 初始化结构体和 ADC 通用类型变量。

2）调用 RCC_APB2PeriphClockCmd（）函数开启 ADC 时钟。

3）使用 ADC_CommonInitTypeDef 结构体变量 ADC_CommonInitStructure 配置 ADC 为独立模式、分频系数为 4、不需要设置 DMA 模式、20 个周期的采样延迟，并调用 ADC_CommonInit 函数完成 ADC 通用工作环境配置。

4）使用 ADC_InitTypeDef 结构体变量 ADC_InitStructure 配置 ADC1 为 12 位分辨率、单通道采集不需要扫描、启动连续转换、使用内部软件触发、无须外部触发事件、使用右对齐数据格式、转换通道为 1，并调用 ADC_Init 函数完成 ADC1 工作环境配置。

5）ADC_RegularChannelConfig 函数用来绑定 ADC 通道转换顺序和时间。它接收 4 个形参：第一个形参为 ADC 外设选择，可为 ADC1、ADC2 或 ADC3；第二个形参为通道选择，总共可选 18 个通道；第三个形参为转换顺序，可选 1 到 16；第四个形参为采样周期选择，采样周期越短，ADC 转换数据输出周期就越短且数据精度也越低，采样周期越长，ADC 转换数据输出周期就越长且数据精度越高。PC3 对应 ADC 通道 ADC_Channel_13，这里选择 ADC_SampleTime_56Cycles，即 56 个周期的采样时间。

6）利用 ADC 转换完成中断，可以非常方便地保证读取到的数据是转换完成后的数

据，而不用担心该数据可能是 ADC 正在转换时的"不稳定"的数据。这里使用 ADC_ITConfig 函数使能 ADC 转换完成中断，并在中断服务函数中读取转换结果数据。

7）ADC_Cmd 函数控制 ADC 转换的启动和停止。

8）如果使用软件触发则需要调用 ADC_SoftwareStartConvCmd 函数进行使能配置。

（4）ADC 中断配置，见代码清单 9-6。

代码清单 9-6　ADC 中断配置

```
static void Rheostat_ADC_NVIC_Config(void)
{
    NVIC_InitTypeDef NVIC_InitStructure;
    NVIC_PriorityGroupConfig(NVIC_PriorityGroup_1);
    NVIC_InitStructure.NVIC_IRQChannel = Rheostat_ADC_IRQ;
    NVIC_InitStructure.NVIC_IRQChannelPreemptionPriority = 1;
    NVIC_InitStructure.NVIC_IRQChannelSubPriority = 1;
    NVIC_InitStructure.NVIC_IRQChannelCmd = ENABLE;
    NVIC_Init(&NVIC_InitStructure);
}
```

在 Rheostat_ADC_NVIC_Config 函数中配置了 ADC 转换完成中断，使用中断同时需要配置中断源和中断优先级。

（5）ADC 中断服务函数，见代码清单 9-7。

代码清单 9-7　ADC 中断服务函数

```
void ADC_IRQHandler(void)
{
    if (ADC_GetITStatus(RHEOSTAT_ADC,ADC_IT_EOC)==SET)
    {
        // 读取 ADC 的转换值
        ADC_ConvertedValue = ADC_GetConversionValue(RHEOSTAT_ADC);
    }
    ADC_ClearITPendingBit(RHEOSTAT_ADC,ADC_IT_EOC);
}
```

1）中断服务函数一般定义在 stm32f4xx_it.c 文件内，只使能 ADC 转换完成中断。在 ADC 转换完成后就会进入中断服务函数，在中断服务函数内直接读取 ADC 转换结果，并保存在变量 ADC_ConvertedValue（在 main.c 中定义）中。

2）ADC_GetConversionValue 函数是获取 ADC 转换结果值的库函数，只有一个形参为 ADC 外设选择，可选为 ADC1、ADC2 或 ADC3，该函数还返回一个 16 位的 ADC 转换结果值。

（6）main 函数，见代码清单 9-8。

代码清单 9-8　main 函数

```
/*********************************************************************
* 功　能:main 函数
* 参　数:无
* 返回值:无
*********************************************************************/
int main(void)
{
```

```
/* 初始化 USART 配置模式为 115200 8-N-1,中断接收* /
Debug_USART_Config();
Rheostat_Init();
while (1)
{
    printf(" \r \n The current AD value = 0x% 04X \r \n", ADC_ ConvertedValue);
    printf(" \r \n The current AD value = % f V \r \n", ADC_ Vol);
    ADC_ Vol = (float) ADC_ ConvertedValue/4096* (float) 3.3;
    // 读取转换的 AD 值
    Delay(0xffffee);
}
}
```

1）main 函数先调用 USARTx_Config 函数配置调试串行接口相关参数，函数定义在 bsp_debug_usart. c 文件中。

2）接下来调用 Rheostat_ Init 函数进行 ADC 初始化配置并启动 ADC。Rheostat_Init 函数定义在 bsp_adc. c 文件中，它只是简单地分别调用 Rheostat_ADC_GPIO_Config( ) 函数、Rheostat_ADC_Mode_Config( ) 函数和 Rheostat_ADC_NVIC_Config( ) 函数。

3）Delay 函数只是一个简单的延时函数。

4）在 ADC 中断服务函数中把 AD 转换结果保存在变量 ADC_ConvertedValue 中，根据之前的分析可以非常清楚地计算出对应的电位器动触点的电压值。

5）最后就是把相关数据打印至串行接口调试助手。

五、独立模式多通道采集实验

1. 硬件设计

开发板已通过排针接口把部分 ADC 通道引脚引出，可以根据需要选择使用。实际使用时必须注意 ADC 引脚是单独使用的，不可与其他模块电路共用同一引脚。

2. 软件设计

这里只讲解部分核心代码，有些变量的设置、头文件的包含等并没有涉及。

跟单通道例程一样，这里编写了两个 ADC 驱动文件，即 bsp_adc. h 和 bsp_adc. c 文件，用来存放 ADC 所用 I/O 引脚的初始化函数及 ADC 配置相关的函数，实际上这两个文件跟单通道实验中的文件是非常相似的。

3. 编程要点

（1）初始化配置 ADC 目标引脚为模拟输入模式。

（2）使能 ADC 时钟和 DMA 时钟。

（3）配置 DMA 从 ADC 规则组数据寄存器传输数据到指定的存储区。

（4）配置通用 ADC 为独立模式，采样 4 分频。

（5）设置 ADC 为 12 位分辨率，启动扫描，连续转换，不需要外部触发。

（6）设置 ADC 转换通道顺序及采样时间。

（7）使能 DMA 请求，DMA 在 AD 转换完后自动传输数据到指定的存储区。

（8）启动 ADC 转换。

（9）使能软件触发 ADC 转换。

ADC 转换结果数据使用 DMA 方式传输至指定的存储区，这样就取代了单通道实验使用中断服务的读取方法。实际上，多通道 ADC 采集一般使用 DMA 数据传输方式，这样更加高效方便。

4. 代码分析

（1）多通道 ADC 相关宏定义见代码清单 9-9。

代码清单 9-9　多通道 ADC 相关宏定义

```
#define RHEOSTAT_NOFCHANEL 3
/* ====================通道1 I/O====================* /
// PC3 通过调帽接电位器
// ADC I/O 宏定义
#define RHEOSTAT_ADC_GPIO_PORT1          GPIOC
#define RHEOSTAT_ADC_GPIO_PIN1           GPIO_Pin_3
#define RHEOSTAT_ADC_GPIO_CLK1           RCC_AHB1Periph_GPIOC
#define RHEOSTAT_ADC_CHANNEL1            ADC_Channel_13
/* ====================通道2 I/O ====================* /
// PA4 通过调帽接光敏电阻
// ADC I/O 宏定义
#define RHEOSTAT_ADC_GPIO_PORT2          GPIOA
#define RHEOSTAT_ADC_GPIO_PIN2           GPIO_Pin_4
#define RHEOSTAT_ADC_GPIO_CLK2           RCC_AHB1Periph_GPIOA
#define RHEOSTAT_ADC_CHANNEL2            ADC_Channel_4
/* ====================通道3 I/O ====================* /
// PA6,可用杜邦线接 3.3V 或者 GND
// ADC I/O 宏定义
#define RHEOSTAT_ADC_GPIO_PORT3          GPIOA
#define RHEOSTAT_ADC_GPIO_PIN3           GPIO_Pin_6
#define RHEOSTAT_ADC_GPIO_CLK3           RCC_AHB1Periph_GPIOA
#define RHEOSTAT_ADC_CHANNEL3            ADC_Channel_6


// ADC 序号宏定义
#define RHEOSTAT_ADC                     ADC1
#define RHEOSTAT_ADC_CLK                 RCC_APB2Periph_ADC1
// ADC DR 寄存器宏定义,ADC 转换后的数字值则存放在这里
#define RHEOSTAT_ADC_DR_ADDR             ((u32)ADC1+0x4c)


// ADC DMA 通道宏定义,这里使用 DMA 传输
#define RHEOSTAT_ADC_DMA_CLK             RCC_AHB1Periph_DMA2
#define RHEOSTAT_ADC_DMA_CHANNEL         DMA_Channel_0
#define RHEOSTAT_ADC_DMA_STREAM          DMA2_Stream0
```

定义 3 个通道，进行多通道 ADC 实验，并且定义 DMA 相关的配置。

（2）ADC GPIO 初始化，见代码清单 9-10。

代码清单 9-10　ADC GPIO 初始化

```
/************************************************************
* 功  能:Rheostat_ADC_GPIO_Config
* 参  数:无
```

```
*   返回值:无
******************************************************************/
static void Rheostat_ADC_GPIO_Config(void)
{
    GPIO_InitTypeDef GPIO_InitStructure;
    /* ===================通道1===================*/
    // 使能 GPIO 时钟
    RCC_AHB1PeriphClockCmd(RHEOSTAT_ADC_GPIO_CLK1,ENABLE);
    // 配置 I/O
    GPIO_InitStructure.GPIO_Pin = RHEOSTAT_ADC_GPIO_PIN1;
    GPIO_InitStructure.GPIO_Mode = GPIO_Mode_AIN;
    //不上拉不下拉
    GPIO_InitStructure.GPIO_PuPd = GPIO_PuPd_NOPULL;
    GPIO_Init(RHEOSTAT_ADC_GPIO_PORT1,&GPIO_InitStructure);

    /* ===================通道2===================*/
    // 使能 GPIO 时钟
    RCC_AHB1PeriphClockCmd(RHEOSTAT_ADC_GPIO_CLK2,ENABLE);
    // 配置 I/O
    GPIO_InitStructure.GPIO_Pin = RHEOSTAT_ADC_GPIO_PIN2;
    GPIO_InitStructure.GPIO_Mode = GPIO_Mode_AIN;
    //不上拉不下拉
    GPIO_InitStructure.GPIO_PuPd = GPIO_PuPd_NOPULL;
    GPIO_Init(RHEOSTAT_ADC_GPIO_PORT2,&GPIO_InitStructure);

    /* ===================通道3===================*/
    // 使能 GPIO 时钟
    RCC_AHB1PeriphClockCmd(RHEOSTAT_ADC_GPIO_CLK3,ENABLE);
    // 配置 I/O
    GPIO_InitStructure.GPIO_Pin = RHEOSTAT_ADC_GPIO_PIN3;
    GPIO_InitStructure.GPIO_Mode = GPIO_Mode_AIN;
    //不上拉不下拉
    GPIO_InitStructure.GPIO_PuPd = GPIO_PuPd_NOPULL;
    GPIO_Init(RHEOSTAT_ADC_GPIO_PORT3,&GPIO_InitStructure);
}
```

使用到 GPIO 时候都必须开启对应的 GPIO 时钟，GPIO 用于 AD 转换功能必须配置为模拟输入模式。

（3）配置 ADC 工作模式，见代码清单 9-11。

代码清单 9-11　配置 ADC 工作模式

```
/***************************************************************
*   功    能:Rheostat_ADC_Mode_Config
*   参    数:无
*   返回值:无
****************************************************************/
```

```
static void Rheostat_ADC_Mode_Config(void)
{
    DMA_InitTypeDef DMA_InitStructure;
    ADC_InitTypeDef ADC_InitStructure;
    ADC_CommonInitTypeDef ADC_CommonInitStructure;

    // ------------------DMA Init 结构体参数初始化------------------------
    // ADC1 使用 DMA2,数据流 0,通道 0,这个是手册固定死的
    // 开启 DMA 时钟
    RCC_AHB1PeriphClockCmd(RHEOSTAT_ADC_DMA_CLK,ENABLE);
    // 外设基地址为:ADC 数据寄存器地址
    DMA_InitStructure.DMA_PeripheralBaseAddr = RHEOSTAT_ADC_DR_ADDR;
    // 存储器地址,实际上就是一个内部 SRAM 的变量
    DMA_InitStructure.DMA_Memory0BaseAddr = (u32)ADC_ConvertedValue;
    // 数据传输方向为外设到存储器
    DMA_InitStructure.DMA_DIR = DMA_DIR_PeripheralToMemory;
    // 缓冲区大小,指一次传输的数据量
    DMA_InitStructure.DMA_BufferSize = RHEOSTAT_NOFCHANEL;
    // 外设寄存器只有一个,地址不用递增
    DMA_InitStructure.DMA_PeripheralInc = DMA_PeripheralInc_Disable;
    // 存储器地址固定
    DMA_InitStructure.DMA_MemoryInc = DMA_MemoryInc_Enable;
    // 外设数据大小为半字,即两个字节
    DMA_InitStructure.DMA_PeripheralDataSize = DMA_PeripheralDataSize_HalfWord;
    //存储器数据大小也为半字,跟外设数据大小相同
    DMA_InitStructure.DMA_MemoryDataSize = DMA_MemoryDataSize_HalfWord;
    // 循环传输模式
    DMA_InitStructure.DMA_Mode = DMA_Mode_Circular;
    // DMA 传输通道优先级为高,当使用一个 DMA 通道时,优先级设置不影响
    DMA_InitStructure.DMA_Priority = DMA_Priority_High;
    // 禁止 DMA FIFO,使用直连模式
    DMA_InitStructure.DMA_FIFOMode = DMA_FIFOMode_Disable;
    // FIFO 大小,FIFO 模式禁止时,这个不用配置
    DMA_InitStructure.DMA_FIFOThreshold = DMA_FIFOThreshold_HalfFull;
    DMA_InitStructure.DMA_MemoryBurst = DMA_MemoryBurst_Single;
    DMA_InitStructure.DMA_PeripheralBurst = DMA_PeripheralBurst_Single;
    // 选择 DMA 通道,通道存在于流中
    DMA_InitStructure.DMA_Channel = RHEOSTAT_ADC_DMA_CHANNEL;
    //初始化 DMA 流,流相当于一个大的管道,管道里面有很多通道
    DMA_Init(RHEOSTAT_ADC_DMA_STREAM,&DMA_InitStructure);
    // 使能 DMA 流
    DMA_Cmd(RHEOSTAT_ADC_DMA_STREAM,ENABLE);

    // 开启 ADC 时钟
```

```
RCC_APB2PeriphClockCmd(RHEOSTAT_ADC_CLK,ENABLE);
// ------------------ADC Common 结构体参数初始化---------------------
// 独立 ADC 模式
ADC_CommonInitStructure.ADC_Mode = ADC_Mode_Independent;
// 时钟为 fPCLKx 分频
ADC_CommonInitStructure.ADC_Prescaler = ADC_Prescaler_Div4;
// 禁止 DMA 直接访问模式
ADC_CommonInitStructure.ADC_DMAAccessMode = ADC_DMAAccessMode_Disabled;
// 采样时间间隔
ADC_CommonInitStructure.ADC_TwoSamplingDelay = ADC_TwoSamplingDelay_20Cycles;
ADC_CommonInit(&ADC_CommonInitStructure);


// ------------------ADC Init 结构体参数初始化---------------------
ADC_StructInit(&ADC_InitStructure);
// ADC 分辨率
ADC_InitStructure.ADC_Resolution = ADC_Resolution_12b;
// 扫描模式,多通道采集需要
ADC_InitStructure.ADC_ScanConvMode = ENABLE;
// 连续转换
ADC_InitStructure.ADC_ContinuousConvMode = ENABLE;
//禁止外部边沿触发
ADC_InitStructure.ADC_ExternalTrigConvEdge = ADC_ExternalTrigConvEdge_None;
//外部触发通道,本例中使用软件触发,此值随便赋值即可
ADC_InitStructure.ADC_ExternalTrigConv = ADC_ExternalTrigConv_T1_CC1;
//数据右对齐
ADC_InitStructure.ADC_DataAlign = ADC_DataAlign_Right;
//转换通道 1 个
ADC_InitStructure.ADC_NbrOfConversion = RHEOSTAT_NOFCHANEL;
ADC_Init(RHEOSTAT_ADC,&ADC_InitStructure);
//-----------------------------------------------------------------

// 配置 ADC 通道转换顺序和采样时间周期
ADC_RegularChannelConfig(RHEOSTAT_ADC,RHEOSTAT_ADC_CHANNEL1,1,
                    ADC_SampleTime_3Cycles);
ADC_RegularChannelConfig(RHEOSTAT_ADC,RHEOSTAT_ADC_CHANNEL2,2,
                    ADC_SampleTime_3Cycles);
ADC_RegularChannelConfig(RHEOSTAT_ADC,RHEOSTAT_ADC_CHANNEL3,3,
                    ADC_SampleTime_3Cycles);

// 使能 DMA 请求 after last transfer (Single-ADC mode)
ADC_DMARequestAfterLastTransferCmd(RHEOSTAT_ADC,ENABLE);

// 使能 ADC DMA
ADC_DMACmd(RHEOSTAT_ADC,ENABLE);
```

```
// 使能 ADC
ADC_Cmd(RHEOSTAT_ADC,ENABLE);
//开始 adc 转换,软件触发
ADC_SoftwareStartConv(RHEOSTAT_ADC);
}
```

1) 首先, 使用 DMA_InitTypeDef 定义了一个 DMA 初始化类型变量; 另外, 还使用 ADC_InitTypeDef 和 ADC_CommonInitTypeDef 结构体分别定义了一个 ADC 初始化结构体和 ADC 通用类型变量。这三个结构体之前已经有详细讲解。

2) 调用 RCC_APB2PeriphClockCmd()函数开启 ADC 时钟, 调用 RCC_AHB1PeriphClockCmd() 函数开启 DMA 时钟。

3) 对 DMA 进行必要的配置。首先设置外设基地址就是 ADC 的规则组数据寄存器地址; 存储器的地址就是指定的数据存储区空间; ADC_ConvertedValue 是这里定义的一个全局数组, 它是一个无符号的 16 位、含有 4 个元素的整数数组; ADC 规则转换对应的只有一个数据寄存器, 所以地址不能递增, 而这里定义的存储区是专门用来存放不同通道数据的, 所以需要自动地址递增。ADC 的规则组数据寄存器只有低 16 位有效, 而实际存放的数据只有 12 位, 所以设置数据大小为半字。ADC 配置为连续转换模式, DMA 也设置为循环传输模式。设置好 DMA 相关参数后就使能 DMA 的 ADC 通道。

4) 使用 ADC_CommonInitTypeDef 结构体变量 ADC_CommonInitStructure 配置 ADC 为独立模式、分频系数为 4、不需要设置 DMA 模式、20 个周期的采样延迟, 并调用 ADC_CommonInit 函数来完成 ADC 通用工作环境配置。

5) 使用 ADC_InitTypeDef 结构体变量 ADC_InitStructure 配置 ADC1 为 12 位分辨率、使能扫描模式、启动连续转换、使用内部软件触发、无须外部触发事件、使用右对齐数据格式、转换通道为 4, 并调用 ADC_Init 函数来完成 ADC3 工作环境配置。

6) ADC_RegularChannelConfig 函数用来绑定 ADC 通道转换顺序和采样时间, 要分别绑定四个 ADC 通道引脚并设置相应的转换顺序。

7) ADC_DMARequestAfterLastTransferCmd 函数用来控制是否使能 ADC 的 DMA 请求, 如果使能 ADC 的 DMA 请求, 并调用 ADC_DMACmd 函数使能 DMA, 则在 ADC 转换完成后就请求 DMA 实现数据传输。

8) ADC_Cmd 函数用来控制 ADC 转换的启动和停止。

9) 如果使用软件触发则需要调用 ADC_SoftwareStartConvCmd 函数进行使能配置。

(4) main 函数, 见代码清单 9-12。

代码清单 9-12　main 函数

```
/***********************************************************************
* 功　能:main 函数
* 参　数:无
* 返回值:无
***********************************************************************/
int main(void)
{
    /* 初始化 USART 配置模式为 115200 8-N-1,中断接收* /
    Debug_USART_Config();
    Rheostat_Init();
```

```
while (1)
{
    ADC_ ConvertedValueLocal [0] = ( float ) ADC_ ConvertedValue [0] /4096*
( float ) 3.3;
    ADC_ ConvertedValueLocal [1] = ( float ) ADC_ ConvertedValue [1] /4096*
( float ) 3.3;
    ADC_ ConvertedValueLocal [2] = ( float ) ADC_ ConvertedValue [2] /4096*
( float ) 3.3;
    printf ( " \ r \ n CH1_ C3 value = % f V \ r \ n", ADC_ ConvertedValueLocal
[0] );
    printf ( " \ r \ n CH2_ PA4 value = % f V \ r \ n", ADC_ ConvertedValueLocal
[1] );
    printf ( " \ r \ n CH3_ PA6 value = % f V \ r \ n", ADC_ ConvertedValueLocal
[2] );
    printf ( " \ r \ n \ r \ n" );
    Delay ( 0xffffff );
}
}
```

1）main 函数先调用 USARTx_Config 函数配置调试串行接口相关参数，函数定义在 bsp_debug_usart. c 文件中。

2）接下来调用 Rheostat_Init 函数进行 ADC 初始化配置并启动 ADC。Rheostat_Init 函数定义在 bsp_adc. c 文件中，它只是简单地分别调用 Rheostat_ADC_GPIO_Config( )函数和 Rheostat_ADC_Mode_Config( )函数。

3）Delay 函数只是一个简单的延时函数。

4）配置了 DMA 数据传输后，它会自动把 ADC 转换完成后的数据保存到数组 ADC_ConvertedValue 内，所以只要直接使用数组就可以了。经过简单地计算就可以得到每个通道对应的实际电压。

5）最后将相关数据打印至串行接口调试助手。

任务 16　DAC 输出波形控制

一、STM32F4 的 DAC 介绍

1. DAC 介绍

DAC 是 12 位数字输入、电压输出的数字/模拟转换器。DAC 可以配置为 8 位或 12 位模式，也可以与 DMA 控制器配合使用。DAC 工作在 12 位模式时，数据可以设置成左对齐或右对齐。DAC 模块有 2 个输出通道，每个通道都有单独的转换器。在双 DAC 模式下，2 个通道可以独立地进行转换，也可以同时进行转换并同步地更新 2 个通道的输出。DAC 可以通过引脚输入参考电压 V_{REF+} 获得更精确的转换结果。

2. DAC 主要特性

（1）2 个 DAC 转换器：每个转换器对应 1 个输出通道。

（2）12 位模式下，数据可设置成左对齐或者右对齐。

（3）同步更新功能。

（4）噪声波形生成。

（5）三角波形生成。

（6）双 DAC 通道同时或者分别进行转换。

（7）每个通道都有 DMA 功能。

（8）DMA underrun 错误检测。

（9）外部触发转换。

（10）输入参考电压 V_{REF+}。

3. DAC 通道框图

DAC 通道框图如图 9-3 所示，其模拟信号引脚说明见表 9-4。

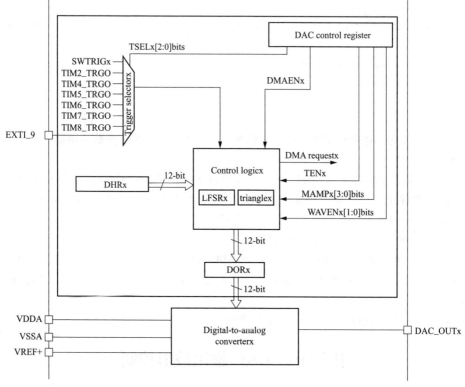

图 9-3　DAC 通道框图

表 9-4　　　　　　　　　　　　模 拟 信 号 引 脚 说 明

名称	型号类型	注释
VREF+	输入，正模拟参考电压	DAC 使用的高端/正极参考电压 $2.4V \leqslant 4V_{DDA}$（3.3V）
VDDA	输入，模拟电源	模拟电源
VSSA	输入，模拟电源地	模块电源的地线
DAC_OUTx	模拟输出信号	DAC 通道 x 的模拟输出

注意：一旦使能 DACx 通道，相应的 GPIO 引脚（PA4 或者 PA5）就会自动与 DAC 的模拟输出相连（DAC_OUTx）。为了避免寄生的干扰和额外的功耗，引脚 PA4 或者 PA5 在之前应当设置成模拟输入（AIN）。

4. DAC 功能描述

（1）使能 DAC 通道。将 DAC_CR 寄存器的 ENx 位置 1 即可打开对 DAC 通道 x 的供电。经过一段启动时间 t_{Wakeup}，DAC 通道 x 即被使能。

注意：ENx 位只会使能 DAC 通道 x 的模拟部分，即便该位被置 0，DAC 通道 x 的数字部分仍然可以工作。

（2）DAC 输出缓存使能。DAC 集成了 2 个输出缓存，可以用来减少输出阻抗，无须外部运算放大器即可直接驱动外部负载。每个 DAC 通道输出缓存可以通过设置 DAC_CR 寄存器的 BOFFx 位来使能或者关闭。

（3）DAC 的数据格式。根据选择的配置模式，数据按照以下所述的方式写入指定的寄存器。

1）单 DAC 通道 x，有 3 种情况：

8 位数据右对齐：用户须将数据写入寄存器 DAC_DHR8Rx［7：0］位（实际上是存入寄存器 DHRx［11：4］位）。

12 位数据左对齐：用户须将数据写入寄存器 DAC_DHR12Lx［15：4］位（实际上是存入寄存器 DHRx［11：0］位）。

12 位数据右对齐：用户须将数据写入寄存器 DAC_DHR12Rx［11：0］位（实际上是存入寄存器 DHRx［11：0］位）。

根据对 DAC_DHRyyyx 寄存器的操作，经过相应的移位后，写入的数据被转存到 DHRx 寄存器中（DHRx 是内部的数据保存寄存器 x）。随后，DHRx 寄存器的内容或被自动地传送到 DORx 寄存器，或通过软件触发或外部事件触发的方式传送到 DORx 寄存器。单 DAC 通道下 DORx 寄存器如图 9-4 所示。

2）双 DAC 通道，有 3 种情况：

8 位数据右对齐：用户须将 DAC 通道 1 的数据写入寄存器 DAC_DHR8RD［7：0］位（实际上是存入寄存器 DHR1［11：4］位），将 DAC 通道 2 的数据写入寄存器 DAC_DHR8RD［15：8］位（实际上是存入寄存器 DHR2［11：4］位）。

12 位数据左对齐：用户须将 DAC 通道 1 的数据写入寄存器 DAC_DHR12LD［15：4］位（实际上是存入寄存器 DHR1［11：0］位），将 DAC 通道 2 的数据写入寄存器 DAC_DHR12LD［31：20］位（实际上是存入寄存器 DHR2［11：0］位）。

12 位数据右对齐：用户须将 DAC 通道 1 的数据写入寄存器 DAC_DHR12RD［11：0］位（实际上是存入寄存器 DHR1［11：0］位），将 DAC 通道 2 的数据写入寄存器 DAC_DHR12RD［27：16］位（实际上是存入寄存器 DHR2［11：0］位）。

根据对 DAC_DHRyyyD 寄存器的操作，经过相应的移位后，写入的数据被转存到 DHR1 和 DHR2 寄存器中（DHR1 和 DHR2 是内部的数据保存寄存器 x）。随后，DHR1 和 DHR2 的内容或被自动地传送到 DORx 寄存器，或通过软件触发或外部事件触发的方式传送到 DORx 寄存器。双 DAC 通道下 DORx 寄存器如图 9-5 所示。

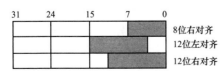

图 9-4　单 DAC 通道下 DORx 寄存器

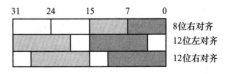

图 9-5　双 DAC 通道下 DORx 寄存器

5. DAC 转换

不能直接对寄存器 DAC_DORx 写入数据，任何输出到 DAC 通道 x 的数据都必须写入 DAC_

DHRx 寄存器（数据实际上是写入 DAC_DHR8Rx、DAC_DHR12Lx、DAC_DHR12Rx、DAC_DHR8RD、DAC_DHR12LD 或者 DAC_DHR12RD 寄存器）。

如果没有选中硬件触发（寄存器 DAC_CR1 的 TENx 位置 0），存入寄存器 DAC_DHRx 的数据会在一个 APB1 时钟周期后自动传至寄存器 DAC_DORx。如果选中硬件触发（寄存器 DAC_CR1 的 TENx 位置 1），数据传输在触发发生以后 3 个 APB1 时钟周期后完成。

一旦数据从 DAC_DHRx 寄存器装入 DAC_DORx 寄存器，在经过时间 $t_{Settling}$ 之后，输出即有效，这段时间的长短依电源电压和模拟输出负载的不同会有所变化。图 9-6 是 TEN=0 触发失能时转换的时序图。

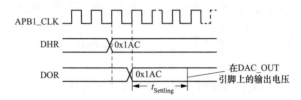

图 9-6　TEN=0 触发失能时转换的时序图

6. DAC 输出电压

数字输入经过 DAC 被线性地转换为模拟电压输出，其电压范围为 0 ~ V_{REF+}。任一 DAC 通道引脚上的输出电压满足下面的关系：DAC 输出电压 = V_{REFx}（DOR/4095）。

7. DAC 触发选择

如果 TENx 位被置 1，DAC 转换可以由某外部事件触发（定时器计数器、外部中断线）。配置控制位 TSELx [2:0]（见表 9-5）可以选择 8 个触发事件之一，即触发 DAC 转换。

表 9-5　　　　　　　　　　　　　　配置控制位 TSELx [2:0]

Source	Type	TSEL [2:0]
Timer6 TRGO event		000
Timer8 TRGO event		001
Timer7 TRGO event	Internal signal from on-chip timers	010
Timer5 TRGO event		011
Timer2 TRGO event		100
Timer4 TRGO event		101
EXTI line9	External Pin	110
SWTRIG	Software control bit	111

每次 DAC 接口检测到来自选中的定时器 TRGO 输出，或者外部中断线 9 的上升沿，最近存放在寄存器 DAC_DHRx 中的数据会被传送到寄存器 DAC_DORx 中。在 3 个 APB1 时钟周期后，寄存器 DAC_DORx 更新为新值。如果选择软件触发，一旦 SWTRIG 置位 1，转换即开始。在数据从 DAC_DHRx 寄存器传送到 DAC_DORx 寄存器后，SWTRIG 位由硬件自动清 0。

注意：①不能在 ENx 为 1 时改变 TSELx [2:0] 位；②如果选择软件触发，数据从寄存器 DAC_ DHRx 传送到寄存器 DAC_ DORx 只需要一个 APB1 时钟周期。

8. DMA 请求

任一 DAC 通道都具有 DMA 功能。2 个 DMA 通道可分别用于 2 个 DAC 通道的 DMA 请求。如果 DMAENx 位置 1，一旦有外部触发（而不是软件触发）发生，则产生一个 DMA 请求，然后 DAC_DHRx 寄存器的数据被传送到 DAC_DORx 寄存器。在双 DAC 模式下，如果 2 个通道的

DMAENx 位都置 1，则会产生 2 个 DMA 请求。如果实际只需要一个 DMA 传输，则应只选择其中一个 DMAENx 位置 1。这样程序就可以在只使用一个 DMA 请求、一个 DMA 通道的情况下，处理工作在双 DAC 模式下的 2 个 DAC 通道。DAC 的 DMA 请求不会累计，因此如果第 2 个外部触发发生在响应第 1 个外部触发之前，则不能处理第 2 个 DMA 请求，也不会报告错误。

9. 噪声生成

可以利用线性反馈移位寄存器（linear feedback shift register，LFSR）产生幅度变化的伪噪声。设置 WAVE [1:0] 位为 01 选择 DAC 噪声生成功能。寄存器 LFSR 的预装入值为 0xAAA。按照特定算法，在每次触发事件后的 3 个 APB1 时钟周期之后更新该寄存器的值。

DAC LFSR 寄存器算法如图 9-7 所示。

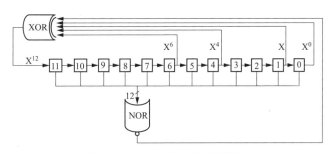

图 9-7　DAC LFSR 寄存器算法

设置 DAC_CR 寄存器的 MAMPx [3:0] 位可以屏蔽部分或者全部 LFSR 的数据，这样得到的 LFSR 值与 DAC_DHRx 的数值相加，去掉溢出位之后即被写入 DAC_DORx 寄存器。如果寄存器 LFSR 的值为 0x000，则会注入 1（防锁定机制）。将 WAVEx [1:0] 位置 0 可以复位 LFSR 波形的生成算法。

带 LFSR 波形生成的 DAC 转换（使能软件触发）如图 9-8 所示。

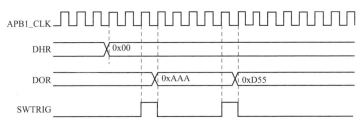

图 9-8　带 LFSR 波形生成的 DAC 转换

注意：为了产生噪声，必须使能 DAC 触发，即设置 DAC_CR 寄存器的 TENx 位为 1。

10. 三角波生成

可以在 DC 或者缓慢变化的信号上加一个小幅度的三角波。可通过设置 WAVEx [1:0] 位为 10 来选择 DAC 的三角波生成功能；可通过设置 DAC_CR 寄存器的 MAMPx [3:0] 位来选择三角波的幅度。内部的三角波计数器每次触发事件后在 3 个 APB1 时钟周期后累加 1。计数器的值与 DAC_DHRx 寄存器的数值相加并丢弃溢出位后写入 DAC_DORx 寄存器。当传入 DAC_DORx 寄存器的数值小于 MAMP [3:0] 位定义的最大幅度时，三角波计数器逐步累加。一旦达到设置的最大幅度，则计数器开始递减，达到 0 后再开始累加，周而复始。

将 WAVEx [1:0] 位置 0 可以复位三角波的生成。DAC 三角波的生成如图 9-9 所示。

带三角生成的 DAC 转换（使能软件触发）如图 9-10 所示。

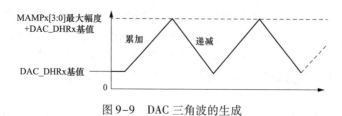

图 9-9　DAC 三角波的生成

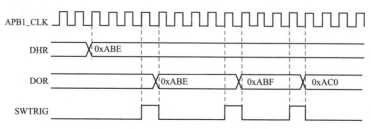

图 9-10　带三角生成的 DAC 转换

注意：①为了产生三角波，必须使能 DAC 触发，即设置 DAC_CR 寄存器的 TENx 位为 1；②MAMP［3：0］位必须在使能 DAC 之前设置，否则其值不能修改。

11. 双 DAC 通道转换

在需要 2 个 DAC 同时工作的情况下，为了更有效地利用总线带宽，DAC 集成了 3 个供双 DAC 模式使用的寄存器，即 DHR8RD、DHR12RD 和 DHR12LD，只需要访问一个寄存器即可完成同时驱动 2 个 DAC 通道的操作。对于双 DAC 通道转换和这些专用寄存器，共有 11 种转换模式可用（关于这 11 种模式，可以参阅参考手册上的详细介绍）。这些转换模式在只使用一个 DAC 通道的情况下，仍然可以通过独立的 DHRx 寄存器操作。

二、STM32F4 的 DAC 库

1. DAC 通道

STM32 支持两个 DAC 通道，可以使用独立或者双端模式。

DAC 通道 1 使用 DAC_OUT1（PA4）作为输出。

DAC 通道 2 使用 DAC_OUT2（PA5）作为输出。

2. DAC 触发

DAC 转换器可以通过 DAC_Trigger_None 配置成非触发模式，一旦通过 DAC_SetChannel1Data（)/DAC_SetChannel2Data（）函数写数据到 DHRx 寄存器，将产生 DAC_OUT1/DAC_OUT2 输出。

DAC 可以通过下面三种方式进行触发：

1）外部事件触发：通过 DAC_Trigger_Ext_IT9 将 EXTILine9 与任何 GPIOx_Pin9 相连接。相应地，GPIOx_Pin9 引脚必须配置成输入模式。

2）定时器触发：TIM2、TIM4、TIM5、TIM6、TIM7 和 TIM8（DAC_Trigger_T2_TRGO、DAC_Trigger_T4_TRGO…）通过函数 TIM_SelectOutputTrigger（）选择定时器触发事件。

3）软件触发：通过 DAC_Trigger_Software 配置成软件触发。

3. DAC 缓存模式特性

每个 DAC 通道都支持 DAC 缓存模式以减少输出阻抗，从而不需要额外增加运算放大器来驱动外部负载。使能 DAC 输出缓冲需要执行以面配置：

```
DAC_InitStructure.DAC_OutputBuffer=DAC_OutputBuffer_Enable;
```
　　在使用输出缓冲和不使用输出缓冲的情况下，输出阻抗的大小区别可通过参考数据手册获得。

4. DAC 生成波形

通过 DAC_WaveGeneration_Noise 配置产生噪声。

通过 DAC_WaveGeneration_Triangle 配置产生三角波。

5. DAC 数据格式

通过 DAC_Align_8b_R 配置成 8 位数据右对齐。

通过 DAC_Align_12b_L 配置成 12 位数据左对齐。

通过 DAC_Align_12b_R 配置成 12 位数据右对齐。

6. DAC 数据到电压值的转换

$$DAC\_OUTx = (V_{REF+} \cdot DOR)/4095 \qquad (9-2)$$

式中：DOR 表示 DAC 输出数据寄存器数据；V_{REF+} 表示输入参考电压。

例如，若希望 DAC_OUT1 输出 0.7V 的电压，可以通过下面的函数来实现：

```
DAC_SetChannel1Data(DAC_Align_12b_R,868);
```

假设 $V_{REF+}=3.3V$，则 DAC_OUT1 =（3.3V×868）/4095＝0.7V。

7. DMA 请求

通过函数 DAC_DMACmd( )使能 DAC 的 DMA 通道 1。DMA 请求的映射关系如下：

DAC 通道 1 映射到 DMA1 Stream5 channel7。

DAC 通道 2 映射到 DMA1 Stream6 channel7。

8. DAC 的驱动方法

通过函数 RCC_APB1PeriphClockCmd（RCC_APB1Periph_DAC，ENABLE）使能 DAC 时钟。

配置 DAC_OUTx(DAC_OUT1：PA4，DAC_OUT2：PA5）为模拟模式。

通过 DAC_Init( )初始化 DAC。

通过函数 DAC_Cmd （）使能 DAC。

三、DAC 初始化结构体

在 STM32 的标准库中，把控制 DAC 相关的各种配置封装到结构体 DAC_InitTypeDef 中，它主要包含 DAC_CR 控制寄存器的各寄存器位的配置，见代码清单 9-13。

代码清单 9-13　DAC_InitTypeDef 结构体

```
typedef struct
{
    /* DAC 触发方式* /
    uint32_t DAC_Trigger;
    /* 是否自动输出噪声或三角波* /
    uint32_t DAC_WaveGeneration;
    /* 选择噪声生成器的低通滤波或三角波的幅值* /
    uint32_t DAC_LFSRUnmask_TriangleAmplitude;
    /* 选择是否使能输出缓冲器* /
    uint32_t DAC_OutputBuffer;
} DAC_InitTypeDef;
```

四、DAC 输出波形实验

利用 STM32 的 DAC 配合 TIM 定时器，可以输出随时间变化的电压。本实验以输出正弦波为例，演示如何控制输出电压波形。

1. 硬件设计

STM32 的 DAC 外设有固定的输出通道，分别为 PA4 和 PA5。在设计 DAC 的实际应用时，DAC 的输出通道应独占，不与其他设备共用。

在实验时直接使用示波器测量 PA4 和 PA5 引脚的输出即可。

2. 软件设计

为了使工程更加有条理，这里把 DAC 控制相关的代码独立分开存储，方便以后移植。这里新建了"bsp_dac.c"及"bsp_dac.h"文件，这些文件也可根据自己的喜好命名，因为它们不属于 STM32 标准库，而是自己根据应用需要编写的。

3. 编程要点

（1）计算获取正弦波数据表。

（2）根据正弦波数据表的周期内点数和周期计算定时器触发间隔。

（3）初始化 DAC 输出通道，初始化 DAC 工作模式。

（4）配置触发 DAC 用的定时器。

（5）配置 DMA 自动转运正弦波数据表。

配置完成后，即可在 PA4、PA5 引脚中检测到信号输出。

4. 代码分析

（1）生成正弦波数据表。要输出正弦波，实质是要控制 DAC 以 $V=\sin(t)$ 的正弦函数关系输出电压，其中 V 为电压输出，t 为时间。

而由于模拟信号连续而数字信号是离散的，所以使用 DAC 产生正弦波时，只能按一定时间间隔输出正弦曲线上的点。在该时间段内输出相同的电压值，若缩短时间间隔，提高单个周期内的输出点数，就可以得到逼近连续正弦波的图形。

（2）DAC 宏定义。制作好正弦波数据表后，开始使用 MDK 编写 STM32 的 DAC 工程，首先设置好 DAC 相关的宏，见代码清单 9-14。

代码清单 9-14 DAC 宏定义(bsp_dac.h 文件)

```
#define DAC_DHR12RD_Address        (uint32_t)(DAC_BASE+0x20)

#define DAC_CLK                    RCC_APB1Periph_DAC
#define DAC_TIM                    TIM2
#define DAC_TIM_CLK                RCC_APB1Periph_TIM2
#define DAC_TRIGGER                DAC_Trigger_T2_TRGO

#define DAC_DMA_CLK                RCC_AHB1Periph_DMA1
#define DAC_CHANNEL                DMA_Channel_7
#define DAC_DMA_STREAM             DMA1_Stream5

#define DAC_CH1_GPIO_CLK           RCC_AHB1Periph_GPIOA
#define DAC_CH1_GPIO_PORT          GPIOA
#define DAC_CH1_GPIO_PIN           GPIO_Pin_4
```

```
#define DAC_CH1_CHANNEL                 DAC_Channel_1

#define DAC_CH2_GPIO_CLK                RCC_AHB1Periph_GPIOA
#define DAC_CH2_GPIO_PORT               GPIOA
#define DAC_CH2_GPIO_PIN                GPIO_Pin_5
#define DAC_CH2_CHANNEL                 DAC_Channel_2
```

代码开头部分定义的宏 DAC_DHR12RD_ADDRESS 是寄存器 DHR12RD 的地址,该寄存器是 12 位右对齐的双通道寄存器,如图 9-11 所示。在本实验中将会使用 DMA 把正弦波数据表的点数据赋值到该寄存器中,往该寄存器赋值后的数据会在 DAC 被触发时搬运到 2 个 DAC 转换器,然后在这 2 个通道中输出以 12 位右对齐表示的这两个通道的电压。DAC 中还有其他寄存器,它们的功能类似,可以在 STM32 的参考手册中了解到。

地址偏移: 0x20
复位值: 0x0000 0000

31	30	29	28	27	26	25	24	23	22	21	20	19	18	17	16
保留				DACC2DHR[11:0]											
				RW	RW	RW	RW	RW	RW	RW	RW	RW	RW	RW	RW

15	14	13	12	11	10	9	8	7	6	5	4	3	2	1	0
保留				DACC1DHR[11:0]											
				RW	RW	RW	RW	RW	RW	RW	RW	RW	RW	RW	RW

位31:28	保留
位27:16	DACC2DHR[11:0]: DAC通道2的12位右对齐数据(DAC channel2 12-bit right-aligned data),该位由软件写入,表示DAC通道2的12位数据
位15:12	保留
位11:0	DACC1DHR[11:0]: DAC通道1的12位右对齐数据(DAC channel1 12-bit right-aligned data),该位由软件写入,表示DAC通道1的12位数据

图 9-11　DHR12RD 寄存器说明

其余的代码定义了 DAC 输出通道相关的引脚时钟、引脚号等内容。

(3) DAC GPIO 和模式配置,见代码清单 9-15。

代码清单 9-15　DAC GPIO 和模式配置

```
/*******************************************************************
* 功　能:DAC_Config
* 参　数:无
* 返回值:无
*******************************************************************/
static void DAC_Config(void)
{
    GPIO_InitTypeDef GPIO_InitStructure;
    DAC_InitTypeDef  DAC_InitStructure;

    /* 使能 GPIOA 时钟 */
    RCC_AHB1PeriphClockCmd(DAC_CH1_GPIO_CLK |DAC_CH2_GPIO_CLK,ENABLE);

    /* 使能 DAC 时钟 */
    RCC_APB1PeriphClockCmd(DAC_CLK,ENABLE);
```

```
/* DAC 的 GPIO 配置,模拟输入 * /
GPIO_InitStructure.GPIO_Pin = DAC_CH1_GPIO_PIN;
GPIO_InitStructure.GPIO_Mode = GPIO_Mode_AIN;
GPIO_InitStructure.GPIO_PuPd = GPIO_PuPd_NOPULL;
GPIO_InitStructure.GPIO_Speed = GPIO_Speed_100MHz;
GPIO_InitStructure.GPIO_OType = GPIO_OType_PP;
GPIO_Init(DAC_CH1_GPIO_PORT,&GPIO_InitStructure);

GPIO_InitStructure.GPIO_Pin = DAC_CH2_GPIO_PIN;
GPIO_Init(DAC_CH2_GPIO_PORT,&GPIO_InitStructure);

/* 配置 DAC 通道 1 * /
DAC_InitStructure.DAC_Trigger = DAC_TRIGGER;
//使用 TIM2 作为触发源
DAC_InitStructure.DAC_WaveGeneration = DAC_WaveGeneration_None;
//不使用波形发生器
DAC_InitStructure.DAC_OutputBuffer = DAC_OutputBuffer_Enable;
//不使用 DAC 输出缓冲
//三角波振幅(本实验没有用到,可配置成任意值,但本结构体成员不能为空)
DAC_InitStructure.DAC_LFSRUnmask_TriangleAmplitude = DAC_TriangleAmpli-
tude_4095;
DAC_Init(DAC_CH1_CHANNEL,&DAC_InitStructure);

/* 配置 DAC 通道 2 * /
DAC_Init(DAC_CH2_CHANNEL,&DAC_InitStructure);

/* 配置 DAC 通道 1、2 * /
DAC_Cmd(DAC_Channel_1,ENABLE);
DAC_Cmd(DAC_Channel_2,ENABLE);

/* 使能 DAC 的 DMA 请求 * /
DAC_DMACmd(DAC_Channel_1,ENABLE);
}
```

1）在 DAC_Config 函数中，完成了 DAC 通道的 GPIO 的初始化和 DAC 模式配置。其中 GPIO 按照要求被配置为模拟输入模式（没有模拟输出模式），在该模式下才能正常输出模拟信号。

2）配置 DAC 工作模式时，使用了 DAC_InitTypeDef 类型的初始化结构体，把 DAC 通道 1、2 都配置成了使用定时器 TIM2 触发、不使用波形发生器及不使用 DAC 输出缓冲的模式。

3）初始化完 GPIO 和 DAC 模式后，使用了 DAC_Cmd、DAC_DMACmd 函数使能了通道及 DMA 的请求。由于本实验中对 DAC1 和 DAC2 的操作是同步的，所以只要把 DMA 与 DAC 通道 2 关联起来即可，当使用 DMA 设置通道 2 的数据值时，会同时更新通道 1 的内容。

（4）定时器配置及计算正弦波的频率。初始化完 DAC 后，需要配置触发用的定时器，设定每次触发的间隔，以达到控制正弦波周期的目的。配置定时器见代码清单 9-16。

代码清单 9-16　配置定时器

```
/*******************************************************************
 * 功　能:DAC_TIM_Config
 * 参　数:无
 * 返回值:无
 *******************************************************************/
static void DAC_TIM_Config(void)
{
    TIM_TimeBaseInitTypeDef
    TIM_TimeBaseStructure;

    /* 使能 TIM2 时钟,TIM2CLK 为 180MHz */
    RCC_APB1PeriphClockCmd(DAC_TIM_CLK,ENABLE);

    /* TIM2 基本定时器配置 */
    // TIM_TimeBaseStructInit(&TIM_TimeBaseStructure);
    TIM_TimeBaseStructure.TIM_Period = 19;
    //定时周期 20
    TIM_TimeBaseStructure.TIM_Prescaler = 0x0;
    //预分频,不分频 180MHz / (0+1) = 180MHz
    TIM_TimeBaseStructure.TIM_ClockDivision = 0x0;
    //时钟分频系数
    TIM_TimeBaseStructure.TIM_CounterMode = TIM_CounterMode_Up;
    //向上计数模式
    TIM_TimeBaseInit(DAC_TIM,&TIM_TimeBaseStructure);

    /* 配置 TIM2 触发源 */
    TIM_SelectOutputTrigger(DAC_TIM,TIM_TRGOSource_Update);

    /* 使能 TIM2 */
    TIM_Cmd(DAC_TIM,ENABLE);
}
```

因为前面的 DAC 配置了 TIM2 当触发源,所以这里将对 TIM2 进行配置。TIM2 的定时周期被配置为 19,向上计数,不分频。即 TIM2 每隔 [(19+1) × (1/180MHz)] 秒就会触发一次 DAC 事件,作为 DAC 触发源使用的定时器并不需要设置中断,当定时器计数器向上计数至指定的值时,就产生 Update 事件,同时触发 DAC 把 DHRx 寄存器的数据转移到 DORx,从而开始进行转换。

根据定时器的配置,可推算出正弦波频率的计算方式。

按默认配置,STM32 系统时钟周期为:

$$T_{\text{SysTick}} = 1/180000000 \tag{9-3}$$

定时器 TIM2 的单个时钟周期:

$$T_{\text{TIM}} = (\text{TIM\_Prescaler} + 1) \times T_{\text{SysTick}} \tag{9-4}$$

定时器触发周期:

$$T_{\text{Update}} = (\text{TIM\_Period} + 1) \times T_{\text{TIM}} \qquad (9-5)$$

根据正弦波单个周期的点数 N，求出正弦波单个周期时间为：

$$T_{\sin} = T_{\text{Update}} \times N \qquad (9-6)$$

对应正弦波的频率为：

$$f_{\sin} = \frac{1}{T_{\sin}} = \frac{1}{T_{\text{SysTick}} \times (\text{TIM\_Prescaler} + 1) \times (\text{TIM\_Period} + 1) \times N} \qquad (9-7)$$

根据上述公式，代入本实验的配置，可得本实验的正弦波频率为281250，即：

$$f_{\sin} = \frac{1}{T_{\sin}} = \frac{180000000}{(0+1) \times (19+1) \times 32} = 281250$$

在实际应用中，可以根据工程中的正弦波点数和定时器配置生成特定频率的正弦波。

（5）DMA 配置。本实验的数据传输由 DMA 完成，见代码清单9-17。

代码清单9-17 DMA 配置

```
/* 波形数据--------------------------------------------------------* /
const uint16_t Sine12bit[32] ={
    2048    ,2460    ,2856    ,3218    ,3532    ,3786    ,3969    ,4072    ,
    4093    ,4031    ,3887    ,3668    ,3382    ,3042    ,2661    ,2255    ,
    1841    ,1435    ,1054    ,714     ,428     ,209     ,65      ,3       ,
    24      ,127     ,310     ,564     ,878     ,1240    ,1636    ,2048
};
uint32_t DualSine12bit[32];
/*******************************************************************
* 功  能:DAC_Mode_Init
* 参  数:无
* 返回值:无
*******************************************************************/
void DAC_Mode_Init(void)
{
    uint32_t Idx = 0;

    DAC_Config();
    DAC_TIM_Config();

    /* 填充正弦波形数据,双通道右对齐* /
    for (Idx = 0; Idx < 32; Idx++)
    {
        DualSine12bit[Idx] = (Sine12bit[Idx] << 16) + (Sine12bit[Idx]);
    }

    DAC_DMA_Config();
}
/*******************************************************************
* 功  能:DAC_DMA_Config
* 参  数:无
* 返回值:无
```

```
*********************************************************************/
static void DAC_DMA_Config(void)
{
    DMA_InitTypeDef  DMA_InitStructure;

    /*  DAC1 使用 DMA1 通道 7 数据流 5 时钟 * /
    RCC_AHB1PeriphClockCmd(DAC_DMA_CLK,ENABLE);

    /*  配置 DMA2 * /
    DMA_InitStructure.DMA_Channel = DAC_CHANNEL;
    DMA_InitStructure.DMA_PeripheralBaseAddr = DAC_DHR12RD_Address;
    //外设数据地址
    DMA_InitStructure.DMA_Memory0BaseAddr = (uint32_t)&DualSine12bit;
    //内存数据地址:DualSine12bit
    DMA_InitStructure.DMA_DIR = DMA_DIR_MemoryToPeripheral;
    //数据传输方向:内存至外设
    DMA_InitStructure.DMA_BufferSize = 32;
    //缓存大小为32B
    DMA_InitStructure.DMA_PeripheralInc = DMA_PeripheralInc_Disable;
    //外设数据地址固定
    DMA_InitStructure.DMA_MemoryInc = DMA_MemoryInc_Enable;
    //内存数据地址自增
    DMA_InitStructure.DMA_PeripheralDataSize = DMA_PeripheralDataSize_Word;
    //外设数据以字为单位
    DMA_InitStructure.DMA_MemoryDataSize = DMA_MemoryDataSize_Word;
    //内存数据以字为单位
    DMA_InitStructure.DMA_Mode = DMA_Mode_Circular;
    //循环模式
    DMA_InitStructure.DMA_Priority = DMA_Priority_High;
    //高 DMA 通道优先级
    DMA_InitStructure.DMA_FIFOMode = DMA_FIFOMode_Disable;
    DMA_InitStructure.DMA_FIFOThreshold = DMA_FIFOThreshold_Full;
    DMA_InitStructure.DMA_MemoryBurst = DMA_MemoryBurst_Single;
    DMA_InitStructure.DMA_PeripheralBurst = DMA_PeripheralBurst_Single;

    DMA_Init(DAC_DMA_STREAM,&DMA_InitStructure);

    /*  使能 DMA_Stream * /
    DMA_Cmd(DAC_DMA_STREAM,ENABLE);
}
```

在上述代码中，定义了由脚本得到的正弦波数据表 Sine12bit 变量，一共为 32 个点。在 DAC_Mode_Init 函数中，调用了前面介绍的 DAC_Config 和 DAC_TIM_Config 初始化 DAC 和定时器，然后在 for 循环中把单通道的正弦波数据表 Sine12bit 复制扩展成双通道的数据 DualSine12bit，扩展后的数据将会直接被 DMA 搬运至 DAC 的 DHR12RD 寄存器中。

复制完数据后，DAC_Mode_Init 会调用下面的 DAC_DMA_Config 函数初始化 DMA，这里配置的重点是要设置好 DHR12RD 寄存器的地址、正弦波数据的内存地址（注意是双通道数据 DualSine12bit）、DMA 缓存的个数（即单个周期的正弦波点数）及 DMA 工作的循环模式。

经过这样的配置后，定时器每间隔一定的时间就会触发 DMA，搬运双通道正弦波表的一个数据到 DAC 双通道寄存器进行转换，每完成一个周期后 DMA 重新开始循环，从而达到连续输出波形的目的。

（6）main 函数，见代码清单 9-18。

代码清单 9-18　main 函数

```
/*******************************************************************************
* 功　能:main 函数
* 参　数:无
* 返回值:无
*******************************************************************************/
int main(void)
{
    LED_GPIO_Config();

    /* 初始化串行接口* /
    Debug_USART_Config();

    printf("\r\n DAC 输出例程,输出正弦波 \r\n");
    printf("\r\n 使用示波器检测开发板的 PA4、PA5 引脚,可测得正弦波 \r\n ");

    /* 初始化 DAC,开始 DAC 转换,使用示波器检测 PA4/PA5,可观察到正弦波* /
    DAC_Mode_Init();

    while(1);
}
```

本实验中的 main 函数非常简单，直接调用 DAC_Mode_Init 即可完成所有的配置，此时再使用示波器测量 PA4、PA5 引脚即可查看其输出的波形。

习题9

1. STM32F4 有几个 ADC，每个 ADC 有多少位可选，每个 ADC 有多少个外部通道？
2. STM32F4 的 ADC 有几种模式可选，分别是什么？
3. STM32F4 的 ADC 有多少个通道？分别怎么对应？
4. STM32F4 的 ADC 规则序列寄存器有几个？分别是什么？
5. STM32F4 的 DAC 有几种模式可选，分别是什么？
6. STM32F4 的 DAC 输出通道有几个？
7. STM32F4 的单 DAC 通道与双 DAC 通道，分别有几种位对齐情况？分别是什么？
8. STM32F4 的 DAC 使用的高端/正极参考电压是多少 V？

项目十 MPU6050陀螺仪模块应用

任务17 MPU6050 姿态检测

一、MPU6050 介绍

MPU6050 是应盛美（InvenSense）公司推出的全球首款整合性 6 轴运动处理组件，内部整合了 3 轴陀螺仪和 3 轴加速度传感器，并且含有一个第二 I^2C 接口，可用于连接外部磁力传感器，并利用自带的数字运动处理器（digital motion processor，DMP）硬件加速引擎，通过主 I^2C 接口，向应用端输出完整的 9 轴融合演算数据。有了 DMP，就可以使用 InvenSense 公司提供的运动处理资料库，非常方便地实现姿态解算，从而降低了运动处理运算对操作系统的负荷，同时大大降低了开发难度。

1. MPU6050 的特点

（1）以数字形式输出 6 轴或 9 轴（需外接磁传感器）的旋转矩阵、四元数（quaternion）、欧拉角格式（Euler Angle forma）的融合演算数据（需 DMP 支持）。

（2）具有 131LSB/（°/sec）敏感度与全格感测范围为 ±250、±500、±1000 与 ±2000°/sec 的 3 轴陀螺仪。

（3）集成可程序控制、范围为 ±2g、±4g、±8g 和 ±16g 的 3 轴加速度传感器。

（4）移除加速度传感器与陀螺仪轴间敏感度，可降低设定给予的影响与传感器的漂移。

（5）DMP 引擎可减少 MCU 复杂的融合演算数据、传感器同步化、姿势感应等的负荷。

（6）自带运作时间偏差与磁力传感器校正演算技术，免除了客户须另外进行校正的需求。

（7）自带一个数字温度传感器。

（8）带数字输入同步引脚（syncpin）支持视频电子影像稳定技术与 GPS。

（9）可进行程序控制的中断（interrupt），支持姿势识别、摇摄、画面放大缩小、滚动、快速下降中断、high-G 中断、零动作感应、触击感应、摇动感应功能。

（10）VDD 供电电压为 2.5V±5%、3.0V±5%、3.3V±5%；VLOGIC 可低至 1.8V±5%。

（11）陀螺仪工作电流为 5mA，陀螺仪待机电流为 5μA；加速度传感器工作电流为 500μA，加速度传感器省电模式电流为 40μA@10Hz。

（12）自带 1024B 的 FIFO，有助于降低系统功耗。

（13）自带高达 400kHz 的 I^2C 通信接口。

（14）超小封装尺寸为 4mm×4mm×0.9mm，采用方形扁平无引脚（quad flat no-leads，QFN）封装。

2. MPU6050 的框图

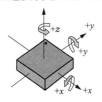

图 10-1 MPU6050 检测轴及其方向

MPU6050 传感器的检测轴及其方向如图 10-1 所示，MPU6050 的功能框图如图 10-2 所示。

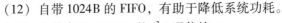

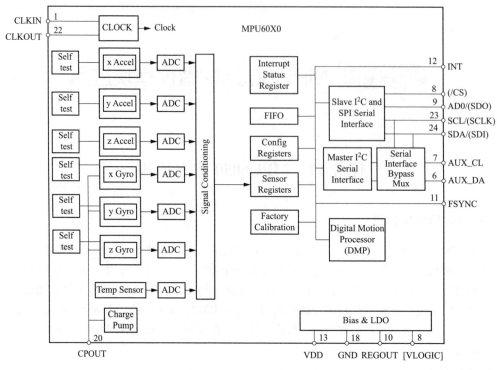

图 10-2　MPU6050 的功能框图

其中，SCL 和 SDA 是连接 MCU 的 I^2C 接口，MCU 通过这个 I^2C 接口来控制 MPU6050；另外还有一个 I^2C 接口，即 AUX_CL 和 AUX_DA，这个接口可用来连接外部从设备，如磁传感器，这样就可以组成一个九轴传感器。VLOGIC 是 I/O 接口电压，该引脚最低可以到 1.8V，一般直接连接 VDD 即可。AD0 是 I^2C 接口（接 MCU）的地址控制引脚，该引脚控制 I^2C 地址的最低位。如果接 GND，则 MPU6050 的 I^2C 地址是 0x68；如果接 VDD，则是 0x69。注意：这里的地址不包含数据传输的最低位 N（最低位用来表示读/写）。

3. MPU6050 的初始化

下面介绍利用 STM32F1 读取 MPU6050 的加速度传感器和陀螺仪的数据（非中断方式）需要的初始化步骤。

（1）初始化 I^2C 接口。MPU6050 采用 I^2C 与 STM32F1 通信，所以需要先初始化与 MPU6050 连接的 SDA 和 SCL。

（2）复位 MPU6050。即让 MPU6050 内部所有的寄存器恢复默认值，这一步可通过对电源管理寄存器 1（0x6B）的 Bit7 写 1 实现。复位后，电源管理寄存器 1 恢复默认值（0x40），然后必须设置该寄存器为 0x00，以唤醒 MPU6050，进入正常工作状态。

（3）设置陀螺仪和加速度传感器的满量程范围。设置两个传感器的满量程范围，可分别通过设置陀螺仪配置寄存器（0x1B）和加速度传感器配置寄存器（0x1C）来实现。一般设置陀螺仪的满量程范围为 $\pm2000°/\mathrm{sec}$，加速度传感器的满量程范围为 $\pm2g$。

（4）设置其他参数。在这一步，需要设置关闭中断、关闭 $AUXI^2C$ 接口、禁止 FIFO，设置陀螺仪采样频率和设置数字低通滤波器（digital low pass filter，DLPF）等。本章不用中断方式读取数据，所以关闭中断；也没用到 $AUXI^2C$ 接口外接其他传感器，所以也关闭这个接口。它们分别通过中断使能寄存器（0x38）和用户控制寄存器（0x6A）控制。MPU6050 可以使用

FIFO 存储传感器数据，不过本章没有用到，所以禁止所有 FIFO 通道。这个通过 FIFO 使能寄存器（0x23）控制，默认都是 0（即禁止 FIFO），所以用默认值就可以了。陀螺仪采样频率通过采样频率分频寄存器（0x19）控制，这个采样频率一般设置为 50 即可；DLPF 则通过配置寄存器（0x1A）来设置，一般设置 DLPF 为带宽的 1/2 即可。

（5）配置系统时钟源并使能陀螺仪和加速度传感器。系统时钟源同样通过电源管理寄存器 1（0x1B）来设置，该寄存器的最低三位用于设置系统时钟源选择，默认值是 0（内部 8MRC 振荡），不过一般设置为 1，选择 x 轴陀螺 PLL 作为时钟源，以获得更高精度的时钟。同时，使能陀螺仪和加速度传感器，这两个操作通过电源管理寄存器 2（0x6C）来设置，设置对应位为 0 即可开启该功能。

至此，MPU6050 的初始化已完成，可以正常工作了（其他未设置的寄存器全部采用默认值即可）。接下来就可以读取相关寄存器，得到加速度传感器、陀螺仪和温度传感器的数据了。

4. 读取相关寄存器

首先介绍电源管理寄存器 1，该寄存器地址为 0x6B，寄存器各位的描述见表 10-1。

表 10-1　　　　　　　　　　　电源管理寄存器 1 各位的描述

Register（hex）	Register（Decimal）	Bit7	Bit6	Bit5	Bit4	Bit3	Bit2	Bit1	Bit0
6B	107	DEVICE_ RESET	SLEEP	CYCLE	—	TEMP_ DIS	CLKSET［2：0］		

其中，DEVICE_RESET 位用来控制复位，设置为 1，即可复位 MPU6050；复位结束后，MPU 硬件自动清零该位。SLEEP 位用于控制 MPU6050 的工作模式，复位后，该位为 1，即进入睡眠模式（低功耗），所以要清零该位，以进入正常工作模式。TEMP_DIS 位用于设置是否使能温度传感器，设置为 0，则使能。CLKSEL［2：0］位用于选择系统时钟源，选择关系见表 10-2。

表 10-2　　　　　　　　　　　CLKSEL 选择列表

CLKSET［2：0］	时钟源
000	内部 8MRC 晶振
001	PLL，使用 x 轴陀螺作为参考
010	PLL，使用 y 轴陀螺作为参考
011	PLL，使用 z 轴陀螺作为参考
100	PLL，使用外部 32.768kHz 作为参考
101	PLL，使用外部 19.2MHz 作为参考
110	保留
111	关闭时钟，保持时序产生电路复位状态

默认情况下是使用内部 8MRC 晶振的，精度不高，所以一般选择 x/y/z 轴陀螺作为参考的 PLL 时钟源，一般设置 CLKSEL=001 即可。

接着来看陀螺仪配置寄存器，该寄存器地址为 0x1B，寄存器各位的描述见表 10-3。

表 10-3　　　　　　　　　　　陀螺仪配置寄存器各位的描述

Register（hex）	Register（Decimal）	Bit7	Bit6	Bit5	Bit4	Bit3	Bit2	Bit1	Bit0
1B	27	XG_ ST	YG_ ST	ZG_ ST	FS_ SEL［1：0］		—	—	—

对该寄存器只需关心 FS_ SEL［1：0］这两个位，其用于设置陀螺仪的满量程范围：0，

±250°/sec；1，±500°/sec；2，±1000°/sec；3，±2000°/sec。一般设置为3，即±2000°/sec，因为陀螺仪的ADC为16位分辨率，所以得到的灵敏度为：65536/4000＝16.4LSB/（°/sec）。

接着来看加速度传感器配置寄存器，该寄存器地址为0x1C，寄存器各位的描述见表10-4。

表10-4　　　　　　　　　　　加速度传感器配置寄存器各位的描述

Register（hex）	Register（Decimal）	Bit7	Bit6	Bit5	Bit4	Bit3	Bit2	Bit1	Bit0
1C	28	XA_ST	YA_ST	ZA_ST	AFS_SEL［1:0］		—	—	—

对该寄存器只需关心AFS_SEL［1:0］这两个位，其用于设置加速度传感器的满量程范围：0，±2g；1，±4g；2，±8g；3，±16g。一般设置为0，即±2g，因为加速度传感器的ADC也是16位，所以得到的灵敏度为：65536/4＝16384LSB/g。

接着来看FIFO使能寄存器，该寄存器地址为0x1C，寄存器各位的描述见表10-5。

表10-5　　　　　　　　　　　FIFO使能寄存器各位的描述

Register（hex）	Register（Decimal）	Bit7	Bit6	Bit5	Bit4	Bit3	Bit2	Bit1	Bit0
23	35	TEMP_FIFO_EN	XG_FIFO_EN	YG_FIFO_EN	ZG_FIFO_EN	ACCEL_FIFO_EN	SLV2_FIFO_EN	SLV1_FIFO_EN	SLV0_FIFO_EN

该寄存器用于控制FIFO使能，在简单读取传感器数据时，可以不用FIFO，设置对应位为0即可禁止FIFO；设置为1，则使能FIFO。注意：加速度传感器的3个轴全由1个位（ACCEL_FIFO_EN）控制，只要该位置1，则加速度传感器的三个通道都开启FIFO。

接着来看陀螺仪采样频率分频寄存器，该寄存器地址为0x19，寄存器各位的描述见表10-6。

表10-6　　　　　　　　　　陀螺仪采样频率分频寄存器各位的描述

Register（hex）	Register（Decimal）	Bit7	Bit6	Bit5	Bit4	Bit3	Bit2	Bit1	Bit0
19	25				SMPLRT_DIV［7:0］				

该寄存器用于设置MPU6050的陀螺仪采样频率，计算公式为：

$$采样频率 = 陀螺仪输出频率/(1 + SMPLRT\_DIV) \quad\quad (10-1)$$

这里陀螺仪的输出频率是1kHz或者8kHz，与DLPF的设置有关，当DLPF_CFG=0/7时，陀螺仪的输出频率为8kHz，其他情况下是1kHz。而且DLPF的滤波频率一般设置为采样频率的一半。假定采样频率设置为50Hz，那么SMPLRT_DIV=1000/50-1=19。

这里主要关心DLPF的设置位，即DLPF_CFG［2:0］，加速度传感器和陀螺仪都是根据这三个位的配置进行过滤的。DLPF_CFG不同配置对应的过滤情况见表10-7。

表10-7　　　　　　　　　　　DLPF_CFG不同配置对应的过滤情况

DLPF_CFG［2:0］	加速度传感器（f_s=1kHz）		陀螺仪		
	带宽（Hz）	延迟（ms）	带宽（Hz）	延迟（ms）	f_s（kHz）
000	260	0	256	0.98	8
001	184	2.0	188	1.9	1
010	94	3.0	98	2.8	1
011	44	4.9	42	4.8	1
100	21	8.5	20	8.3	1

DLPF_ CFG [2：0]	加速度传感器（f_s=1kHz）		陀螺仪		
	带宽（Hz）	延迟（ms）	带宽（Hz）	延迟（ms）	f_s（kHz）
101	10	13.8	10	13.4	1
110	5	19.0	5	18.6	1
111	保留		保留		3

这里的加速度传感器，输出速率（f_s）固定是1kHz，而陀螺仪的输出速率（f_s），则根据DLPF_CFG的配置而有所不同。一般设置陀螺仪的带宽为其采样频率的一半，如前面所说的，如果设置采样频率为50Hz，那么带宽就应该设置为25Hz，取近似值20Hz，就应该设置 DLPF_CFG = 100。

最后，温度传感器的值，可以通过读取 0x41（高8位）和 0x42（低8位）寄存器得到，温度换算公式为：

$$Temperature = 36.53 + regval/340 \tag{10-2}$$

式中：Temperature 为计算得到的温度值，单位为℃；regval 为从 0x41 和 0x42 读到的温度传感器的值。

二、MPU6050 原理

1. 传感器工作原理

前文提到了各种传感器，这里大致讲解一下传感器的工作原理。这里所讲的传感器一般是指把物理量转化成电信号量的装置，其工作原理如图 10-3 所示。

图 10-3 传感器工作原理

敏感元件直接感受被测物理量，并输出与该物理量有确定关系的信号；转换元件将该物理量信号转换为电信号；变换电路对转换元件输出的电信号进行放大调制，最后输出容易检测到的电信号量。例如，温度传感器可把温度量转化成电压信号量输出，且温度值与电压值成比例关系，只要使用 ADC 测量出电压值，即可根据转换关系求得实际温度值。而前文提到的陀螺仪、加速度传感器及磁场传感器也与此类似，它们检测的角速度、加速度及磁场强度与电压值也有确定的转换关系。

2. 传感器参数

传感器一般使用精度、分辨率及采样频率这些参数来进行比较、衡量它的性能，见表10-8。

表 10-8　　　　　　　　　　　　　　**传 感 器 参 数**

参数	说明
线性误差	指传感器测量值与真实物理量值之间的拟合度误差
分辨率	指传感器可检测到的最小物理量的单位
采样频率	指在单位时间内的采样次数

其中线性误差与分辨率是比较容易混淆的概念。以使用尺子测量长度为例：误差就是指尺子准不准，使用它测量出 10cm，与计量机构标准的 10cm 之间有多大区别，若区别在 5mm 以内，则称这把尺子的误差为 5mm；而分辨率是指尺子的最小刻度值，假如尺子的最小刻度值为 1cm，称这把尺子的分辨率为 1cm，它只能用于测量厘米级的尺寸，对于毫米级的长

度，就无法用这把尺子进行测量了。如果把尺子加热拉长，尺子的误差会大于5mm，但它的分辨率仍为1cm，只是它测出的1cm值与真实值之间差得更远了。

3. 物理量的表示方法

大部分传感器的输出都与电压成比例关系，电压值一般采用ADC来测量，而ADC一般有固定的位数，如8位ADC、12位ADC等。ADC的位数会影响测量的分辨率及量程。如图10-4所示，假设用一个2位的ADC来测量长度，2位的ADC最多只能表示0、1、2、3这四个数，假如它的分辨率为20cm，那么它最大的测量长度为60cm；假如它的分辨率为10cm，那么它的最大测量长度为30cm。由此可知，对于特定位数的ADC，量程和分辨率不可兼得。

在实际应用中，常常直接用ADC每位表征的物理量值来表示分辨率，如每位代表20cm，称它的分辨率为1LSB/20cm，它等效于5位表示1m，即5LSB/m。

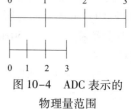

图10-4 ADC表示的物理量范围

使用采样得到的ADC数值，除以分辨率，即可求得物理量。例如，使用分辨率为5LSB/m、线性误差为0.1m的传感器进行长度测量，ADC采样得到的数据值为"20"，可计算知道该传感器的测量值为4m，而该长度的真实值为3.9～4.1m。

三、MPU6050 的特性参数

实验板中使用的MPU6050传感器的特性参数见表10-9。

表 10-9　　　　　MPU6050 传感器的特性参数

参数	说明
供电	3.3～5.0V
通信接口	I^2C 协议，支持的 I^2C 时钟最高频率为400kHz
测量维度	加速度传感器：3维；陀螺仪：3维
ADC分辨率	加速度传感器：16位；陀螺仪：16位
加速度传感器测量范围	$\pm2g$、$+4g$、$\pm8g$、$\pm16g$，其中 g 为重力加速度常数，$g=9.8m/s^2$
加速度传感器最高分辨率	16384LSB/g
加速度传感器线性误差	0.1g
加速度传感器输出频率	最高1000Hz
陀螺仪测量范围	$\pm250°/sec$、$\pm500°/sec$、$\pm1000°/sec$、$\pm2000°/sec$
陀螺仪最高分辨率	131LSB/（°/sec）
陀螺仪线性误差	0.1°/sec
陀螺仪输出频率	最高8000Hz
DMP姿态解算频率	最高200Hz
温度传感器测量范围	-40～+85℃
温度传感器分辨率	340LSB/℃
温度传感器线性误差	±1℃
工作温度	-40～+85℃
功耗	500μA～3.9mA（工作电压3.3V）

表10-9说明，加速度传感器与陀螺仪的ADC均为16位，它们的量程及分辨率可选多种模式，见表10-10和表10-11，量程越大，分辨率越低。

表 10-10　　　　　　　　　　　　　　加速度传感器的量程配置

AFS_ SEL	满量程	LSB 灵敏度
0	$\pm 2g$	16384LSB/g
1	$\pm 4g$	8192LSB/g
2	$\pm 8g$	4096LSB/g
3	$\pm 16g$	2048LSB/g

表 10-11　　　　　　　　　　　　　　陀 螺 仪 的 量 程 配 置

FS_SEL	满量程
0	$\pm 250°/\sec$
1	$\pm 500°/\sec$
2	$\pm 1000°/\sec$
3	$\pm 2000°/\sec$

从表 10-9 中还可了解到加速度传感器和陀螺仪的输出频率分别为 1000Hz 及 8000Hz，它们分别是指加速度及角速度数据的采样频率。可以使用 STM32 控制器把这些数据读取出来，然后进行姿态融合解算，以求出传感器当前的姿态（即求出偏航角、横滚角、俯仰角）。而如果使用传感器内部的 DMP 单元进行解算，它可以直接对采样得到的加速度及角速度进行姿态解算，并将得到的结果再输出给 STM32 控制器，即 STM32 无须自己计算，就可直接获取偏航角、横滚角及俯仰角。该 DMP 每秒可输出 200 次姿态数据。

四、MPU6050 获取原始数据实验

本实验介绍如何使用 STM32 控制 MPU6050 传感器读取加速度、角速度及温度数据。在控制传感器时，会用到 STM32 的 I^2C 驱动。如同控制 STM32 一样，对 MPU6050 传感器的不同寄存器写入不同的内容可以实现不同模式的控制，从特定的寄存器读取内容则可以获取测量数据。关于 MPU6050 具体寄存器的内容这里不予展开，请读者自己查阅 MPU60X0 寄存器的相关手册。

1. 硬件设计

STM32 与 MPU6050 的硬件连接如图 10-5 所示。

STM32 与 MPU6050 的硬件连接非常简单，SDA 与 SCL 引出到 STM32 的 I^2C 引脚。注意图 10-5 中的 I^2C 没有画出上拉电阻，只是因为实验板中其他芯片也使用同样的 I^2C 总线，上拉电阻画到了其他芯片的图里，没有出现在这个图中而已。传感器的 I^2C 设备地址可通过 AD0 引脚的电平控制，当 AD0 接地时，设备地址为 0x68（七位地址）；当 AD0 接电源时，设备地址为 0x69（七位地址）。另外，传感器的 INT 引脚接到了 STM32 的普通 I/O 接口，当传感器有新数据时就会通过 INT 引脚通知 STM32。

由于 MPU6050 检测是基于自己为中心的坐标系的，所以在设计硬件时，需要考虑它与所在设备的坐标系的关系。

2. 软件设计

为了方便代码的展示及移植，这里把与 STM32 的 I^2C 驱动相关的代码都编写到 "i2c. c" 及 "i2c. h" 文件中，把与 MPU6050 传感器相关的代码都写到 "mpu6050. c" 及 "mpu6050. h" 文件中，这些文件都是自己编写的，不属于标准库，因此可根据自己的喜好命名文件。

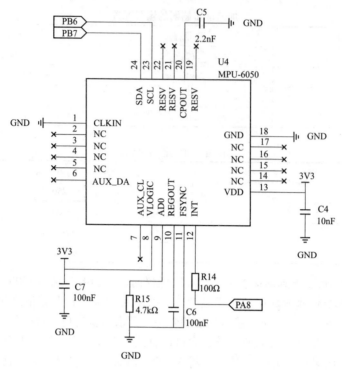

图 10-5　STM32 与 MPU6050 的硬件连接

3. 编程要点

（1）初始化 STM32 的 I^2C。

（2）使用 I^2C 向 MPU6050 写入控制参数。

（3）定时读取加速度、角速度及温度数据。

4. 代码分析

（1）I^2C 的硬件定义。将本实验中的 I^2C 驱动与 MPU6050 驱动分开主要是考虑到扩展其他传感器时的通用性，如使用磁场传感器、气压传感器时都可以使用同一个 I^2C 驱动，这个驱动只要给出针对不同传感器的不同读/写接口即可。关于 STM32 的 I^2C 驱动原理请参阅读/写 EEPROM 的相关章节，这里所讲的 I^2C 驱动主要针对接口封装，细节不再赘述。本实验中 I^2C 的硬件定义见代码清单 10-1。

代码清单 10-1　I^2C 的硬件定义（i2c.h 文件）

```
/* 引脚定义 */
#define SENSORS_I2C_SCL_GPIO_PORT GPIOB
#define SENSORS_I2C_SCL_GPIO_CLK RCC_AHB1Periph_GPIOB
#define SENSORS_I2C_SCL_GPIO_PIN GPIO_Pin_6
#define SENSORS_I2C_SCL_GPIO_PINSOURCE GPIO_PinSource6

#define SENSORS_I2C_SDA_GPIO_PORT GPIOB
#define SENSORS_I2C_SDA_GPIO_CLK RCC_AHB1Periph_GPIOB
#define SENSORS_I2C_SDA_GPIO_PIN GPIO_Pin_7
#define SENSORS_I2C_SDA_GPIO_PINSOURCE GPIO_PinSource7
```

```
#define SENSORS_I2C_AF GPIO_AF_I2C1
#define SENSORS_I2C I2C1
#define SENSORS_I2C_RCC_CLK RCC_APB1Periph_I2C1
```

如此，这些宏就根据传感器使用的 I^2C 硬件封装起来了。

（2）初始化 I^2C。接下来利用这些宏对 I^2C 进行初始化，初始化过程与 I^2C 读/写 EEPROM 中的初始化过程无异，见代码清单 10-2。

代码清单 10-2　初始化 I^2C(i2c.c 文件)

```
/***********************************************************************
*  功  能:初始化 I2C 总线,使用 I2C 前需要调用
*  参  数:无
*  返回值:无
***********************************************************************/
void I2cMaster_Init(void)
{
    GPIO_InitTypeDef GPIO_InitStructure;
    I2C_InitTypeDef I2C_InitStructure;
    /*  Enable I2Cx clock * /
    RCC_APB1PeriphClockCmd(SENSORS_I2C_RCC_CLK,ENABLE);
    /*  Enable I2C GPIO clock * /
    RCC_AHB1PeriphClockCmd(SENSORS_I2C_SCL_GPIO_CLK |
                            SENSORS_I2C_SDA_GPIO_CLK,ENABLE);
    /*  Configure I2Cx pin:SCL ---------------------------------* /
    GPIO_InitStructure.GPIO_Pin = SENSORS_I2C_SCL_GPIO_PIN;
    GPIO_InitStructure.GPIO_Mode = GPIO_Mode_AF;
    GPIO_InitStructure.GPIO_Speed = GPIO_Speed_100MHz;
    GPIO_InitStructure.GPIO_OType = GPIO_OType_OD;
    GPIO_InitStructure.GPIO_PuPd = GPIO_PuPd_NOPULL;
    /*  Connect pins to Periph * /
    GPIO_PinAFConfig(SENSORS_I2C_SCL_GPIO_PORT,
                    SENSORS_I2C_SCL_GPIO_PINSOURCE,SENSORS_I2C_AF);
    GPIO_Init(SENSORS_I2C_SCL_GPIO_PORT,&GPIO_InitStructure);
    /*  Configure I2Cx pin:SDA ---------------------------------* /
    GPIO_InitStructure.GPIO_Pin = SENSORS_I2C_SDA_GPIO_PIN;
    /*  Connect pins to Periph * /
    GPIO_PinAFConfig(SENSORS_I2C_SDA_GPIO_PORT,
                    SENSORS_I2C_SDA_GPIO_PINSOURCE,SENSORS_I2C_AF);
    GPIO_Init(SENSORS_I2C_SDA_GPIO_PORT,&GPIO_InitStructure);
    I2C_DeInit(SENSORS_I2C);
    I2C_InitStructure.I2C_Mode = I2C_Mode_I2C;
    I2C_InitStructure.I2C_DutyCycle = I2C_DutyCycle_2;
    I2C_InitStructure.I2C_OwnAddress1 = I2C_OWN_ADDRESS;
    I2C_InitStructure.I2C_Ack = I2C_Ack_Enable;
    I2C_InitStructure.I2C_AcknowledgedAddress = I2C_AcknowledgedAddress_7bit;
    I2C_InitStructure.I2C_ClockSpeed = I2C_SPEED;
```

```
/* Enable the I2C peripheral * /
I2C_Cmd(SENSORS_I2C,ENABLE);
/* Initialize the I2C peripheral * /
I2C_Init(SENSORS_I2C,&I2C_InitStructure);
return;
}
```

（3）对读/写函数的封装。初始化完成后即可编写 I^2C 读/写函数。这部分跟读/写 EE-RPOM 中的一样，主要是调用 STM32 标准库函数读/写数据寄存器及标志位。本实验的这部分被编写入 ST_Sensors_I2C_WriteRegister 及 ST_Sensors_I2C_ReadRegister 中了，在它们之上再封装成 Sensors_I2C_WriteRegister 及 Sensors_I2C_ReadRegister，见代码清单10-3。

代码清单10-3 对读/写函数的封装（i2c.c 文件）

```
/************************************************************************
* 功  能:写寄存器(多次尝试),这是提供给上层的接口
* 参  数:slave_addr,即从机地址
         reg_addr,即寄存器地址
         len,即写入的长度
         data_ptr,即指向要写入的数据
* 返回值:正常为 0,不正常为非 0
  ************************************************************************/
int Sensors_I2C_WriteRegister(unsigned char slave_addr,
                              unsigned char reg_addr,
                              unsigned short len,
                              const unsigned char * data_ptr)
{
    char retries=0;
    int ret = 0;
    unsigned short retry_in_mlsec = Get_I2C_Retry();

    tryWriteAgain:
        ret = 0;
        ret = ST_Sensors_I2C_WriteRegister( slave_addr,reg_addr,len,data_ptr);

    if(ret && retry_in_mlsec)
    {
        if( retries++ > 4 )
                return ret;

        Delay(retry_in_mlsec);
        goto tryWriteAgain;
    }
    return ret;
}


/************************************************************************
```

```
*  功    能:读寄存器(多次尝试),这是提供给上层的接口
*  参    数:slave_addr,即从机地址
            reg_addr,即寄存器地址
            len,即要读取的长度
            data_ptr,即指向要存储数据的指针
*  返回值:正常为0,不正常为非0
**************************************************************************/
int Sensors_I2C_ReadRegister(unsigned char slave_addr,
                             unsigned char reg_addr,
                             unsigned short len,
                             unsigned char * data_ptr)
{
    char retries=0;
    int ret = 0;
    unsigned short retry_in_mlsec = Get_I2C_Retry();
    tryReadAgain:
        ret = 0;
        ret = ST_Sensors_I2C_ReadRegister( slave_addr,reg_addr,len,data_ptr);

        if(ret && retry_in_mlsec)
        {
            if( retries++ > 4 )
            return ret;

            Delay(retry_in_mlsec);
            goto tryReadAgain;
        }
        return ret;
}
```

　　封装后的函数主要是增加了错误重试机制，若读/写出现错误，则会进行多次尝试，多次尝试均失败后会返回错误代码。这个函数作为 I^2C 驱动对外的接口，其他使用 I^2C 的传感器调用这个函数即可读/写寄存器。

　　(4) MPU6050 的寄存器定义。MPU6050 有各种各样的寄存器用于控制工作模式，把这些寄存器的地址、寄存器位使用宏定义到 mpu6050.h 文件中，见代码清单 10-4。

代码清单 10-4　MPU6050 的寄存器定义(mpu6050.h)

```
// MPU6050,Standard address 0x68
#define MPU6050_ADDRESS 0x68
#define MPU6050_WHO_AM_I 0x75
#define MPU6050_SMPLRT_DIV 0            //8000Hz
#define MPU6050_DLPF_CFG 0
#define MPU6050_GYRO_OUT 0x43          //MPU6050 陀螺仪数据寄存器地址
#define MPU6050_ACC_OUT 0x3B           //MPU6050 加速度数据寄存器地址

#define MPU6050_ADDRESS_AD0_LOW 0x68   //AD0 为低电平时的地址
```

```
#define MPU6050_ADDRESS_AD0_HIGH 0x69      //AD0 为高电平时的地址
#define MPU6050_DEFAULT_ADDRESS MPU6050_ADDRESS_AD0_LOW

#define MPU6050_RA_XG_OFFS_TC 0x00 //[7] PWR_MODE,[6:1]XG_OFFS_TC,[0] OTP_BNK_VLD
#define MPU6050_RA_YG_OFFS_TC 0x01 //[7] PWR_MODE,[6:1]YG_OFFS_TC,[0] OTP_BNK_VLD
#define MPU6050_RA_ZG_OFFS_TC 0x02 //[7] PWR_MODE,[6:1]ZG_OFFS_TC,[0] OTP_BNK_VLD
#define MPU6050_RA_X_FINE_GAIN 0x03 //[7:0] X_FINE_GAIN
/* ……以下部分省略* /
```

（5）初始化 MPU6050。根据 MPU6050 的寄存器功能定义，这里使用 I^2C 向寄存器写入特定的控制参数，见代码清单10-5。

代码清单10-5 初始化 MPU6050

```
void MPU6050_WriteReg(u8 reg_add,u8 reg_dat)
{
    Sensors_I2C_WriteRegister(MPU6050_ADDRESS,reg_add,1,&reg_dat);
}
void MPU6050_ReadData(u8 reg_add,unsigned char* Read,u8 num)
{
    Sensors_I2C_ReadRegister(MPU6050_ADDRESS,reg_add,num,Read);
}


void MPU6050_Init(void)
{
    int i=0,j=0;
    //在初始化之前要有一段延时,若没有延时,则断电后再上电数据可能会出错
    for (i=0; i<1000; i++)
    {
        for (j=0; j<1000; j++)
        {
            ;
        }
    }
    //解除休眠状态
    MPU6050_WriteReg(MPU6050_RA_PWR_MGMT_1,0x00);
    //陀螺仪采样频率
    MPU6050_WriteReg(MPU6050_RA_SMPLRT_DIV,0x07);
    MPU6050_WriteReg(MPU6050_RA_CONFIG,0x06);
    //配置加速度传感器工作在16g模式
    MPU6050_WriteReg(MPU6050_RA_ACCEL_CONFIG,0x01);
    //陀螺仪自检及测量范围,典型值:0x18(不自检,2000deg/sec)
    MPU6050_WriteReg(MPU6050_RA_GYRO_CONFIG,0x18);
}
```

这段代码首先使用 MPU6050_ReadData 及 MPU6050_WriteRed 函数封装了 I^2C 的底层读/写驱动，接着用它们在 MPU6050_Init 函数中向 MPU6050 寄存器写入控制参数，进而设置 MPU6050 的采样频率、量程（分辨率）。

（6）读传感器 ID。初始化后，可通过读取它的"WHO AM I"寄存器内容来检测硬件是否正常，该寄存器存储的 ID 号是 0x68，见代码清单 10-6。

代码清单 10-6　读取传感器 ID

```c
uint8_t MPU6050ReadID(void)
{
    unsigned char Re = 0;
    MPU6050_ReadData(MPU6050_RA_WHO_AM_I,&Re,1);        //读器件地址
    if (Re ! = 0x68)
    {
        MPU_ERROR("检测不到 MPU6050 模块");
        return 0;
    }
    else
    {
        MPU_INFO("MPU6050 ID = %d\r\n",Re);
        return 1;
    }
}
```

（7）读取原始数据。若传感器检测正常，就可以读取它的数据寄存器以获取采样数据，见代码清单 10-7。

代码清单 10-7　读取传感器数据

```c
void MPU6050ReadAcc(short * accData)
{
    u8 buf[6];
    MPU6050_ReadData(MPU6050_ACC_OUT,buf,6);
    accData[0] = (buf[0] << 8) |buf[1];
    accData[1] = (buf[2] << 8) |buf[3];
    accData[2] = (buf[4] << 8) |buf[5];
}


void MPU6050ReadGyro(short * gyroData)
{
    u8 buf[6];
    MPU6050_ReadData(MPU6050_GYRO_OUT,buf,6);
    gyroData[0] = (buf[0] << 8) |buf[1];
    gyroData[1] = (buf[2] << 8) |buf[3];
    gyroData[2] = (buf[4] << 8) |buf[5];
}


void MPU6050ReadTemp(short * tempData)
{
    u8 buf[2];
    MPU6050_ReadData(MPU6050_RA_TEMP_OUT_H,buf,2);        //读取温度值
    * tempData = (buf[0] << 8) |buf[1];
}
```

```
void MPU6050_ReturnTemp(float* Temperature)
{
    short temp3;
    u8 buf[2];
    MPU6050_ReadData(MPU6050_RA_TEMP_OUT_H,buf,2);          //读取温度值
    temp3 = (buf[0] << 8) |buf[1];
    * Temperature=((double) (temp3 /340.0))+36.53;
}
```

其中，前三个函数分别用于读取三轴加速度、角速度及温度值，这些都是原始的 ADC 数值（16 位长），对于加速度和角速度，把读取得到的 ADC 值除以分辨率，即可求得实际物理量数值；最后一个函数 MPU6050_ReturnTemp 展示了温度 ADC 值与实际温度值间的转换，它是根据 MPU6050 的说明给出的转换公式换算得到的。注意陀螺仪检测的温度会受自身芯片发热的影响，严格来说它测量的是自身芯片的温度，所以用它来测量气温是不太准确的。对于加速度和角速度的值这里没有进行转换，后面将直接把这些数据交给 DMP 单元，以求解姿态角。

（8）main 函数。本实验的 main 函数见代码清单 10-8。

代码清单 10-8　main 函数

```
uint32_t Task_Delay[NumOfTask]={0};
/*********************************************************************
* 功　能:main 函数
* 参　数:无
* 返回值:无
**********************************************************************/
int main(void)
{
    short Acel[3];
    short Gyro[3];
    float Temp;
    SysTick_Init();
    /* 初始化 USART1 */
    Debug_USART_Config();
    //初始化 I2C
    I2cMaster_Init();
    //初始化 MPU6050
    MPU6050_Init();
    //检测 MPU6050
    if (MPU6050ReadID() == 1)
    {

        while(1)
        {
            if(Task_Delay[0]==TASK_ENABLE)
                Task_Delay[0]=1000;
```

```
        if(Task_Delay[1]==0)
    {
        MPU6050ReadAcc(Acel);
        printf("加速度:% d% 8d% 8d",Acel[0],Acel[1],Acel[2]);
        MPU6050ReadGyro(Gyro);
        printf("陀螺仪:% 8d% 8d% 8d",Gyro[0],Gyro[1],Gyro[2]);
        MPU6050_ReturnTemp(&Temp);
        printf("温度:% 8.2f\r\n",Temp);
        Task_Delay[1]=500;              //更新一次数据
    }
  }
}
else
{
    printf("\r\n没有检测到MPU6050传感器! \r\n");
    while(1);
}
}
```

本实验中控制 MPU6050 并没有使用中断检测，而是利用 SysTick 定时器进行计时，隔一段时间读取 MPU6050 的数据寄存器获取采样数据的，代码中使用 Task_Delay 变量来控制定时时间，在 SysTick 中断中会每隔 1ms 对该变量值减 1，所以当它的值为 0 时表示定时时间到。

在 main 函数中，调用 I2cMaster_Init、MPU6050_Init 及 MPU6050ReadID 函数后，就在 while 循环中判断定时时间，定时时间到后就读取加速度、角速度及温度值，并使用串行接口打印信息到计算机端。

习题 10

1. MPU6050 内部整合了多少轴陀螺仪和多少轴加速度传感器？
2. MPU6050 有哪些外围接口？
3. MPU6050 工作电流是多少 mA？MPU6050 待机电流是多少 μA？
4. MPU6050 自带多少字节的 FIFO？
5. MPU6050 自带高达多少 kHz 的 I^2C 通信接口？
6. MPU6050 的封装尺寸是多少？
7. MPU6050 系统时钟源是通过什么寄存器来设置的？
8. 设置 MPU6050 的陀螺仪采样频率，计算公式是什么？

项目十一　超声波测距模块应用

任务 18　US-100 超声波测距应用

一、US-100 介绍

US-100 是一款超声波测距模块，可实现 0.02～4.50m 的非接触测距功能，拥有宽电压输入范围（2.4～5.5V），静态功耗低于 2mA，自带温度传感器对测距结果的校正功能，同时具有 GPIO、串行接口等多种通信方式，内带看门狗，工作稳定可靠。

超声波测距的原理如图 11-1 所示，简单来说就是一端发出超声波，另一端接收通过接触到的物体反射回来的超声波，然后简单地做一下算术运算就可以得出一个相对准确的数据。在一般的超声波测距模块中，这个物体是有一定要求的，如要求反射物体呈水平状，不能是斜的或者凹凸不平的等，否则会影响数据的精准性。

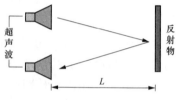

图 11-1　超声波测距原理

1. 技术参数

US-100 的主要技术参数见表 11-1。

表 11-1　　　　　　　　　　　　　　　US-100 的主要技术参数

电气参数	US-100
工作电压	DC 2.4～5.5V
静态电流	2mA
工作温度	-20～+70℃
输出方式	电平或 UART（跳线帽选择）
感应角度	小于 15°
探测距离	20～4500mm
探测精度	30×（1±1%）mm
UART 模式下串行接口配置	波特率 9600，起始位 1 位，停止位 1 位，数据位 8 位，无奇偶校验，无流控制

2. 实物图及尺寸

US-100 实物的正面、反面如图 11-2 和图 11-3 所示。

US-100 的尺寸为 45mm×20mm×1.6mm，板上有两个半径为 1mm 的机械孔，如图 11-4 所示。

3. 接口说明

US-100 共有两个接口，即模式选择跳线接口和 5Pin 接口。

（1）模式选择跳线接口如图 11-5 所示。其中方框标注处为模式选择跳线，模式选择跳线的间距为 2.54mm，当插上跳线帽时为 UART（串行接口）模式，拔掉跳线帽时为电平触发模式。

图 11-2　US-100 实物正面

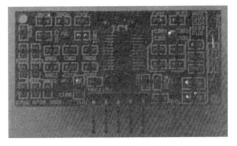

图 11-3　US-100 实物反面

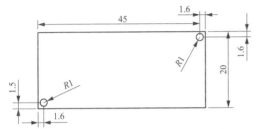

图 11-4　US-100 尺寸

图 11-5　模式选择跳线接口

（2）5Pin 接口如图 11-6 所示，其中方框标注处为 2.54 间距的弯脚排针。

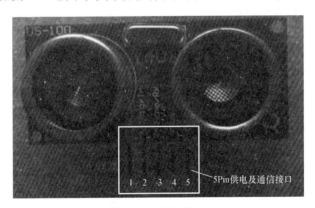

图 11-6　5Pin 接口

弯脚排针从左到右依次编号为 1、2、3、4、5。它们的定义如下：

1）1：接 VCC 电源（2.4~5.5V）。

2）2：当为 UART 模式时，接外部电路 UART 的 TX 端；当为电平触发模式时，接外部电路的 Trig 端。

3）3：当为 UART 模式时，接外部电路 UART 的 RX 端；当为电平触发模式时，接外部电路的 Echo 端。

4）4：接外部电路的地。

5）5：接外部电路的地。

4. 电平触发测距

US-100 上电前，首先要去掉模式选择跳线上的跳线帽，使其处于电平触发模式。

电平触发测距的时序如图 11-7 所示。

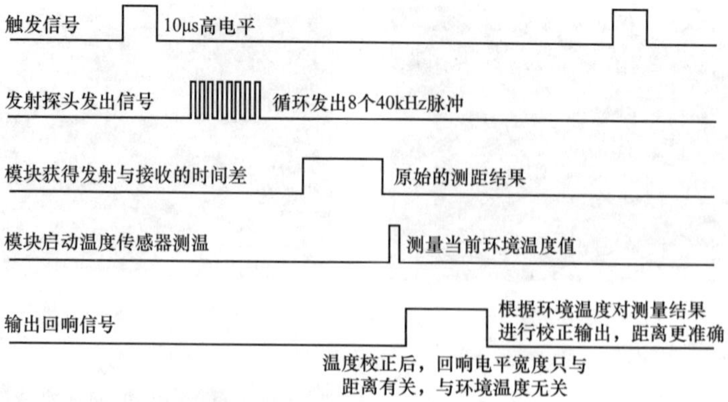

图 11-7　电平触发测距的时序

图 11-7 表明，只需要在 Trig/TX 管脚输入一个 10μs 以上的高电平，系统便可发出 8 个 40kHz 的超声波脉冲，然后检测回波信号。当检测到回波信号后，US-100 还要进行温度值的测量，然后根据当前温度对测距结果进行校正，将校正后的结果通过 Echo/RX 管脚输出。

在此模式下，US-100 将距离值转化为 340m/s 时的时间值的 2 倍，通过 Echo 端输出一高电平，可根据此高电平的持续时间来计算距离值，即距离值为（高电平时间×340m/s）/2。

因为距离值已经经过温度校正，此时无须再根据环境温度对超声波声速进行校正，即不管温度多少，声速选择 340m/s 即可。

5. 串行接口触发测距

US-100 上电前，首先要插上模式选择跳线上的跳线帽，使其处于串行接口触发模式。

串行接口触发测距的时序如图 11-8 所示。

在此模式下只需要在 Trig/TX 管脚输入 0x55（波特率 9600），系统便可发出 8 个 40kHz 的超声波脉冲，然后检测回波信号。

当检测到回波信号后，US-100 还要进行温度值的测量，然后根据当前温度对测距结果进行校正，将校正后的结果通过 Echo/RX 管脚输出。

输出的距离值共两个字节：第一个字节是距离的高 8 位（HDate），第二个字节为距离的低 8 位（LData），单位为 mm，即距离值为（Hdata×256+LData）mm。

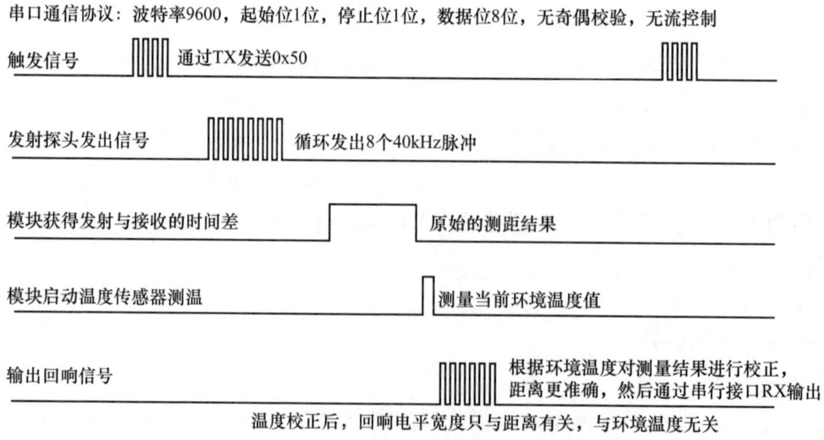

图 11-8　串行接口触发测距的时序

6. 串行接口触发测温

在 US-100 上电前，首先要插上模式选择跳线上的跳线帽，使其处于串行接口触发模式。

串行接口触发测温的时序如图 11-9 所示。

在此模式下只需要在 Trig/TX 管脚输入 0x55（波特率 9600），系统便可发出 8 个 40kHz 的超声波脉冲，然后检测回波信号。

当检测到回波信号后，US-100 还要进行温度值的测量，然后根据当前温度对测距结果进行校正，将校正后的结果通过 Echo/RX 管脚输出。

输出的距离值共两个字节：第一个字节是距离的高 8 位（HDate），第二个字节为距离的低 8 位（LData），单位为 mm，即距离值为（Hdata×256+LData）mm。

测温完成后，US-100 会返回一个字节的温度值（TData），实际的温度值为 TData-45。例如，通过 TX 发送完 0x50 后，在 RX 端收到 0x45，则此时的温度值为 ［69（0x45 的 10 进制值）-45］=24°。

图 11-9　串行接口触发测温的时序

二、超声波测距实验

本实验没有用到测温功能，所以就简单地选用了电平触发工作模式，也就是普通的 I/O 接口配置：一个推挽输出，另一个输入。

1. 硬件设计

STM32 与 US-100 的硬件连接如图 11-10 所示。

它们的硬件连接非常简单，Trig 与 Echo 引出到 STM32 的 PA2 与 PA3 引脚即可。

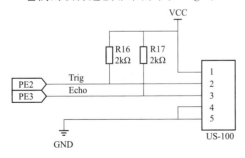

图 11-10　STM32 与 US-100 的硬件连接

2. 软件设计

为了方便代码的展示及移植，这里把 STM32 的 US-100 驱动相关的代码都编写入"bsp_us100.c"及"bsp_us100.h"文件中，这些文件是自己编写的，不属于标准库，因此可根据自己的喜好命名文件。

3. 编程要点

（1）初始化 STM32 的输入/输出引脚。

（2）串行接口打印相关测试数据。

（3）定时读取距离数据。

4. 代码分析

（1）硬件定义。本实验中的硬件 I/O 定义见代码清单 11-1。

代码清单 11-1　硬件 I/O 定义(bsp_us100.h 文件)

```
//引脚定义
/************************************************************/
#define Trig(x) (x? GPIO_WriteBit(GPIOA,GPIO_Pin_2,Bit_SET):
                    GPIO_WriteBit(GPIOA,GPIO_Pin_2,Bit_RESET))
#define Echo(GPIOA -> IDR & (1<<3))
/************************************************************/
```

如此，这些宏就根据传感器使用的 US-100 硬件封装起来了。

(2) 初始化 US-100。接下来对 US-100 进行初始化，见代码清单 11-2。

代码清单 11-2　初始化 US-100(bsp_us100.c 文件)

```
/*****************************************************************************
* 功　能:US-100 引脚初始化程序
* 参　数:无
* 返回值:无
*****************************************************************************/
void Us100_Init(void)
{
    GPIO_InitTypeDef GPIO_InitStructure;

    //时能时钟
    RCC_AHB1PeriphClockCmd(RCC_AHB1Periph_GPIOA,ENABLE);        //使能 GPIOA 时钟

    GPIO_InitStructure.GPIO_Pin=GPIO_Pin_2;                    //Trig
    GPIO_InitStructure.GPIO_Mode=GPIO_Mode_OUT;                //输出模式
    GPIO_InitStructure.GPIO_OType=GPIO_OType_PP;               //推挽输出
    GPIO_InitStructure.GPIO_PuPd=GPIO_PuPd_NOPULL;             //无上、下拉模式
    GPIO_InitStructure.GPIO_Speed=GPIO_High_Speed;
    GPIO_Init(GPIOA,&GPIO_InitStructure);

    GPIO_InitStructure.GPIO_Pin=GPIO_Pin_3;                    //Echo
    GPIO_InitStructure.GPIO_Mode=GPIO_Mode_IN;                 //输入模式
    GPIO_InitStructure.GPIO_PuPd=GPIO_PuPd_DOWN;               //无上、下拉模式
    GPIO_Init(GPIOA,&GPIO_InitStructure);
}
```

(3) 对读函数的封装。初始化完成后即可编写 US-100 的读函数，见代码清单 11-3。

代码清单 11-3　对读函数的封装(bsp_us100.c 文件)

```
/*****************************************************************************
* 功　能:获取超声波测得的距离
* 参　数:无
* 返回值:距离
*****************************************************************************/
uint16_t Get_DistanceData(void)
{
    uint16_t dis;
```

```
    uint16_t Distance;

    TIM3 -> CR1 |= (1<<0);
    Trig(1);
    delay_us(14);            //这里的延时可以是12~20μs
    Trig(0);
    while(! Echo);           //等待回响信号变为高电平
    TIM3 -> CNT = 0;         //让CNT的值变为0,开始计算
    while(Echo);             //等待回响信号变为低电平
    TIM3 -> CR1 &= ~ (1<<0); //停止计数
    dis = TIM3 -> CNT;       //获取中间时间
    //printf("% d\n",dis);
    Distance = dis/58;       //算出距离
    return Distance;         //返回距离
}
```

（4）main函数。本实验的main函数见代码清单11-4。

代码清单11-4 main函数

```
/*********************************************************************
* 功  能:main函数
* 参  数:无
* 返回值:无
*********************************************************************/
int main(void)
{
    uint16_t us100_data;
    /* 初始化USART1,配置模式为115200 8-N-1,中断接收*/
    Debug_USART_Config();
    Us100_Init();
    Tim3_int();
    printf("/*******************\n");
    printf("* 超声波测距实验\n");
    printf("* 115200 8-N-1\n");
    printf("/*******************\n");
    while(1)
    {
        us100_data=Get_DistanceData();
        printf("测试距离:% d\n",us100_data);
        delay_ms(1000);
    }
}
```

在main函数中，调用Us100_ Init、Tim3_ int及Debug_ USART_ Config函数后，就可在while循环中读取超声波的距离值，并使用串行接口打印信息到计算机端。

习题11

1. US-100可实现多远距离的非接触测距功能？

2. US-100 超声波测距的原理是什么？请简单描述一下。

3. US-100 超声波输出方式有几种？

4. US-100 超声波系统可发出几个、多少 kHz 的超声波脉冲？

5. US-100 超声波如何计算距离？

6. US-100 超声波串行接口触发测温的工作原理是什么？

7. US-100 超声波测距模式如何选择？

8. US-100 超声波测温完成后，如何计算温度？

任务 19 DHT11 数字温湿度传感器应用

一、DHT11 介绍

DHT11 是一款含有已校准数字信号输出的温湿度复合传感器，如图 12-1 所示。它应用专门的数字模块采集技术和温湿度传感技术，确保产品具有极高的可靠性与卓越的长期稳定性。DHT11 包括一个电阻式感湿元件和一个负温度系数（negative temperature coefficient，NTC）测温元件，因此它具有品质卓越、超快响应、相对湿度和温度测量、数字输出、抗干扰能力强、无须额外部件、性价比极高等优点。每个 DHT11 都在极为精确的湿度校验室中进行校准。校准系数以程序的形式存储在一次性可编程（one time programable，OTP）内存中，DHT11 内部在检测信号的处理过程中要调用这些校准系数。单线制串行接口使系统集成变得简易快捷。超小的体积、极低的功耗，信号传输距离可达 20m 以上，使得 DHT11 成为各类应用场合甚至最为苛刻的应用场合的最佳选择。DHT11 为 4 针单排引脚封装，连接方便，还可根据用户的需求提供特殊的封装形式。

图 12-1 DHT11

DHT11 的应用领域包括暖通空调、测试及检测设备、汽车、数据记录器、消费品、自动控制、气象站、家电、湿度调节器、医疗、除湿器等。

1. 性能说明

DHT11 的性能说明见表 12-1。

表 12-1 DHT11 的性能说明

参数	条件	min	typ	max	单位
湿度					
分辨率		1	1	1	％RH
			16		bit
重复性			±1		％RH
精度	25℃		±4		％RH
	0～50℃			±5	％RH
互换性	可完全互换				
量程范围	0℃	30		90	％RH
	25℃	20		90	％RH
	50℃	20		80	％RH

参数	条件	min	typ	max	单位
响应时间	1/e（63%） 25℃，1m/s 空气	6	10	15	s
迟滞			±1		%RH
长期稳定性	典型值		±1		%RH/yr
温度					
分辨率		1	1	1	℃
		16	16	16	bit
重复性			±1		℃
精度		±1		±2	℃
量程范围		0		50	℃
响应时间	1/e（63%）	6		30	s

2. 接口说明

DHT11 的典型应用电路如图 12-2 所示。建议连接线长度小于 20m 时用 4.7kΩ 上拉电阻，大于 20m 时根据实际情况使用合适的上拉电阻。

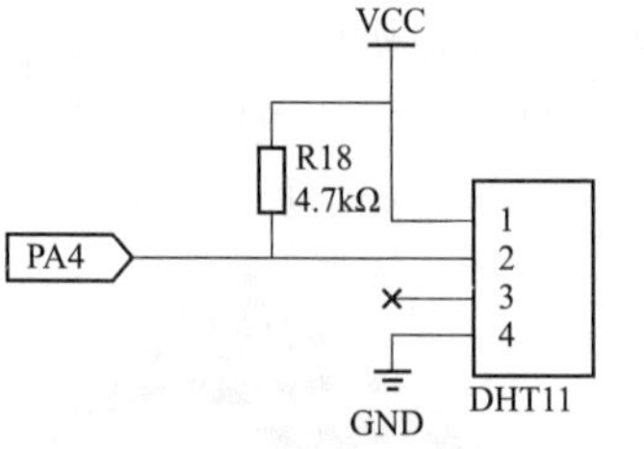

3. 电源引脚

DHT11 的供电电压为 3.0～5.5V。DHT11 上电后，要等待1s 以越过不稳定状态，在此期间无须发送任何指令。电源引脚（VDD，GND）之间可增加一个 100nF 的电容，用于去耦滤波。

图 12-2　DHT11 的典型应用电路

4. 串行接口（单线双向）

DATA 用于微处理器与 DHT11 之间的通信和同步，采用单总线数据格式，一次通信时间为4ms 左右，数据分小数部分和整数部分（具体格式在下面说明），当前小数部分用于以后扩展，现读出为零。操作流程如下：

一次完整的数据传输为 40bit，高位先出。

数据格式为：8bit 湿度整数数据+8bit 湿度小数数据+8bit 温度整数数据+8bit 温度小数数据+8bit 校验和。

数据传送正确时校验和数据等于"8bit 湿度整数数据+8bit 湿度小数数据+8bit 温度整数数据+8bit 温度小数数据"所得结果的末 8 位。

用户 MCU 发送一次开始信号后，DHT11 从低速模式转换到高速模式，等待主机的开始信号结束，然后发送响应信号，送出 40bit 的数据，并触发一次信号采集，用户可选择读取部分数据。在从模式下，DHT11 接收到开始信号后触发一次温湿度采集，如果没有接收到主机发送的开始信号，DHT11 不会主动进行温湿度采集。DHT11 在采集数据后转换到低速模式，如图 12-3所示。

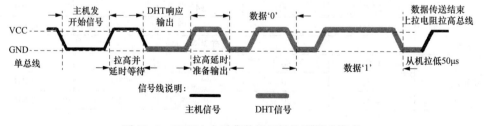

图 12-3　DHT11 在采集数据后转换到低速模式

总线空闲状态为高电平，主机把总线拉低等待 DHT11 的响应，拉低时间必须大于 18ms，以保证 DHT11 能检测到起始信号。DHT11 接收到主机的开始信号后，等待主机的开始信号结束，然后发送 80μs 的低电平响应信号。主机发送开始信号结束后，延时等待 20～40μs 后，读取 DHT11 的响应信号。主机发送开始信号后，切换到输入模式或者输出高电平均可，总线由上拉电阻拉高，如图 12-4 所示。

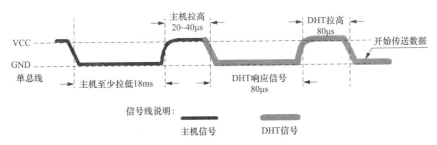

图 12-4　切换到输入模式或者输出高电平

总线为低电平，说明 DHT11 发送响应信号。DHT11 发送响应信号后，再把总线拉高 80μs，准备发送数据，每一 bit 数据都以 50μs 低电平时隙开始，高电平的长短决定了数据位是 0 还是 1。如果读取响应信号时为高电平，则 DHT11 没有响应，请检查线路是否连接正常。当最后一 bit 数据传送完毕后，DHT11 拉低总线 50μs，随后总线由上拉电阻拉高进入空闲状态。

数字 0 信号表示方法，如图 12-5 所示。

数字 1 信号表示方法，如图 12-6 所示。

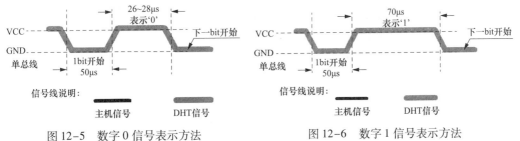

图 12-5　数字 0 信号表示方法　　　　　　图 12-6　数字 1 信号表示方法

5. 测量分辨率

DHT11 的测量分辨率分别为 8bit（温度）和 8bit（湿度）。

6. 电气特性

DHT11 的电气特性：$V_{DD}=5V$，$T=25℃$，除非特殊标注。DHT11 的参数说明见表 12-2。

表 12-2　　　　　　　　　　　　　　　　参数说明

参数	条件	最小值	典型值	最大值	单位
供电	DC	3	5	5.5	V
供电电流	测量	0.5		2.5	mA
	平均	0.2		1	mA
	待机	100		150	μA
采样周期	秒	1			次

注　采样周期间隔不得低于 1s。

7. 应用信息

（1）工作与存储条件。超出建议的工作范围可能导致高达3%RH的临时性漂移信号。返回正常工作条件后，DHT11会缓慢地向校准状态恢复。要加速恢复进程可参阅下文的"恢复处理"。在非正常工作条件下长时间工作会加速产品的老化过程。

（2）暴露在化学物质中。电阻式湿度传感器的感应层会受到化学蒸汽的干扰，化学物质在感应层中的扩散可能导致测量值漂移和灵敏度下降。在一个纯净的环境中，污染物质会缓慢地释放出去。下文所述的"恢复处理"将加速实现这一过程。高浓度的化学污染物会导致传感器感应层的彻底损坏。

（3）恢复处理。置于极限工作条件下或化学蒸汽中的传感器，通过如下处理程序，可使其恢复到校准时的状态。即先在50～60℃和<10%RH的湿度条件下保持2h（烘干）；随后在20～30℃和>70%RH的湿度条件下保持5h以上。

（4）温度影响。气体的相对湿度在很大程度上依赖于温度。因此在测量湿度时，应尽可能保证湿度传感器在同一温度下工作。如果与释放热量的电子元件共用一个PCB，在安装时应尽可能将DHT11远离电子元件，并安装在热源下方，同时保持外壳的良好通风。为降低热传导，DHT11与PCB其他部分的铜镀层应尽可能小，并在两者之间留出一道缝隙。

（5）光线。长时间暴露在太阳光下或强烈的紫外线辐射环境中，会使DHT11的性能降低。

（6）配线注意事项。DATA信号线材质会影响通信距离和通信质量，因此推荐使用高质量屏蔽线。

8. 封装信息

DHT11正面、背面、侧面的封装信息如图12-7所示。

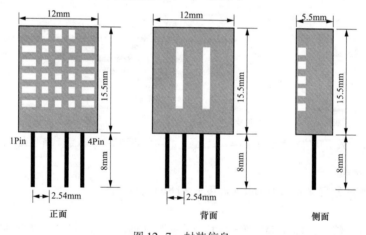

图12-7　封装信息

9. DHT11引脚说明

DHT11引脚说明见表12-3。

表 12-3　　　　　　　　　　　　　　　　　DHT11 引脚说明

Pin	名称	注释
1	VDD	供电 3.0～5.5VDC
2	DATA	串行数据，单总线
3	NC	空脚，请悬空
4	GND	接地，电源负极

二、温湿度检测实验

1. 硬件设计

本实验板连接了一个 PA4，即为输入也为输出，如图 12-2 所示。

2. 软件设计

这里只讲解部分核心代码，有些变量的设置、头文件的包含等可能不会涉及。

3. 编程要点

（1）使能 GPIO 端口时钟。

（2）初始化 GPIO 目标引脚为互用模式。

（3）编写简单测试程序，控制 GPIO 引脚输出高、低电平，以及读取温湿度信号。

4. 代码分析

（1）DHT11 控制引脚相关的宏定义。为便于代码展示与迁移，本实验中把 DHT11 控制引脚相关的宏定义在"bsp_DHT11.h"文件中，见代码清单 12-1。

代码清单 12-1　DHT11 控制引脚相关的宏定义

```
/*****************DHT11 控制引脚相关的宏定义*********************/
/* 直接用操作寄存器的方法控制 I/O* /
#define digitalHi(p,i)          {p->BSRRL=i;}          //设置为高电平
#define digitalLo(p,i)          {p->BSRRH=i;}          //输出低电平
/*****************DHT11 连接引脚定义*****************************/
#define DHT11_Dout_GPIO_CLK         RCC_AHB1Periph_GPIOA
#define DHT11_Dout_PORT             GPIOA
#define DHT11_Dout_PIN              GPIO_Pin_4
/*****************DHT11 函数宏定义*****************************/
#define DHT11_Dout_LOW()    digitalLo(DHT11_Dout_PORT,DHT11_Dout_PIN)
#define DHT11_Dout_HIGH()   digitalHi(DHT11_Dout_PORT,DHT11_Dout_PIN)
#define DHT11_Data_IN()     GPIO_ReadInputDataBit(DHT11_Dout_PORT,DHT11_Dout_PIN)
```

（2）DHT11 引脚配置输入模式函数。利用上面的宏，编写 DHT11 的引脚配置函数，见代码清单 12-2。

代码清单 12-2　DHT11 使 DHT11-DATA 引脚变为上拉输入模式

```
/*********************************************************
* 功　能:使 DHT11-DATA 引脚变为上拉输入模式
* 参　数:无
* 返回值:无
*********************************************************/
static void DHT11_Mode_IPU(void)
{
    GPIO_InitTypeDef GPIO_InitStructure;
    RCC_AHB1PeriphClockCmd ( DHT11_Dout_GPIO_CLK,ENABLE);

    /* 选择要控制的 GPIO 引脚* /
    GPIO_InitStructure.GPIO_Pin = DHT11_Dout_PIN;
    /* 设置引脚模式为输出模式* /
    GPIO_InitStructure.GPIO_Mode = GPIO_Mode_IN;
```

```
    /* 设置引脚为上拉模式*/
    GPIO_InitStructure.GPIO_PuPd = GPIO_PuPd_UP;
    /* 调用库函数,使用上面配置的 GPIO_InitStructure 初始化 GPIO* /
    GPIO_Init(DHT11_Dout_PORT,&GPIO_InitStructure);
}
```

（3）引脚配置输出模式函数。利用上面的宏，编写 DHT11 的引脚配置函数，见代码清单 12-3。

代码清单 12-3　DHT11 使 DHT11-DATA 引脚变为推挽输出模式

```
/****************************************************************************
* 功　能:使 DHT11-DATA 引脚变为推挽输出模式
* 参　数:无
* 返回值:无
****************************************************************************/
static void DHT11_Mode_Out_PP(void)
{
    /* 定义一个 GPIO_InitTypeDef 类型的结构体* /
    GPIO_InitTypeDef GPIO_InitStructure;

    /* 开启 LED 相关的 GPIO 外设时钟* /
    RCC_AHB1PeriphClockCmd(DHT11_Dout_GPIO_CLK,ENABLE);

    /* 选择要控制的 GPIO 引脚* /
    GPIO_InitStructure.GPIO_Pin = DHT11_Dout_PIN;

    /* 设置引脚模式为输出模式* /
    GPIO_InitStructure.GPIO_Mode = GPIO_Mode_OUT;

    /* 设置引脚的输出类型为推挽输出* /
    GPIO_InitStructure.GPIO_OType = GPIO_OType_PP;

    /* 设置引脚为上拉模式* /
    GPIO_InitStructure.GPIO_PuPd = GPIO_PuPd_UP;

    /* 设置引脚频率为 2MHz * /
    GPIO_InitStructure.GPIO_Speed = GPIO_Speed_2MHz;

    /* 调用库函数,使用上面配置的 GPIO_InitStructure 初始化 GPIO* /
    GPIO_Init(DHT11_Dout_PORT,&GPIO_InitStructure);
}
```

（4）从 DHT11 读取一个字节的函数。编写从 DHT11 读取一个字节的函数，见代码清单 12-4。

代码清单 12-4　从 DHT11 读取一个字节,MSB 先行

```
/****************************************************************************
* 功　能:从 DHT11 读取一个字节,MSB 先行
```

```
*  参  数:无
*  返回值:无
***********************************************************************/
static uint8_t DHT11_ReadByte ( void )
{
    uint8_t i,temp=0;

    for(i=0;i<8;i++)
    {
        /* 每bit以50μs低电平标置开始,轮询至从机发出50μs低电平结束* /
        while(DHT11_Data_IN()==Bit_RESET);

        /* DHT11以26~28μs的高电平表示"0",以70μs的高电平表示"1",
        * 通过检测x μs后的电平即可区别这两个状态,x即下面的延时
        * /
        DHT11_Delay(40);
        //延时x μs,这个延时需要大于数据0的持续时间即可

        if(DHT11_Data_IN()==Bit_SET)
        /* x μs后仍为高电平则表示数据"1"* /
        {
            /* 等待数据"1"的高电平结束* /
            while(DHT11_Data_IN()==Bit_SET);
                temp|=(uint8_t)(0x01<<(7-i));
                //把第7-i位置1,MSB先行
        }
        else
        // x μs后为低电平则表示数据"0"
        {
            temp&=(uint8_t)~(0x01<<(7-i));
            //把第7-i位置0,MSB先行
        }
    }
    return temp;
}
```

（5）DHT11一次完整的数据传输函数。编写DHT11一次完整的数据传输为40bit且高位先出的函数，见代码清单12-5。

代码清单12-5　DHT11一次完整的数据传输为40bit且高位先出

```
/***********************************************************************
*  功  能:一次完整的数据传输为40bit且高位先出
*  参  数:DHT11_Data,即DHT11数据类型
*  返回值:ERROR,即读取出错
            SUCCESS,即读取成功
*  说  明:8bit湿度整数＋8bit湿度小数
```

```
                    + 8bit 温度整数 + 8bit 温度小数
                    + 8bit 校验和
***********************************************************************/
uint8_t DHT11_Read_TempAndHumidity(DHT11_Data_TypeDef * DHT11_Data)
{
    uint8_t temp;
    uint16_t humi_temp;

    /* 输出模式* /
    DHT11_Mode_Out_PP();
    /* 主机拉低* /
    DHT11_Dout_LOW();
    /* 延时18ms* /
    Delay_ms(18);

    /* 总线拉高,主机延时30μs* /
    DHT11_Dout_HIGH();

    DHT11_Delay(30);
    //延时30μs

    /* 主机设为输入,判断从机响应信号* /
    DHT11_Mode_IPU();

    /* 判断从机是否有低电平响应信号,如不响应则跳出,响应则向下运行* /
    if(DHT11_Data_IN()==Bit_RESET)
    {
        /* 轮询至从机发出80μs 低电平,响应信号结束* /
        while(DHT11_Data_IN()==Bit_RESET);

        /* 轮询至从机发出80μs 高电平,标置信号结束* /
        while(DHT11_Data_IN()==Bit_SET);

        /* 开始接收数据* /
        DHT11_Data->humi_high8bit= DHT11_ReadByte();
        DHT11_Data->humi_low8bit = DHT11_ReadByte();
        DHT11_Data->temp_high8bit= DHT11_ReadByte();
        DHT11_Data->temp_low8bit = DHT11_ReadByte();
        DHT11_Data->check_sum    = DHT11_ReadByte();

        /* 读取结束,引脚改为输出模式* /
        DHT11_Mode_Out_PP();
        /* 主机拉高* /
        DHT11_Dout_HIGH();
```

```
        /* 对数据进行处理 */
        humi_temp=DHT11_Data->humi_high8bit* 100+DHT11_Data->humi_low8bit;
        DHT11_Data->humidity =(float)humi_temp/100;

        humi_temp=DHT11_Data->temp_high8bit* 100+DHT11_Data->temp_low8bit;
        DHT11_Data->temperature =(float)humi_temp/100;

        /* 检查读取的数据是否正确*/
        temp = DHT11_Data->humi_high8bit + DHT11_Data->humi_low8bit +
               DHT11_Data->temp_high8bit+ DHT11_Data->temp_low8bit;
        if(DHT11_Data->check_sum==temp)
        {
            return SUCCESS;
        }
        else
        {
            return ERROR;
        }
    else
    {
        return ERROR;
    }
}
```

（6）main 函数。编写 DHT11 的 main 函数，见代码清单 12-6。

代码清单 12-6　DHT11 的 main 函数

```
/*****************************************************************************
* 功  能:main 函数
* 参  数:无
* 返回值:无
*****************************************************************************/
int main(void)
{
    char str[50];
    /* 初始化 USART1,配置模式为 115200 8-N-1,中断接收*/
    Debug_USART_Config();
    /* 模块初始化 */
    DHT11_Init();

    printf("/******************* \n");
    printf("* 读取 DHT11 温湿度实验 \n");
    printf("* 115200 8-N-1 \n");
    printf("/******************* \n");
    while(1)
    {
```

```
/* 调用 DHT11_Read_TempAndHumidity 读取温湿度,若成功则输出该信息* /
if(DHT11_Read_TempAndHumidity(&DHT11_Data)==SUCCESS)
{
    printf(str,"湿度为 % .1f% RH",DHT11_Data.humidity);
    printf(str,"温度为 % .1f℃",DHT11_Data.temperature);
    printf("% s \n",str);
    printf("读取 DHT11 成功! -->湿度为% .1f % RH,温度为 % .1f℃ \n",
            DHT11_Data.humidity,DHT11_Data.temperature);
}
else
{
    printf("读取 DHT11 信息失败 \n");
}
delay_ms(1000);
    }
}
```

在 main 函数中，调用 Debug_USART_Config、DHT11_Init 函数后，就在 while 循环中判断读取温湿度值是否成功，若成功则使用串行接口打印信息到计算机端；若不成功则打印读取 DHT11 信息失败。

 习题12

1. DHT11 包括哪些元件？
2. DHT11 采用几个引脚封装？
3. DHT11 的优点有哪些？
4. DHT11 常见的应用领域有哪些？
5. DHT11 采用什么总线数据格式？
6. DHT11 测量温湿度的分辨率分别是多少？
7. DHT11 一次完整的数据传输有多少 bit？什么位先出？
8. 总线空闲状态为高电平，主机把总线拉低等待 DHT11 响应，主机把总线拉低必须大于多少毫秒？以保证 DHT11 能检测到起始信号。